愚 蠢 的 人 只 会 生 气 · 聪 明 的 人 懂 得 争 气

少生气 多争气

SHAOSHENGQI

DUOZHENGQI

空叹气不如长才气 积怨气不如争运气

生气是有害的，“气是无烟火药”，生气是社会及家庭不和谐的根源。所以，每一个人都应该少生气，多争气。

王平信 陈惠君◎编著

中国城市出版社
·北京·

图书在版编目（CIP）数据

少生气　多争气 / 王平信，陈惠君编著．—北京：中国城市出版社，2012.3

ISBN 978-7-5074-2559-8

Ⅰ．①少…　Ⅱ．①王…　②陈…　Ⅲ．①人生哲学－通俗读物　Ⅳ．①B821-49

中国版本图书馆 CIP 数据核字（2012）第 032820 号

责任编辑　张惠平
封面设计　嘉惠士林
责任技术编辑　张建军
出版发行　中国城市出版社
地　　址　北京市西城区广安门南街甲 30 号　（邮编　100053）
网　　址　www.citypress.cn
发行部电话　（010）63454857　63289949
发行部传真　（010）63421417　63400635
总编室电话　（010）68171928
总编室信箱　citypress@sina.com
经　　销　新华书店
印　　刷　北京集惠印刷有限责任公司
字　　数　247 千字　　印张 18
开　　本　710 × 1000（毫米）1/16
版　　次　2012 年 4 月第 1 版
印　　次　2012 年 4 月第 1 次印刷
定　　价　30.00 元

前言

preface

每个人都希望被人重视、受人尊重、受人欢迎，但有时又难免被人嘲弄、受人侮辱、被人排挤，生活给了我们快乐的同时，也给了我们伤痛的体验。

很多人为了一点小事火上心头，怨天尤人。其实，很多时候是我们把责任推到别人的身上，我们为什么不想想，如果我们自己足够优秀，别人还会对你冷眼嘲讽吗？

我们经常听到这样的抱怨和豪言壮语，“生活太不公平了！我要是有他的条件，也能和他一样优秀，甚至比他还要强！”但我们应该想一想，如果我们没有别人那样的优越条件，我们又该做何选择呢？

某位作家被邀请去一所大学作演讲比赛的评委。参赛选手经过抽签确定了演讲的顺序和主题之后，第一位选手表情很不满的走上台去。“同学们，尊敬的评委们，这是一场不公平的比赛！我领到这张纸以后，只有几分钟时间准备，在我之后的人有更充裕的时间准备，这是不公平的！”

在众人一片惊讶的表情下，他走下讲台，冲出了大厅。之后，比赛顺利进行。

当这位作家再次与那个男孩相遇的时候，微笑地问，“谁说生活总是公平的？生活也意味着与不公平斗争，最终取得胜利！”

接下来，作家又给他举了个例子。汽车新车上市时发布的统计数字，诸如速度，变速系统，马力……在这些数据后面都有一项免责条款，他们声明所有数据基于“理想”路况。但路况不全是“理想”的，最热销的车，是那些不管路况好坏，都能提供完美动力、速度和耐久性的。那样的车才是真正的赢家！

社会从来就没有绝对的公平，想通过抱怨实现自己想要的公平，那是不可能的。想得到自己理想中的公平，唯一的方法就是：用能力去创造公平。

生活中，我们总是会遇到一些比较困难或者自己不愿意做的事，有的人采取逃避的态度，把它无限期地往后搁，最终一事无成。而有的人却知难而进，强迫自己去接受挑战，最终成为了生活的赢家。

你无法选择你的老板、你更无法选择你的出身，可是我们却可以选择换一种角度去看待问题。一个苛刻的老板，可以锻炼我们的耐力；一个贫苦的出身则可以更加激发我们奋发图强的斗志。

其实，上帝对每个人都是公平的，只是每个人面对烦恼时，考虑问题的角度不同罢了。凡事应该多往好的方面想一想，心中才会有豁然开朗的感觉，眼前才会出现“柳暗花明又一村”的景象。

人生是短暂的，我们不要因一些鸡毛蒜皮、微不足道的小事而耿耿于怀，为这些小事而浪费你的时间、耗费你的精力是不值得的。

英国著名作家迪斯雷利曾经说过：“为小事生气的人，生命是短暂的。”如果你真正理解了这句话的深刻含义，那么你就不会再为一些不值得一提的小事情而生气了。

如果我们能做到平心静气、宽容大气、乐观谦和，那么身体必定健康长寿，心境必定舒适泰然，性情也必定高尚纯净。

如果我们能做到不跟自己过不去，不跟朋友怄气，跟家人赌气，不跟对手斗气，那么人际关系必定和谐美好。

如果我们能做到树立正气，增长志气，鼓足勇气，抓住运气，发挥才气，那么成功之路也必定畅通无阻。

目录
contents

上篇　做人一定要少生气

第一章　心宽一点少生气

第二章　放下一点少生气

第四章　感恩一点少生气

第五章　随缘一点少生气

第六章 糊涂一点少生气

第七章 淡定一点少生气

下篇　做事一定要多争气

第一章　积怨气不如争运气

第二章　德高一点争正气

第三章　积极一点争锐气

第四章　勤奋一点争志气

第五章 勇猛一点争霸气

第六章 大度一点争人气

第七章　常泄气不如多争气

上篇

做人一定要少生气

人家明明欺负到你的头上，你怎么可能不生气？其实，仔细想想，别人欺负你，你生气就能打败他吗？结论是不能。有生气的时间，还不如去做些积极的准备。人活在这个世界上，需要有一个正确的态度。不生气，不仅是一种健康的态度，也是一种积极的活法。不生气的时候，世界都变得不同了。

第一章 心宽一点少生气

谁也不会无缘无故的生气，凡事都事出有因。合理的生气是人情绪的正常发泄，但现实生活中有些人会莫明其妙地生气，这多与个人的心态有关，心胸狭隘和自私心理常常是生气的根源。心宽一寸，受益三分。心宽不仅可以让你少生气，更可以改变你的未来，宽容不仅是气概与素养，更是谋略与意志，一种成熟人性的自我完善。

第一节 生气是一种负面情绪，伤害最深的人是自己

为什么我们如此爱生气

随着生活节奏的加快，人们的心情变化也越来越快，变得浮躁，变得难以平静，变得越来越爱生气了。2012 年的春晚小品《今天的幸福》中就有这样一段对白：

艾伦:“怎么了媳妇，跟人吵架啦?”

黄杨:“没有!”

艾伦:“啊。”

黄杨:“跟狗!”

艾伦:“跟狗都能吵啊?”

黄杨:“我跟孩子聊天那,我说宝宝,妈妈怀你可辛苦了,长大了千万别把妈妈忘了。它冲着我汪汪汪了!”

艾伦:“你没咬它把?”

黄杨:“它没咬我我能先咬它么?那我不是不占理了!”

艾伦:“大气!以德服狗!”

但在现实生活中,却真有因为跟狗发生的冲突,最后而酿出的血案。有一件命案,只因源起一只“吉娃娃”。

发案的经过是这样的:

一只“吉娃娃”朝经过家门的他叫了两声,他很生气,朝小狗踢了一脚。小狗的主人也生气了……谁也没料到,这起因狗而起的小纠纷最后竟酿成了大悲剧:他拿水果刀捅死了养狗的那对年轻夫妻。

在 2009 年的一天傍晚,某市小区 502 室住户成某因为一只“吉娃娃”,杀掉了 201 室住户郑某夫妇。案发后,人们再也没见过那条小狗。

据了解,悲剧源起郑某夫妻家中养的一条宠物狗。成某在上楼的时候被郑某家中的小狗拦住去路,小狗不停地向成某叫唤,成某怒了,骂了小狗几句,还踢了小狗一脚。从家里出来的小狗主人冷某因此与成某发生了口角。

冷某老公郑某回家后听说刚才发生的情况,很生气,夫妻二人一起找到五楼的成某家。两家人又吵了起来,紧接着就出现了开头的一幕。

被害人郑某与冷某是住在 201 室的一对夫妻,被发现时已经倒在五楼的过道上,经过 120 急救医生检查,确认死亡。而嫌疑人成某行凶后躲回自己家中,紧闭门户。约晚上 7 时 50 分左右,警方破门强人,将成某抓获。

就是因为一只小狗的叫声,就酿出了一桩血案,我们真的要反思一下，难道我们的气度真的容不下一只小狗的叫声了吗？

现在的人，因为一件很小很小的事情就可以生气，已经到了动辄发火、动辄暴怒、动辄施之以拳脚和暴力的地步了。今天生活中真实存在的易怒和生气，已经可以被称为是戾气了。我们在街头巷尾不难看到这样的情景，就是因为一点小小的争执，双方初则恶语相向，继则拳脚相加，其愤怒似乎不见血就绝不罢手，而起因却常常只是一件小事。

温州一所中学的一个学生因为在课堂上吵闹，被校长叫去批评，据说打了他一个耳光，后来应家长的坚持，校长陪孩子到医院去检查而结果正常，后来又主动到学生家里家访，竟然被这个学生的父亲当着孩子的面、且不顾孩子的阻拦而狂怒地将校长杀死。

福建有一个年轻病人因为慢性前列腺炎久治不愈，迁怒于给他看病的医生，竟然跑到门诊部将其砍伤之后又一直追到出租车前将其杀死。

曾有一个北京的女出租汽车司机，因为在单位里要被扣发奖金，交涉未果后，一时心情压抑难平，竟开车冲向人群，撞死撞伤多人。事后，女司机痛悔万分，只求一死，并留下遗言捐献自己的器官。

在怀柔，一个下午骑着自行车带着女儿出行的农民，因和一辆卡车发生交通争执，到派出所处理时又怀疑对方使用了不正当的手段，傍晚就去开车撞车撞人……

这些暴力事件，有的出于无端怀疑，有的可能确实受到了不公的待遇，但是，是否需要立即使用暴力来保护自己或者宣泄情绪却值得商榷。

从施加的对象来说，有的是针对自己争执的对象，有的却纯粹是以暴力泄愤而殃及无辜，结果是流血和死亡。

这些暴力事件原因和后果之间毫不相称。最重要的是，这些事情，在我们现在的生活当中屡屡发生。不知道是现今的传媒太过发达，信息的传播比以往要迅速成千上万倍，还是因为我们比以往更加难以控制自己的情绪。

在生活中，我们常常感到一种无形的戾气，它已经潜藏并弥漫于我们的日常生活之中而不易驱除，而其中相当多一部分只是由于迁怒和宣泄。

发怒者试图以暴力来宣泄自己的怒火，用暴力来解决自己的问题。因逞一时之快而带来永久之痛会在不经意间入侵我们的生活。包容、忍耐与宽恕是如此的稀缺，相逢一笑泯恩仇的古之大义早被我们抛之脑后了。

发生这样的事情究竟是什么原因呢?

现代人面临的压力是前所未有的，以资源紧缺、环境破坏为标志的人与自然关系恶化，以贫富差距拉大、犯罪率上升为标志的人与人关系恶化，以精神障碍严重、自杀率提高为标志的人与自我关系恶化……

太多的生活层面承载着超负荷的压力，而我们的身边却缺乏一个发泄压力的渠道，也没有关怀人的思想情感的系统。生活节奏的加快，缩短人们相互了解的时间，更降低了人们互相信任的可能性，人与人更多的是一种表面的交往。

如今已是互联网时代，人们在互联网上获取信息，学习知识，充实自己，更能在网上认识各种各样的人。办公电子化、自动化、信息化，人们过度地依赖于电脑，在这样一个时代，我们该如何宣泄?以什么方式自我调节?

或许该在生气的时候学习一下郭芙蓉，对自己说：世界如此美妙，我却如此暴躁，这样不好，不好。

生气的杀伤力有多大

生气具有很大的破坏力，生气对我们的生活影响是潜移默化的，是深刻的。

有一位经理，一大早起床，发现上班快要迟到了，便急急忙忙地开着车往公司狂奔。一路上，为了赶时间，这位经理连闯了几个红灯，最终在一个路口被警察拦了下来，给他开了罚单。这样一来，上班迟到已是必然。到了办公室之后，这位经理犹如吃了火药一般，看到桌上放着几封昨天下班前便已交代秘书寄出的信件，更是气不打一处来，把秘书叫了进来，劈头就是一阵骂。

秘书被骂得莫名其妙，拿着未寄出的信件，走到总机小姐的面前，照样是一阵狠批。秘书责怪总机小姐，昨天没有提醒她寄信。

总机小姐被骂得心情恶劣之至，便找来公司内职位最低的清洁工，借题发挥，对清洁工的工作，没头没脑地又是一连串声色俱厉的指责。

清洁工底下，没有人可以再骂，她只得憋着一肚子闷气。下班回到家，清洁工见到读小学的儿子趴在地上看电视，衣服、书包、零食，丢得满地都是，刚好逮住机会，把儿子好好地教训了一顿。

儿子电视也看不成了，愤愤地回到自己的卧房，见到家里那只猫正睡在房门口，儿子一时怒由心中起，立即狠狠地踢了它一脚，把猫给踢得远远的。

无故遭殃的猫，心中百思不解："我这又是招谁惹谁了？"

我们都听说过蝴蝶效应，蝴蝶在热带轻轻扇动一下翅膀，遥远的国家就可能造成一场飓风。生气不会造成自然界的飓风，但它给我们生活带来的影响，也许不亚于一场真的飓风。

美国生理学家爱尔马为了研究心理状态对人体健康的影响，设计了一个很简单的实验：把一支玻璃试管插在装有冰水混合物的容器里，然后收集人们在不同情绪状态下的"气水"。研究发现：当一个人心平气和时，他呼吸时水是澄清透明无杂的，悲痛时水中有白色沉淀：悔恨时有蛋白质沉淀，生气时有紫色沉淀。

爱尔马把人在生气时呼出的"生气水"注射到大白鼠身上，12 分钟后，大白鼠竟死了。由此爱尔马分析认为："人生气时的生理反应十分强烈，分泌物比任何情绪时都复杂，都更具有毒性。因此动辄生气的人很难健康，更难长寿。"

美国心脏协会发行的《循环》杂志指出，暴躁易怒的人心脏病发作或是突然暴毙的几率比冷静、不易生气的人高两倍以上。

由马里兰大学的心理学家阿恩沃尔夫·西格曼领导的一个研究小组对101 名男性和 95 名女性进行了研究，其中包括 44 名已经确诊有心脏病的人和 99 名没有得心脏病的人。研究包括测量每个人在运动之后心脏的血流量。

研究结果表明，与没有统治欲和性情平和的人相比，有统治欲的人得心脏病的风险会增加 47%，易怒的人得心脏病的风险会增加 27%。

研究还发现，不善于表达自己愤怒的女性，更容易得心脏病。而倾向于淋漓尽致地表达自己愤怒的男性，也更容易得心脏病。这就说明，无论是男性还是女性，如果他们经常发怒，便容易得心脏病。

研究人员同时表示：这项研究相当重要，因为如果长期处于情绪不佳、易动怒的情形之下，对于身体健康具有绝对的负面影响。

虽然本研究并没有明确指出高血压与心脏病之间的关系，但可以确定的是，血压正常而容易生气的人，他们罹患心脏病的几率比其他人高，相对地也增加了危险性。

中国传统医学也认为生气有损健康。《黄帝内经》明言告诫："怒伤肝。"肝在生理功能上的作用举足轻重，不仅能分泌胆汁，调节蛋白质、脂肪、碳水化合物的新陈代谢，而且有解毒造血和凝血的作用。

怒伤脑。气愤之极，可使大脑思维突破常规活动，往往做出鲁莽或过激举动，反常行为又形成对大脑中枢的恶劣刺激，气血上冲，还会导致脑出血。

怒伤神。生气时由于心情不能平静，难以入睡，致使神志恍惚，无精打采。

怒伤肤。经常生闷气会让你颜面憔悴、双眼水肿、皱纹多生。

怒伤内分泌。生闷气可致甲状腺功能亢进。伤心气愤时心跳加快，出现心慌、胸闷的异常表现，甚至诱发心绞痛或心肌梗塞。

怒伤肺。生气时的人呼吸急促，可致气逆、肺胀、气喘咳嗽，危害肺的健康。

怒伤肾。经常生气的人，可使肾气不畅，易致闭尿或尿失禁。

怒伤胃。气懑之时，不思饮食，久之必致胃肠消化功能紊乱。

世间万事，危害健康最甚者莫过于生气。诸如：咆哮如雷的"怒气"，暗自忧伤的“闷气”，牢骚满腹的“怨气”，有口难辩的“冤枉气”等。

“气”乃一生之主宰，与人体健康关系甚密。若“心不爽，气不顺”，必将破坏机体平衡，导致各器官功能紊乱，从而诱发各种疾病和灾难。所以《内经》就明确指出:“百病生于气矣。”

生气的极端容易绝望

心理学家说:“如果多年来我们一再遭遇委屈，我们情感的承受力就会耗尽。”这时就会出现两种情况：其一，我们会把多年来积压在心里的愤怒发泄在身边的人身上；其二就是变得抑郁，感情会渐渐枯萎，失去了对生命的热情，变得对什么都不感兴趣。第一种情况会产生破坏性的行为，第二种情况就是绝望了。

当一个人遭遇尴尬、侮辱、被拒绝、不公正的时候，便会产生极大的愤怒，如果反抗未果，则会变成失望，最后变成绝望。屈原就是由于不公正的待遇，渐渐产生失望情绪，最后由绝望走向投江而亡。

心怀政治理想的屈原，在内政上提倡变法，主张限制贵族特权，选贤举能，发展经济；在外交上，坚持联齐抗秦的合纵政策。屈原的政治主张符合楚国的长远利益，却触犯了某些贵族阶层的既得利益。在楚国内部，以上官大夫公子兰为代表的贵族阶层，或出于妒贤嫉能，或出于维护自身政治或经济利益的目的，相继成为屈原的政敌。

公元前 313 年，秦国重臣张仪贿赂了楚国的一批权贵宠臣，并欺骗楚怀王说:“楚国如果能和齐国绝交，秦国愿意献出商、于一带六百多里土地给楚国。”楚怀王不顾屈原的强烈反对，与齐国断绝了关系，从而瓦解了合纵抗秦的联盟，并罢了屈原的官。

屈原很愤怒，愤怒楚怀王的昏庸。

当楚怀王知道张仪只是戏弄自己时，很生气，先后两次兴师伐秦，却因失去合作伙伴齐国的接应，被秦国打败了。此时的楚怀王稍有醒悟，

“悔不用屈原之策”。于是，屈原复出。

而此时，还是那个张仪，贿赂了楚国王后郑袖等贵族，他们在楚怀王面前一番花言巧语之后，楚怀王竟与秦王结下婚姻关系。待出使齐国的屈原回来后，木已成舟。这次，屈原遭到了流放。屈原愈加愤怒。

公元前 299 年，秦国又攻打楚国，夺取了楚国的 8 座城市。趁此形势，秦昭王“邀请”楚怀王在武关相会。屈原此时已从汉北的流放地返回，他力劝楚怀王不要赴会，楚怀王不听。结果，楚怀王一进入武关，就被秦军扣留，并劫往咸阳。不久，楚襄王即位。

屈原斥责公子兰不该劝楚怀王进入秦国，以致楚怀王死在秦国，又斥责公子兰不该怂恿楚襄王向秦国屈膝投降。不甘处于政治下风的公子兰向楚襄王进谗言，楚襄王听信公子兰的话，屈原便第二次被流放到南方的荒僻地区。至此，屈原愤怒到了极点。

合纵抗秦，进而统一六国，是屈原胸中的政治理想。然而，残酷的现实将这一理想撞得粉碎。如果说屈原第一次被流放心中虽有愤怒，但对楚怀王还心存一丝幻想，那么到了第二次被流放时，这种愤怒已经演化为绝望。屈原觉得别无选择，于是投汨罗江而死。

事情往往就是这样，当我们生气到最后时，就会觉得已经没有力气再生气了。因为人的能量是有限的，生气也不可能无限度的生下去，生气到一定程度，我们也会累的。生气到一定程度，会让我们看不到光明，找不到出路。

生气到极限时，哪怕一个毫不相关的人漫不经心的一句话，都会刺伤我们，让我们万念俱灰。心中充满的情绪，只有无尽的悲伤、悔恨，随后，在彻底的绝望中，诅咒这个世界，诅咒信仰的神明，诅咒自己。

看看我们的生活中发生的真实一幕吧，这些都是生气极端反应造成的结果：被解雇的职员闯进办公室，持刀刺伤自己的上司；看上去唯唯诺诺的丈夫，杀害自己的妻子之后自杀身亡；品学兼优的留学生，持枪袭击同胞，震惊校园……他们的亲朋好友总会在事后感叹：“他看起来是个很不错的人，真不敢相信会做出这样的事来。”他们没有看到，那些积压在人心里的愤怒，是如何在长期压抑中逐渐膨胀，最终变得不可收拾。

内心压抑的愤怒始于否认、沉默和回避，积压久了会让人从心里面垮掉。在冲突之后我们经常听到这样的话：“我没有生气，只是挺失望的。”

心理学家告诉我们，说这话的人，确确实实是生气了，只是他自己不愿意承认而已。但是否认并不能让怒气消失，他们更愿意躲开惹自己生气的那个人和那种场景，刻意保持距离。

这是被压抑的愤怒。郁积的愤怒通常会以一种被称为“消极攻击”的行为表现出来，比如，对别人的要求不理不睬——你让他干什么，他偏不；你指东，他偏要打西。

从小到大我们被一再告知发怒是不好的，那些直接或者间接的生活经验也让我们知道，发怒的“破坏力”有多大——失去朋友，得罪亲人或者丢掉饭碗。可问题是，当我们“怒从心头起”的时候，如果没有适当的渠道发泄的话，我们就会走向另一个极端：绝望。

因此，有了怒气的时候，不要憋在心里，而应当想办法进行疏导。在一些情况下，我们能做出的最好反应，就是承认自己受了委屈，并承认再与那个伤害自己的人争论也无济于事，接受这个事实，不要让已经发生的不好的事情侵蚀自己的灵魂，最后让自己变得失去理性，走向愤怒的极端。

生气让友情破裂

生气是十分影响人际关系的。

很多时候，我们与人争执不下，不肯吃亏，一定要分出个高下来。但这样做的结果，就是即使赢了，却破坏了人际关系。

林肯有一次斥责一位和同事发生激烈争吵的青年军官。他说：“任何决心有所作为的人，绝不肯在私人争执上耗费时间。在跟别人争论正误参半的问题上，你要多一点让步；如果你确实是对的，就少一点让步。总之，不能失去自制。与其跟狗争道，被它咬一口，不如让它先走。就算宰了它，也治不好你的咬伤。”

美国著名的成人教育家戴尔·卡耐基认为，“在多数情况下，同事间争论的结果只会使双方比以前更相信自己是绝对正确的，你赢不了争论。要是输了，当然你就输了；如果你赢了，还是输了。为什么？如果你的胜利，使同事的论点被攻击得千疮百孔，证明他一无是处，那又怎样？你会觉得洋洋自得。但他呢？你使他自惭。你伤了他的自尊，他会怨恨你的胜利，即使口服，心里也不服。最糟糕的是，转过身来，你们还不得不同在一个屋檐下共事。”

你要衡量一下：你宁愿要哪样一种字面上的、表面上的胜利，还是别人对你的好感？

与人相处，无论是因公还是因私，都最忌扯着嗓子，怒气冲冲地大声争吵。

有散文家说：“善良的天性比机智更令人愉快，稳重的心态比伶牙俐齿更让人佩服。”假如你与别人意见有分歧，完全可以讨论，但不要争吵。只要出于善意，讨论时对事不对人，同样会令双方有所收获。相反，那种毫无分寸和理智的争吵，一方激烈地攻击另一方，拼命地维护自己，这是有良好教养的人所不为，也不该为的事。

信念与偏见的本质区别就在于，信念不需要动怒就可以阐述清楚，征服人心；而偏见则往往不得不靠声音来虚张声势。

不是说凡是发怒的人，看法都是错误的，而是说他根本不懂得如何表述自己的见解。讨论问题的原则是，要从容镇定地用无可辩驳的事实，努力不让对方厌烦，不迫使对方沉默而达到说服对方的目的。

保持冷静、理智和幽默感。只要你能够听我说，我也愿意听你讲；如果我们能让自己专注于问题的讨论而不是引向感情用事或固执己见，那么讨论就不至于降格为争吵。

如果我们的声音渐渐提高，说出“我认为这种想法愚蠢透顶”这样的话，就是一种伤害他人的反驳了。这时，旁观者焦虑不安，朋友们躲到背后去，也就不足为奇了。为赢得一场争吵而失去一位朋友，实在是得不偿失的事情。

争吵使人们分离，而讨论却能使人们结合在一起。争吵是野蛮的，讨论则是文明的。

一位所得税顾问为了一笔不该收所得税的款子和税务稽核整整争论了一个小时，那位稽核傲慢而又顽固。顾问决定不再同他论理，改变了另一个话题。顾问说:“比起其他要你处理的重要事情来，这件事实在不足挂齿。我也研究过税务问题，但那是书本上的死知识，你的知识却是从实践中来的。有时，我也真想有份像你这样的工作。”这下，稽核在椅子上伸直了身子，开始和顾问谈起他的工作，态度慢慢地友善起来。三天后，顾问接到了他的电话，说是那笔所得税决定不征了。

这位稽核要的是一种重要人物的感觉。顾问越和他争论，他越要强调职务上的权威。一旦承认了他的权威，争论自然偃旗息鼓了，而他也同样变成了一位态度宽容和富有同情心的人。

可见，当我们与人发生争执时，不要一味地怒气冲冲。人们都错误地以为，这样能够把别人震住，但往往却因为互不相让，结果却酿成悲剧。所以，当与人发生矛盾时，我们不妨冷静一下，不要让怒火占据了自己的整个身心，那样只会让结果变糟。

理智才是成熟的表现

爱默生说过:“聪明人比庸人更懂得避免祸事。但在冲动的时候，聪明人吃的亏比庸人更大。”不会冲动的人是死人，一个只会冲动的人是蠢人，一个能驾驭自己的情感，做到尽量不冲动做事的人是真正聪明的人。所以，你要想真正发挥自己智力的潜能，就要学习用理智驾驭情感，控制情绪。

能否理智地驾驭自己的情感，是一个人是否走向心智成熟的重要标志。

不善于驾驭情感不仅会使人伤身，还会使人远离真理。也就是说，“气”不仅会危害个人，还会贻误事业。感情用事不仅会远离成功，还会因为自己的不成熟给别人带去伤害，给自己招来祸端。

《三国演义》中的刘备怒气难抑，率兵讨伐东吴，结果被火烧连营，导致惨败。第四次中东战争中，以色列第190装甲旅旅长阿萨夫·亚古里与埃军第二步兵师先头部队遭遇时，因三次进攻均未成功，便恼羞成怒，把剩余的85辆坦克孤注一掷，结果中计惨败，在3分钟内这85辆坦克便毁于一旦。

能否理智地驾驭自己的情感，也是区分强者与弱者的方法之一。

真正的弱者不在于战胜不了别人，而在于战胜不了自己。他们或多或少地充当着情感的奴隶，受着情感的驱使，少有克制自己的勇气和信心。

真正的强者都是驾驭情感的高手，他们控制情感冲动、内心欲望的过程也正是战胜自我、超越自我的过程，而战胜了自我的人多为生活中的强者。所以，弱者之弊正在于受驭于情感。

如果你能做到——

愤怒之时，你能冰释掉心中的火焰；

消沉之时，你能寻回奋斗的力量；

无聊之时，你能够将时间用于有意义的忙碌；

空虚之时，你能够充实自我；

懦弱之时，你能够找回信心，扬帆起程……

那么，孤独、忧心、失望、丧气、沉沦永远不能打扰你。如此，你不为强者，谁为强者？

不把自己的意志强加于人，不因自己的悲喜而改变生活的原则，以宽容的态度对待别人的言行，以成熟的心智判断生活中的是是非非。这是一种高尚的人格修养，也是一种百炼成钢的大智慧。

第二节 气来气去气自己，为不生气找个理由

生气是拿别人的错误来惩罚自己

气球越是鼓足了气，就越容易爆炸，人也是一样，心里存有太多气，不仅伤心也会伤身。

莎士比亚说："不要因为您的敌人燃起一把火，您就把自己烧死。"

所以，当我们意识到自己的情绪波动的时候，就应该努力用理智去控制，而不要让自己的情绪随意地发泄出来。

但是，现实生活中，能够以自己的理智控制情绪的人并不多。通常情况下，我们都是在情绪的左右下生活。有时候，很多事情堆积在一起，就会让我们很生气，甚至到了理智根本无法控制的局面。这个时候，我们不妨给自己找一个"出气口"，让自己的精神得到缓解，也就不会那么生气了。

古时有一个妇人，特别喜欢为一些琐碎的小事生气。她也知道自己这样不好，便去求一位高僧为自己谈禅说道，开阔心胸。

高僧听了她的讲述，一言不发地把她领到一个禅房中，落锁而去。妇人气得跳脚大骂。骂了许久，高僧也不理会。妇人又开始哀求，高僧仍置若罔闻。妇人终于沉默了。高僧来到门外，问她："你还生气吗?"

妇人说："我只为我自己生气，我怎么会到这地方来受这份罪。"

"连自己都不原谅的人怎么能心如止水?"高僧拂袖而去。过了一会儿，高僧又问她："还生气吗?"

"不生气了。"妇人说。"为什么?""气也没有办法呀。""你的气

并未消逝，还压在心里，爆发后将会更加剧烈。”高僧又离开了。

高僧第三次来到门前，妇人告诉他：“我不生气了，因为不值得气。”

“还知道值不值得，可见心中还有衡量，还是有气根。”高僧笑道。

当高僧的身影迎着夕阳立在门外时，妇人问高僧：“大师，什么是气？”

高僧将手中的茶水倾洒于地。妇人视之良久，顿悟。叩谢而去。

何苦一定要生气呢？气其实就是别人吐出了但是你却接到口里的那种东西，你吞下就会觉得反胃；你不在意它的时候，它也就会自动消失。

回过头来想想，人生在世也就那么几十年，为什么非要让生气来占据自己的生活空间呢？来人世走这一遭真的是不容易的——灵魂从母体诞生，到飘飘荡荡不知往何处去，忘却前尘旧事，再回到另外一个世界上去！多么不易啊，干嘛要有那么多的烦恼呢？

佛说，烦由心生，而心呢，不过是一个大血肉团子而已。怎会生出那么多的欲望呢？贪婪、嫉妒、虚荣……友情、爱情、亲情……懦弱、坚强；高兴、烦恼；争强好胜、口蜜腹剑……种种的欲望汇入本应清清朗朗的人世间，而当物欲横流的时候，本是一张白纸的小小人儿，又怎禁得住各种欲望颜色的浸染呢？

每个人生气时都会有这样或那样的理由：受到极不公正的待遇了会生气，受到他人的侮辱了会生气，亲人间的寡情薄意了会生气……总之，只要人还活着，还有意识，就免不了生这样或那样的气，即使知道那句“生气是拿别人的错误来惩罚自己”，还是免不了要生气。

人生不如意事十之八九，面对困惑，心情难免会受到波动，但情绪反应却又影响着我们的生活。石涛大师开释：“生命的完整，在于宽恕、容忍、等待和爱，如果没有这一切，即使你拥有了一切，也是虚无。”

当你想生气时，如果想想这句话，也许也能消消气：“老天爷在关上一扇门的同时，一定会为你打开一扇窗。”

愤怒起于愚昧，终于悔恨

生活中每个人都会因事情的不顺心而发怒，有的时候还会怒气冲天。虽然发怒是一个人正常情绪的流露，但是如果经常发怒，不仅会给自己带来身心上的疾病，而且会伤害到周围的人——又有谁会愿意整天听你怒吼呢？

怒气的产生，来源于一个人对外部世界的认识、解释和评价，当然跟一个人的性格也有一定的关系。面对同样的一件事情，有些人非常坦然，有些人却气得脸红脖子粗。

一般说来，愤怒情绪的发展有几个阶段。

刚开始的时候，只是脸部表情上的不愉快、气恼或者低声嘀咕；如果情绪激动的话，愤怒就会加剧，继而浑身发颤、双手抖动，甚至还会失去自控、大怒乃至暴怒，最后还会变成丧失理智的狂怒。

富兰克林说的好，愤怒是“起于愚昧，终于悔恨”。

如果能够了解到愤怒情绪是逐步发展的，就可以测定愤怒时的状况，以便及时地把怒气消灭在萌芽状态，相反，越是升级就越难以控制。

有一个小男孩，他脾气特别坏，动不动就会生气。有人稍微碰他一下，他就会生气。有谁惹他，他就会大声地骂人，甚至用力地打人，要不然就会放声大哭，仿佛要掀起屋顶盖。每一次只要他生气了，大家就会躲得远远的，害怕被台风尾扫到。

有一次，他跟弟弟闹别扭，他的牛脾气上来了，气得脸红脖子粗，两手叉腰，一边跺脚一边骂。这时候妈妈静静地走了过来，拿着一个镜子放在他的前头。他看到了自己，眉头紧锁，面容皱皱的，恐怖而好笑，原来生气时是这样的丑啊。从此以后，每次他只要生气就会联想到自己生气的脸，想到自己如此难看，也就不再乱使性子了。

生气像一场火灾，而心则是灭火器或水，当火灾发生时，我们应尽快压制火苗，而不是还让它继续烧下去，毕竟当自己的房子烧起来时，没有人想让它烧下去，大家都是匆忙地拿水或灭火器去灭火。

生气也是短暂的发疯，生气更是一把锐利的刀，随时会切掉缘分。

当一个人情绪失控，是因为生气这个病毒正在扩大它的范围，要想除掉这个病毒，就不要一直在想着别人的过错，也要想想自己的过错，也许这个病毒就不会感染到你了。

当长辈做错事时，我们不要用恶劣的态度对待他，因为他是我们的长辈。如果晚辈做错事时，我们一定要让他改正，告诉他错在哪里，长大他就会慢慢知道了。

有人生气时，会把生气的表情写在脸上，其实这样很不好，因为这样只会让大家都觉得你是一个脾气坏的人，而且不好相处，所以人人都会对你避而远之。

学会发泄，找个出气口

生气时应该学会消气，学会控制自己的情绪。纵使人生中有再多的磨难和考验，我们也不能像一个被充满了的气球一样，“嘭”的一声，就剩下“粉身碎骨”。

在生活中，遇到烦心事在所难免，此时，内心的郁闷、愤怒总想找个地方发泄一下，不然会感到心里憋得慌。找朋友或同学诉说自然是个好方法，但有时有些话不能对别人说，同时怒气也不能往别人身上撒。那怎么办呢?

网球巨星桑普拉斯一次在争夺大满贯杯冠军比赛时，与对手陷入苦战，不料中场休息时，他却在众目睽睽下，手抱浴巾，失声痛哭，原来当年他的启蒙教练兼好友因病亡故，心情已受影响，现在又在比赛中承受如此巨大的压力，因而百感交集地哭泣。有人可能会觉得怎么一个大男人竟会在这种公共场合落泪，然而桑普拉斯之所以能称霸网坛，除了他的球技外，在情绪及心理的反应上都高人一等，因此他能每每在紧要关头化险为夷，赢得胜利，包括那场比赛。

每个人都有不同的发泄方式，所以选择哭泣也不是什么丢脸的行为。只要我们没有做过伤害别人的事情，没有把别人当成自己的“出气筒”，那么即使满脸泪水又何妨？

我们觉得是对方做得不对不好，自己没有什么错误，所以我们生气。然而转念想想，生气给我带来什么益处呢？愤怒能损害我们的健康，使我们的理解力和判断力都降低，还可能使我们做出无法挽回的事情，这些都是愤怒的恶果。

既然如此，为什么没做错什么事情的我们要用别人犯的错误惩罚自己？为了在愤怒时克制住自己的情绪，可以试试以下方法：

1. 深呼吸

从生理上看，愤怒需要消耗大量的能量，你的头脑此时处于一种极度兴奋的状态，心跳加快，血液流动加速，这一切都要求有大量的氧气补充。深呼吸后，氧气的补充会使你的身体处于一种平衡的状态，情绪会得到一定程度的控制。虽然你仍然处于兴奋状态，但你已有了一定的自控能力，数次深呼吸可使你逐渐平静下来。

2. 理智分析

你将要发怒时，心里快速想一下：对方的目的何在？他也许是无意中说错了话，也许是存心想激怒你。无论哪种情况，你都不能发怒。如果是前者，发怒会使你失去一位好朋友；如果是后者，你的发怒正是对方所希望的，他就是要故意毁坏你的形象，你不能让他得逞！这样稍加分析，你就会很快控制住自己。

3. 寻找共同点

虽然对方在这个问题上与你意见不同，但在别的方面你们是有共同点的。你们可搁置争议，先就共同点进行合作。

4. 回想美好时光

想一想你们过去亲密合作时的愉快时光，使自己心情放松下来。如果你仅仅是因为与他人信仰上的差异而想动怒，你不妨把思绪带到一个令人快意的天地里：美丽的海滩、柔和的阳光、广阔的大海……你会觉得，人生是如此地美好，大自然是如此地包罗万象，人也应该有它那样的博大胸怀，能容得下别人的不同之处……想到这些，你就容易控制自己的怒气了。

豁达的人生幸福快乐

做人应该豁达一些，这样才能少生气，让幸福与快乐多一些。拥有宽容的态度、豁达的心胸，可以使你优秀而有素养，同时也能感染周围的人群。

懂得宽容别人，自己就会心平气和地去处世，不会发脾气，不会与别人发生正面冲突。

人都有七情六欲，喜怒哀乐是与生俱来表达情感的方式。一个人在世上难免会遇到令人高兴或气愤的事，兴奋的事可以使人心情愉快、精神焕发，并使生活充满希望；而气愤的事往往会使人怒火中烧，可能使人丧失理智，产生令人遗憾的后果。

所以，在生活中有些东西需要我们用宽容来对待，才会有更多的快乐在等你。宽容，最重要的因素便是爱心。原谅那些曾伤害过我们的人，这不是一件容易的事。但是，如果我们这样做了，就会从中体验到宽容的快乐。

尽管不顺心的事随时会产生，若能宽容待人、对事，那便拥有了快乐的人生，这难道不是人生的幸事么？

诚然，宽容与豁达对于人生幸福是如此之重要，那么我们怎样才能使自己的心达到这种境界呢？有几点是该明确的：

1. 欲望应该有个度

人有七情六欲，因此，合理地觅食求偶，无可非议，但欲望超出了一定的原则和范围，就成了罪恶。恣意纵欲，可以污染人群、腐蚀国家。克制欲望，使之合理适度，这是心归于祥和平静的一个重要法门。

2. 让自己学会无私

每个人都有各自的工作和生活。如果他在工作和生活中，追求的是贡献于社会，努力创造为的是民族和国家，而不仅仅是博取功名利禄，那就不会为时时都可能发生的报酬不公而抱怨，牢骚满腹，耿耿于怀。相反，却会因对同胞、社会、民族有所奉献，心生光明，坦然无悔。

一个为自己打算凡事斤斤计较的人，一遇报酬不相应，便会滋生被遗忘、被冷落、被否定的感觉，心的平衡与安宁必荡然无存。只索取不奉献，就会背弃自己作为社会成员应尽的责任。如此固然省了精力，图了轻松，得了财富，却会为良心恒久的亏欠和懊悔所折磨；遭人白眼唾骂，更是损了人格，失了尊严。

3. 有自知之明

人们能否得到心灵豁达，能否正确评价自我和确立自我追求是很重要的。一个人评价自我，是通过认识自己的长处和短处来进行的。如果夸大长处，必会傲气盈胸，自命不凡；夸大短处，则自惭形秽，自暴自弃。而只要自我评价一旦失真，人们通常就不知道自己应该做什么和能做些什么，在追求目标的选择上就容易陷入盲目。

一个人只有自我评价恰如其分时，才心宁情畅，不骄不躁，不卑不亢。因此生活目标可定得适度。一种既能充分激发自己的潜力，经过努力又能达到的目标，将使人们内心坚定踏实，永远充满乐观、自信、自尊与自豪。追求豁达的人，必然是一个积极和切切实实了解自己的人！

4. 学会自省

人非先天就是圣人，心中难免会有这样那样的错误、罪恶、虚伪等念头。存有了这些念头并不可怕，可怕的是放纵、任性和宽恕自己，从而造成恶性循环，永远生活在黑暗中，最后被毁灭。人应该经常反省自己，警惕自己，告诫自己，使这些念头不再重复而逐渐把它们克服。

一个人只有不断地清洗自己的心，扫除思想上的桎梏和精神上的烟雾，才能扩大豁达的心。雨果说:“世界上最辽阔的是大海，比大海更辽阔的是天空，比天空更辽阔的是人的胸怀。”雨果所说的，正是那些豁达的人。

豁达是一种情操，更是一种修养。只有豁达的人，才真正懂得善待自己，善待他人，生活才充满快乐，这才是豁达人生。

宽容与豁达是幸福的保障，如果你只记得对别人的错误斤斤计较，那你必然被束缚在烦躁、忧郁的情绪中：但如果你能忘掉别人的过错，记住别人的恩惠，那你的心中就会充满阳光，心中的恨便会被爱所代替。

如何把地狱变成天堂

我们的心灵本是一方净土，怨恨使它成为地狱，而宽容可以把地狱变成天堂。如果我们选择了宽容，那就是选择了天堂。宽容，是一个不断超越自己、超越执著的过程，我们愈能宽容，就愈能净化自己，使自己靠近光明。

第二次世界大战期间，一支部队在森林中与敌军相遇，激战后，两名战士与部队失去了联系。这两名战士来自同一个小镇。

两人在森林中艰难跋涉，他们互相鼓励、互相安慰。十多天过去了，仍未与部队联系上。这一天，他们打死了一只鹿，依靠鹿肉又艰难度过了几天。可也许是战争使动物四散奔逃或被杀光，这以后他们再也没看到过任何动物。他们仅剩下的一点鹿肉，背在年轻战士的身上。这一天，他们在森林中又一次与敌人相遇，经过再一次激战，他们巧妙地避开了敌人。

就在自以为已经安全时，只听一声枪响，走在前面的年轻战士中了一枪——幸亏伤在肩膀上！后面的士兵惶恐地跑了过来，害怕得语无伦次，抱着战友的身体泪流不止，并赶快把自己的衬衣撕下包扎战友的伤口。

晚上，未受伤的士兵一直念叨着母亲的名字，两眼直勾勾地。他们都以为他们熬不过这一关了，尽管饥饿难忍，可他们谁也没动身边的鹿肉。天知道他们是怎么过的那一夜。第二天，大部队救出了他们。

事隔30年，那位受伤的战士安德森说："我知道谁开的那一枪，他就是我的战友。当时在他抱住我时，我碰到他发热的枪管。我怎么也不明白，他为什么对我开枪？但当晚我就宽容了他。我知道他想独吞我身上的鹿肉，我也知道他想为了他的母亲而活下来。此后30年，我假装根本不知道此事，也从不提及。战争太残酷了，他母亲还是没有等到他回来，我和他一起祭奠了老人家。那一天，他跪下来，请求我原谅他，我没让他说下去。我们又做了几十年的朋友，我宽容了他。"

受伤的士兵明知道是战友伤害了他，但他能看在朋友的分上原谅战友，这是宽容的最高境界，能够在自己生命受到威胁的时候设身处地地去替别人设想，原谅别人对自己犯下的过错。这是一种以德报怨的伟大精神，如此大度的宽容必定会消融所有仇恨，赢得一个充满温馨的世界。释迦牟尼说："以恨对恨，恨永远存在；以爱对恨，恨自然消失。"

佛陀在世时，有位阿阇世王，为了夺取王位，害死了自己的父王频毗娑罗王后自立为王。不久，当他知道弑父的罪报后，开始心生悔恼，由此而全身发热生疮，臭秽不可闻，经治疗后，病情不但没有减轻，反而越发严重，虽有人劝请他往佛陀处求取忏悔解救，但他仍自惭形秽不愿去。

频毗娑罗王虽被儿子杀害，但他生前信佛虔诚，深知身心的虚幻无常，故不但没有任何的怨恨，而且在知道儿子的情况后，反而显灵劝告儿子。告诉他，自己是佛陀的弟子，愿以佛陀的慈悲来原谅他，而且佛陀就快入灭了，如果不赶快去，就再也见不到佛陀了，因为除了佛陀能救他，使他不堕入地狱外，再也没有任何人可以解救他了。受到父王的催促，阿阇世王前往求见佛陀，因而得以获救。

频毗娑罗王的宽容的确令人感动，他展现了宽容的真义，如此难能可贵的宽容，他不只原谅了儿子，更升华了自己！

宽容，意味着你已经不再用别人的错误来惩罚自己，也意味着你已经由一个平凡的人升华到一个不平凡的人。

宽容地对待你的对手、仇人，你会感受到退一步海阔天空的喜悦，也能体会到人与人之间达到心灵沟通的幸福，更会收获对方因自己的宽容而回心转意的欣慰。

学会宽容别人，就是学会宽容自己；给别人一个改过的机会，就是给自己一个更广阔的空间。

第二章 放下一点少生气

★☆★☆★☆★☆★☆★☆★☆★☆★☆★☆★☆★☆★☆★☆★☆★☆★

放下不是要你身如枯树、心如古井，而是要你睁开心灵的眼睛，珍惜心里美好的东西。“人生如舟”，负载过多过重，不沉船也难免要搁浅。放得下，是为了能拿得起。当你为生活的种种烦恼感到困惑、压力时，请深深吸一口清新的空气，放下你心中的痛苦执著，你就会变得轻松愉快、旷达洒脱。

★☆★☆★☆★☆★☆★☆★☆★☆★☆★☆★☆★☆★☆★☆★☆★☆★

第一节 换个角度想想，你就不会那么生气

化解怨气多争气

面对别人的指责时，我们的心里往往会产生一股怨气。但如果我们能够换个角度想一想，也许就能够把怨气化解，把事情向好的方向转变。证严法师曾说:“一般人常说，要争一口气。其实，真正有功夫的人，是把这口气咽下去。”

小李刚从大学毕业，他学的是英文，自认为无论听、说、读、写，对他来说都只是雕虫小技。

由于他对自己的英文能力相当自信，因此寄了很多英文履历到一些外企公司去应聘，他认为英文人才是就业市场中的“绩优股”，肯定人人抢着要。

然而，一个星期接着一个星期过去了，小李投递出去的应征信函却了无回音，犹如石沉大海一般。

小李的心情开始忐忑不安，此时，他却收到了其中一家公司的来信，信里刻薄地提到：“我们公司并不缺人，就算职位有缺，也不会雇用你。虽然你认为自己的英文程度不错，但是从你写的履历看来，你的英文写作能力很差，大概只有高中生的程度，连一些常用的文法也错误百出。”

小李看了这封信后，气得火冒三丈，好歹也是个大学毕业生，怎么可以任人将自己批评得一文不值。小李越想越气，于是提起笔来，打算写一封回信，把对方痛骂一番，以消除自己的怨气。

然而，当小李下笔之际，却忽然想到，别人不可能会无缘无故写信批评自己，也许自己真的太过于自以为是，犯了一些没有察觉的错误。

因此，小李的怒气渐渐平息，自我反省了一番，并且写了一张感谢信给这家公司，谢谢他们举出了自己的不足之处，用字遣词诚恳真挚，把自己的感激之情表露无遗。

几天后，小李再次收到这家公司寄来的信函，他被这家公司录取了！

他人的指责和抱怨，是一把锐利的剑，可以刺穿你的心脏。但是，你也可以伸手握住它，使它成为你的利器。

言者无意，听者有心。一切在于你如何用心来面对人生的挫折，你可以反驳别人的批评，斥责别人的不讲情面。但这样并不会使你在别人心目中的地位提高，反而得不偿失。

只有痛定思痛、反求诸己的人，才可以化干戈为玉帛。知过能改胜过学富五车，千金也难买。

麦金利任美国总统时，因一项人事调动而遭到许多议员的强烈指责。

在接受议员质询时，一位国会议员脾气暴躁、粗声粗气地给总统一顿难堪的讥骂。但麦金利却若无其事地一声不吭，任凭这位议员大放厥词，然后用极其委婉的口气说："你现在怒气该平和了吧？照理你是没有权力责问我的，但现在我仍愿意详细解释给你听……"说罢，那位气势汹汹的议员只得羞愧地低下了头。

的确，在生活中，遭到别人的指责和抱怨的事常可碰到。遭人指责抱怨，是件极不愉快的事。有时会使人觉得很尴尬，尤其是在大庭广众面前受到指责，更是不堪忍受。但从提高一个人的处世修养角度讲，无论你遇到哪种情况的指责，都应该从容不迫；对者有则改之，错者加以耐心解释，泰然处之。为摆脱指责的尴尬局面，不妨采纳心理学家提出的以下建议：

让对方亮明观点。有些指责者在指责别人时，往往似是而非，含糊其辞，结果使人不知所云。这时，你可向对方提出讲清问题的要求，态度要和气，如"你说我蠢，我究竟蠢在哪里？"或者"我到底干了什么傻事？"以便搞清对方究竟指责和抱怨你什么，让对方及时亮明自己的观点和看法。这一策略往往能有效地制止指责者对你的攻击，并能将原来的攻防关系转变为彼此合作、互相尊重的关系，使双方把注意力转向共同感兴趣的问题。

消除对方的怒气。受到指责，特别是在你确实有责任时，你不妨认真倾听或表示同意对方的看法；不要计较对方的态度好坏，这样，指责完毕，对方的气也消了一半。即使当你确信对方的指责纯属无稽之谈时，也要对其表示赞同，或者暂时认为对方的指责是可以理解的。这会使对方无力再对你进行攻击；而你却可以获得更多的机会和时间进行解释，从而消释对方的怒气，使隔膜、猜疑、埋怨和互不信任的坚冰得以化解。

平静地给恶意中伤者以回击。也许，大多数指责者并不是出于恶意而指责别人的。但是，在现实生活中，确有极少数人是为了其个人目的而对他人进行恶意中伤的。对于这样的寻衅挑战者，应该坚定地表明自己的态度，不能迁就忍耐，更不能宽容而不予回击，但应注意态度，以柔克刚。这样，会使你显得更有气魄，更有力量。

保持冷静。被人指责总是不愉快的，面对使你十分难堪的指责时，要保持冷静，最好暂时忍耐住，并作出乐于倾听的表示，不管你是否赞同，都要待听完后再作分辩。因对方的一两句刺耳的话，就按捺不住，激动起来，硬碰硬，不仅解决不了问题，还易将问题搞僵，让局面失控。

感谢责骂你的人

在生活和工作中如果有人责骂我们，我们的心中一定会觉得不舒服，甚至会怨恨对方。其实，责骂并不像我们想象中那样总是带给我们伤痛，相反，它如同一首人间的赞美诗，会带给我们愉悦的心情，也能给予我们更多。因为大多数人对我们的责骂，都是带着对我们的期望的，如果不想让你有更好的进步，干脆不管你就好了，何必跟你多费口舌呢？

俗话说：不挨骂，长不大。如果没有一番内心上的刺激，我们往往会变得懈怠，容易随波逐流。只有在经受了心灵上的打击之后，我们才会奋起直追，超越原来的自己。

汤姆做服务生的时候，经常被老板吉恩先生责骂，开始的时候他心里很不舒服，常常会暗地里抱怨，可是时间长了，他发现自己每次挨了责骂后都会得到一些启示，学会一些事情，所以汤姆当时总是“主动地”寻找挨骂。只要遇见了吉恩先生，汤姆绝不会像其他怕麻烦的服务生一样逃之夭夭，他会抓住机会，立刻趋身向前，向吉恩先生打招呼，并请教说：“早安！请问我有什么地方需要改进？”

这时，吉恩先生便会对他指出许多需要注意的地方，汤姆在聆听训话之后，必定马上遵照他的指示改正缺点。汤姆之所以主动到吉恩先生面前请教，是因为他深知年轻资浅的服务生很难有机会和老板交谈，只有如此把握机会，别无他法。而且向老板请教，通常正是老板在视察自己工作的时候，这就是向老板推销自己的最佳时机。所以，吉恩先生对汤姆的印象就深刻，对汤姆有所指示时，也总是亲切直呼他的名字，告诉汤姆什么地方需要注意。他就这样每天主动又虚心地向他请教，持续了两年。

有一天，吉恩先生对汤姆说:“我长期观察，发现你工作相当勤勉，值得鼓励，所以明天开始我请你担任经理。”就这样，19 岁的服务生一下子便晋升为经理，在待遇方面也提高很多。被人指责训诲，就是在接受另一种形式的教育。对于吉恩先生一年 365 天的不断教导，汤姆至今仍感谢不已。

在被指责或训诲时，尤其是被自己的上级或者比自己尊贵的人指责或训诲，非但要认真地听，听完之后，更要面带笑容，以愉悦的口吻回应:“是的，我已经知道了，您说得很中肯，我一定严格要求自己。”

相反，如果遇到这种情况，显出非常紧张不安的话，会让对方认为你心存反抗，而感到不舒服。换言之，静静地接受指责或聆听训诲，并保持不失礼的态度来和对方亲近，就是在尊崇对方，是留给对方良好印象的窍门。

如果你因在众人面前被责骂而感到非常丢脸，因此而怨恨的话，那就大错特错，这时，你要换个正确的角度来想，认为他在培养自己、教育自己、帮助自己、给自己面子。你要认为在众人当中，只有自己才值得特别地被责骂，是最有前途的一个，更可以认为“他对我充满期待”而感到骄傲。最没有前途的人，就是被忽视的人，能够被别人重视而不忽视，不应该感到庆幸吗？所以，转弯想一想，心中的怨气就会被理智的情感所取代。

批评是一种关注

人的一生就是在否定和肯定之中载浮载沉，不管是来自别人，还是源自于自己心底。但是就是这些肯定和否定，往往左右了我们成长过程。

身处社会之中，接触到人群，偶尔挨两巴掌是常有的事，但是，挨了这一巴掌之后，要怎么反应，是一门需要耗费时间和耐心来学习的大学问。

喜欢依附别人的关爱和肯定来生活的人，因为要迎合他人的喜好，最后必定会迷失了自我。不必去排斥别人的否定，换个角度想一想，这是在帮助我们进步。

有位朋友对小仲马说:“我在外面听到许多不利于你父亲大仲马的传言。”小仲马摆出一副无所谓的样子回答:“这种事情不必去管它。我的父亲很伟大，就像是一条波涛汹涌的大江。你想想看，如果有人对着江水小便，那根本无伤大雅，不是吗?”

听到别人的批评，再三客观地分析、判断之后，只要认为自己的做法合理，站得住脚，那么大可以坚持到底，不必妥协。但是，如果冷静客观地分析之后，发现自己确实是理亏的，就要勇敢地接受错误的事实，马上改进，并且诚心感谢对方。

英国首相休姆曾经因为一项政策，被持相反意见的国会议员和社会舆论连续在议堂和报纸上，大肆批评了一个星期。朋友对休姆很同情，忍不住问他:“你怎么能够受得了这种像是轰炸机倾巢而出的轰炸行动呢?”“还好我身上流着苏格兰人坚强的血脉，”休姆笑了一笑回答，“最重要的原因是每当我听到别人批评我的政策时，我一定会这样想:嘿！骂吧！这种广告宣传是不用花钱的。”

有一个记者，竟然因为在吃饭时，和一家名点心店的服务生有些争执，而在一本休闲杂志上写文章，恶劣地批评这家点心店的食品难以下咽等并非事实的情形。点心店的员工看到这篇报道都很生气，纷纷要求老板找律师去告那个记者。没想到，老板非但没有为了这件事懊恼，反而胸有成竹地发信给各大媒体，邀请他们来参观一场“挑战××杂志:传统面食制作表演。”点心店特别休市一天不营业，但是门户大开，欢迎民众来观赏表演。这一天，店里四处张灯挂彩，喜气洋洋，非常热闹。只见点心店老板一副古装打扮，身手灵活就像是表演杂耍似的，做出薄得几乎透明的包子皮；拉出细细长长，挂在手上一圈又一圈的面条；烙出的葱油饼一层又一层松松软软的。在现场的记者们都成了现成的评审，逐一品尝之后，一个个伸出大拇指直夸好吃。这场大挑战是赢定了，因为各媒体这么报道，点心店的生意好得简直供不应求。

被别人否定，不一定是件坏事。如果大发脾气，不思改进与利用，只会走向成功的反面。而如果改变被批评者的心态，把批评的声音当作一种关注，认真改进，才能真正促进自我的成长，把坏事变成好事。

平衡心态，控制情绪

很多时候，我们看很多事情会愤愤不平，觉得老天爷不公平，越想越生气，所以，我们需要时常平衡自己的心态。我们如果能把握自己的心态，就能有效地控制自己的情绪。然而，在现实生活中，能够把握自己心态的人并不多。大多数人的内心世界或多或少都有一些不平衡心理。某人做生意赚了钱，某人仕途顺利，某人买了高级轿车，某人住进了豪华别墅……

你觉得自己本来不比他们差，却不如他们风光体面！只要一对比，就发火、激动，就会产生不平衡的心理，而这种心理不平衡又驱使着你去追求一种新的平衡。如果在追求新的平衡中，你能用正当的竞争方式，去自觉接受道德的约束和限制，通过自己的努力、奋斗去实现人生的自我价值，达到一种新的平衡，这是值得称赞和庆幸的；如果在追求新的平衡中，因为怒火而失去理智，不择手段，毫无廉耻，膨胀自私贪欲之心，让身心陷入一种失控的状态中，那么就必然会产生一些意想不到的可怕后果。由此，你的人生必将陷入难以回旋的败局之中。

老李曾是个表现不错，工作积极又很能干也很有实力的政府官员，因政绩突出不断受到提拔。但在最近这几年，当他知道过去的同事、同学通过各种途径生活条件都比他要好的时候，心里总不是滋味。想想自己能力至少不比他们差，职位也比他们高，可钱却比他们少。而且自己作为一地之领导，担子比他们重，责任比他们大，工作也比他们辛苦，经济上却不如他们，深感不平衡，心里便窝了一团火，因此也就有了一定要超过他们的想法。于是在他任职期间，大肆收受贿赂。这样，他思想上警惕的闸门在不平衡心理的驱动之下终于打开了，欲望的洪水顿时倾泻而下，一发不可收，攀比、不平衡的心理，最终使他走上了犯罪的道路。

不平衡使得一部分人心理自始至终处于一种极度不安的焦躁、矛盾、激愤之中，使他们牢骚满腹，不思进取，得过且过，心思不专，更有甚者会铤而走险，玩火烧身，走上了危险的钢丝绳，落得身败名裂。因此，我们必须要走出不平衡的这种心理误区。要走出心理不平衡的误区，可以参考以下几点：

1. 学会比较

不平衡心理缘于比较方式的不当，缘于比较“参照系”的选择的失误。如上面提到的老李，所选择的比较“参照系”是那些有钱人，自认为能力、才华不比他们差，而收获却比他们少，这是多么不公平啊！而其实，只要我们多想一想那些普通劳动者，我们的心理就不会有这样多的焦灼、急躁与失落，甚至是愤愤不平。面对着众多普通人，我们的心灵必然会多一份平静豁达，甚至多一份愧疚，也就没有什么不平衡可言了。

2. 优势比较

当人们受挫后需要自己设法平衡心理。优势比较法要求去想那些比自己受挫更大、困难更多、境况更差的人。通过挫折程度比较，将自己的失控情绪逐步转化为平心静气。

3. 向他人倾诉

也叫情绪发泄法，即将自己的心理痛苦向他人倾诉。倾诉法是近年来心理医学比较提倡和比较有效的一种治疗心理失衡的方法。受挫后如果把失望焦虑的情绪封锁在心里，会凝聚成一种失控力，它可能摧毁肌体正常机能，导致体内毒素滋生。适度向他人倾诉，可以将失控力随着语言的倾诉逐步转化出去。倾诉作为一种健康防卫，既无副作用，效果也较好，如果倾诉对象具有较高的学识修养和实践经验，将会对失衡者的心理给予适当抚慰，鼓起你奋进的勇气，受挫人会在一番促膝长谈之后收到良好的效果。

4. 目标法

挫折干扰了自己原有的生活，毁灭了自己原有的目标，重新寻找一个方向，确立一个新的目标，这就是目标法。目标的确立，需要分析思考，这是一个将消极心理转向理智思索的过程。目标一旦确立，犹如心中点亮了一盏明灯，人就会生出调节和支配自己新行动的坚定信念和意志力，去努力进行达到目标的行动。

因此，要想以健康的心态生活，首先要学会平衡自己的心态，这样才会让自己的心态不会失去平衡，而变得情绪失控。

以恕己之心恕人

斯宾诺莎说:“心不是靠武力征服，而是靠爱和宽容大度征服。”如果一个人能原谅别人的冒犯，就证明他的心灵乃是超越了一切伤害的。

做人要心胸开阔，对事要思想开明。世界上最能长存的东西能存在的日子也很有限，做人又何必拿这些小事当真呢？宽恕人家所不能宽恕的，是一种高贵的行为。

世上的恩恩怨怨比比皆是，因为人组成了社会，而人与人之间通过各种形式的交往而发生关系。在这种交往过程中，不平事是经常发生的，这就是恩怨的由来。世上的不平事多着呢，如果一个人老是把恩怨记在心里伺机报复，那么他的整个心灵满装了怨恨，那他的整个人生就是为怨恨而存在。好像他来到这个世上就是为结怨而来，又是为报复而去。他的生活就充满了灰色，从而把社会看成一个充满险恶的地狱，不能自我排解，不能享受人生的快乐。

仇恨的心理是难以破除的。和其他许多坏习惯一样，我们通常要把它粉碎很多次，最后才能使它完全消灭。伤害愈深，心理调整所需要的时间就愈长，消灭的难度就愈大，可是久而久之，总会慢慢地把它消灭。

一位妇女来向著名作家林清玄哭诉，她的丈夫是多么不懂得怜香惜玉，多么横暴无情，哭到后来竟说出这样的话："真希望他早点死，希望他今天就死。"

林清玄听出妇人对丈夫仍有爱意，就对她说："通常我们非常恨、希望他早点死的人，都会活得很长寿，这叫做怨长久；往往我们很爱、希望长相厮守的人，就会早死，这叫做爱别离。"

妇人听了感到愕然。

"因此，你希望丈夫早死，最有效的方法就是拼命去爱他，爱到天妒良缘的地步，他也就活不了了。"林清玄说。

"可是，到那时候我又会舍不得他死了。"妇人疑惑着。

"愈舍不得，他就愈死得快呀！"

妇人笑起来了，好像找到什么武林秘籍，欢喜地离开了。

林清玄为此感叹说："人世间最好的报复是更广大的爱，使仇恨黯然失色的则是无限的宽容。"

复仇从来不能造成"平衡"和"公平"，报复常常使仇恨者和被恨者双方都陷入仇恨越结越深的痛苦深渊中。甘地说得好："要是人人都把'以牙还牙、以眼还眼'当作人生法则，那么整个世界早就乱作一团了。"

宽恕意味着勇敢而不是怯懦。要向自己的仇人做出高姿态是需要不少勇气的。同时，它还需要一颗善良的心。

一个善于做人的人，总是会宽恕别人。我们想问的是，你是一个耿耿于怀，永远视别人为对手的人？还是一个宽容大度，化干戈为玉帛的人呢？

穿梭于茫茫人海中，面对一个小小的过失，用一个淡淡的微笑，一句轻轻的歉语，来显示对他人的包涵与谅解，这是宽恕；在人的一生中，常常因一件小事、一句不注意的话而被人误解或失去信任，但“人不知而不愠”，以律人之心律己，以恕己之心恕人，这也是宽恕。

报复的人并不快乐

报复是在给自己挖坟墓。因为在选择报复的时候，我们必定会将所有的精力投放在曾经的伤痛里，而且很多年不得释放。总是想着报复别人，却在不知不觉中浪费了自己的青春和岁月，其中的代价可想而知。生活，远没有我们想象的那么艰难，并不是每一种伤痛都没有办法忘却。只要你有一颗宽容的心，你一定能看到更为广阔的天地。

一个匈牙利的骑士，被一个土耳其的高级军官俘获了。这个军官把他和牛套在一起犁田，而且用鞭子赶着他工作。他所受到的侮辱和痛苦是无法用文字形容的。而且那个土耳其军官所要求的赎金是出乎意外的高，这位匈牙利骑士的妻子变卖了她所有的金银首饰，典当了他们所有的堡寨和田产，他们的许多朋友也捐募了大批金钱，才终于凑齐了这个数目。匈牙利骑士总算是从羞辱和奴役中获得了解放，但他回到家时已经病得支持不住了。

没过多久，国王颁布了一道命令，征集大家去跟犹太教的敌人作战。这个匈牙利骑士一听到这道命令，再也安静不下来，他无法休息，片刻难安。他叫人把他扶到战马上，气血上涌，顿时就觉得有气力了，而后向战场驰去。他把那位曾羞辱他、使他痛苦万分的将军变成了他的俘虏。

那个土耳其军官，被带到匈牙利骑士的堡寨里，一个钟头后，那位匈牙利骑士就出现了。他问这个俘虏说：“你想到过你会得到什么待遇吗？”“我知道！”土耳其人说，“报复！但是我怎样做你才能饶恕我呢？”“一点也不错，你会得到一个犹太教徒的报复！”骑士说。“耶和华的教义告诉我们爱我们的同胞，宽恕我们的敌人。上帝本身就是爱！放心地回到你的家里，回到你的亲爱的人中间去吧。不过请你将来对受难的人温和一些、仁慈一些吧!”这个俘虏忽然大哭起来:“我做梦也想不到能够得到这样的待遇!我想我一定会受到酷刑和痛苦的折磨，因此我已经服了毒，过几个钟头毒性就要发作。我必死无疑，一点办法也没有!不过在我死以前，请再让我听一次这种充满了爱和慈悲的教义。它是多么的伟大和神圣!让我怀着这个信仰死去吧!让我作为一个犹太教徒死去吧!”他的这个要求得到了满足。

当我们宽容别人的时候，我们就不会感到自己和别人站在敌对的位置。我们也不会感觉到，生活中总是存在敌人，而没有朋友了。

如果对于每一件事情都耿耿于怀，那么我们就永远也不会快乐。人生苦短，何必一定要记住别人的过错呢?所以，与其在报复的洞穴里苦苦哀叹，不如用宽容和爱填平我们已经给自己挖好的墓穴，平复一颗仇恨的心。

把怒气关在门外

没有什么是不可控的，关键是要找对方法。当怒气已经产生时，要更加注意控制自己的行为，防止因对行为的失控而导致新的致怒因素。

一个农场主雇了一个水管工来安装农舍的水管。水管工的运气很糟，先是因为车子的轮胎爆裂，耽误了一个小时，再就是电钻坏了，最后呢，开来的那辆载重一吨的老爷车又趴了窝。他收工后，雇主开车把他送回家去。到了家前，水管工邀请雇主进去坐坐。

在门口，满脸晦气的水管工没有马上进去，沉默了一阵子，再伸出双手，抚摸门旁一棵小树的枝丫。待到门打开，水管工笑逐颜开，和两个孩子紧紧拥抱，再给迎上来的妻子一个响亮的吻。在家里，水管工喜气洋洋地招待这位新朋友。

雇主离开时，水管工陪他向车子走去。雇主按捺不住好奇心，问:“刚才你在门口的动作，有什么用意吗?”水管工爽快地回答:“有，这是我的

‘烦恼树’。我到外头工作，磕磕碰碰，总是有的。可是烦恼不能带进门，这里头有太太和孩子嘛。我就把它们挂在树上，让老天爷管着，明天出门再拿走。奇怪的是，第二天我到树前时，‘烦恼’大半都不见了。”

在制怒过程中，要把怒气的自控和旁人的助控结合起来，乐于接受别人的劝告，这时你再学习一些制怒的技巧，比如转移、释放、躲避使你发怒的刺激，就可以轻松达到制怒的目的了。

1. 要懂得发怒可能产生的危害，在思想上时刻保持对发怒的警惕性

这是少发怒或不发怒的重要前提。因为你只有知道了发怒的危害之后，才有可能性自觉地控制自己的脾气，使之不急不躁，遇事冷静，宽人律己，胸怀大度。

2. 学会并养成体谅他人的习惯

体谅别人是控制发怒的重要心理品质。只有养成自觉体谅他人习惯，才有可能在遇到容易生气的事情时，主动体谅别人，使生气的心情变得平和。另外在生气的时候，多想想对方的好处，也可以使情绪得到缓解。

3. 养成转移情绪的习惯和方法

当一个人学会了转移情绪时，一般都能较好地控制自己的性情，在生气的时候把情绪转移到愉快或者轻松的事情上来。这种情绪转移法是主动控制生气发怒的有效方法。

4. 养成与他人平等交流或者交换意见的习惯

生气一般都与某个人或者某事情有关。而任何一件能够引起人的情绪变坏的事情也都必然某人联系在一起。所以有与他人交流习惯的人，在遇到发怒的情况下，会主动地与矛盾的另一方交换意见，通过思想交流使矛盾得到化解从而避免发怒。

5. 遇到发怒的情况，应该主动离开冲突现场

主动回避矛盾可以使矛盾的双方都能冷静下来认真思考问题，从而减少或者避免矛盾的发展，同时也就使可能发怒的心情得到平息。

6. **学会幽默，化解矛盾**

幽默是一种情绪转移法。当一个人生气的时候，会幽默的一方用一个小小的幽默手段就有可能使另一方转怒为喜。而自己如果学会了幽默，还可以在要发怒的时候用幽默方法把自己和对方的注意力都转移到笑话的情趣之中，使发怒的情绪得到平缓。

7. **学会道歉**

道歉虽然是向别人承认错误，但在矛盾双方情绪激化时，如果主动地向对方道歉，不仅可以使对方冷静地思考问题，而且还可以使自己冷静下来，以分析自己的对错。即使在自己没有错误的情况下，学会主动向对方道歉，也会使对方感到不好意思而向你道歉，使矛盾的双方不再冲突。

8. **养成冷静思考和与他人平和交谈问题的习惯**

冷静思考可以使自己的思想及情绪始终在理智控制下进行活动，而不容易发怒。与他人平和的交谈问题，能够使他人产生尊重你的心情，从而与你平等交流，而不容易发生冲突。

第二节 凡事看开一些，有些事不必过分计较

凡事看开一点

很多时候，我们需要把事情看开一些，这样才能让自己的心情更快乐。

小李是位个性开朗的年轻人，经常喜欢开别人的玩笑。但大家基于同事的关系，有时即使听到让人不怎么舒服的玩笑，为了不想发生不必

要的冲突，总是能忍则忍，避免日后相处尴尬。

有一回，小李对一位女同事说："我昨天参加朋友的婚礼，新娘长得很像你，同样都是美丽动人，可是对方年纪轻轻的就嫁人了。我什么时候才可以喝到你的喜酒呢？"

小李的话还没说完，当场就引起女同事的不悦，她狠狠地发了一顿脾气，一点儿都不像平常那个温柔的女孩，让在场的同事都非常震惊。

大家不免好奇，个性温和的她，到底为了什么而大发雷霆呢？原来她刚与交往多年的男友分手，心情尚未恢复平静，一听到小李的发问，让年纪老大不小的她顿时觉得有种被侮辱的感觉，一时气愤难平。

其实小李并没有恶意，对她分手的事也不知情，但说者无心听者有意，很多的争执不就是因此而发生的吗？

不过，从另一个角度来说，有很多事其实没什么大不了，但有人却看得非常重，经常是暴跳如雷，而且怀恨在心。

有些人之所以觉得事态严重，多半是忍受不了别人的嘲笑。在好胜的自尊心作祟下，便用发脾气来表示自己的不满，结果是愈来愈糟，不但无济于事，还会引起更大的误会。

泰戈尔说："当人微笑时，世界爱了他；当他大笑时，世界便怕了他。"

微笑可以化解一切争端，能够消除冲突；它能平息我们的怒火，有效缓解心中的闷气。所以，当我们遇到别人开我们玩笑时，无谓的反击或生气，只会让对方自以为占到便宜，继续挑起他下次的兴趣。反之，如果能不为所动，或者用释怀的心情面对，对方反而会知难而退。

其实，人的烦恼一半源于自己，即所谓画地为牢，作茧自缚。芸芸众生，各有所长，各有所短。争强好胜失去一定限度，往往受身外之物所累，失去做人的乐趣。只有承认自己某些方面不足，才能扬长避短，才能不因嫉妒之火而吞灭心中的快乐。

凡事看开一点，用豁达的心胸看待事物，才能走出自我设限的框框，心情自然就会开朗。其实，很多生气的根源都是起因于自己的想法，假如我们不把它放在心上，就不会轻易受别人的影响。

为了让自己活得更快乐、幸福、潇洒，何不放松一下自己的心情，就算偶尔充当别人的笑话来源，不也是调剂自己生活的一种方式吗？

不在意是一种潇洒

有些人实在是有一些小心眼，太在意身边一些琐事了。其实，很多人的烦恼，并不是由多么大的事情引起的，而恰恰是来自对身边一些琐事的过分在意、计较和较劲。

有一对夫妇，吃饭时闲谈，妻子也是兴致所至，一不小心冒出一句不太顺耳的话来。不料丈夫就不依不饶，把这句话细细地分析了一番，两人心中不快，很快争吵起来，直至掀翻了饭桌，拂袖而去。

在现实生活中，这样的例子非常多，细细地想来，也就是因小失大、得不偿失。比如，有的人对别人说的话总是喜欢一句一句地琢磨，对别人的过错更是加倍地抱怨；他们对自己的得失喜欢常常耿耿于怀，对于周围的一切都易于敏感，而且总是曲解和夸张外来的信息。这种人无非是在用一种狭隘而幼稚的认知方式，为自己营造着可怕的心灵监狱，这也就是我们常说的自寻烦恼。他们不但会让自己活得非常累，而且也使周围的人活得非常的累，他们给自己编织了一个非常痛苦的人生。

要知道，人生中如果养成了过于在意和计较的毛病，天长日久，很多的小烦恼就会铸成大烦恼。

关于这一点，古代的智者早已有了清醒的认识。早在2000多年前，雅典的政治家伯里克利斯就向大家发出振聋发聩的警告:“注意啊，先生们，我们太多地纠缠小事了！”后来，法国作家莫鲁瓦更是这样深刻地指出:“我们常常为一些应当迅速地忘掉的微不足道的小事所干扰并且失去理智。我们活在这个世界上只有几十个年头，然而我们却为纠缠无聊琐事而白白浪费了许多宝贵的时光。”可见，过于在意琐事的毛病已严重影响了大家的正常生活，使生活失去了光彩。显然，这是一种非常愚蠢的选择。

百岁老人陈椿有这样的一句话："一件事情，如果想通了就是天堂，想不通就是地狱。既然活着，就一定要活好。"有些事会不会引来麻烦和烦恼，完全取决于自己怎么样看待和处理它。所谓事在人为，结果就大相径庭。让我们学会不在意，换一种思维方式来面对眼前所有的一切。

不在意，就是别总把什么都当回事，不要去钻牛角尖，别太要面子，别事事小心眼。不要把一些鸡毛蒜皮的小事放在心上；别过于看重名与利的得失；更不要为了一点小事而着急上火，动辄大喊大叫，以至因小失大，后悔莫及；不要有那么多的猜疑敏感，不要曲解别人的意思；别夸大事实，制造假想敌；不要把和你爱人说话的异性都打入"第三者"之列而暗暗仇视之；更不要像林黛玉那样见花落泪、听曲伤心、多愁善感，总是顾影自怜。要知道，人生真的需要一点点的"傻"。

同样，不在意也是在给自己设下一道心理保护防线。要想做到不在意，不要经常制造烦恼的信息来自我刺激，而且即使是面对一些负面信息、不愉快的事情，也处之泰然，置若罔闻，不屑一顾。一定要做到"身稳如山岳，心静似止水"，"任凭风浪起，稳坐钓鱼台"。

不在意不但是自我保护的一种妙方，而且也是坚守目标、排除干扰的一种良策。我们的精力毕竟是有限的，如果处处都纠缠琐事，被小事情所累，我们的一生必会一事无成。

不在意，也是一种豁达、大度和宽容。海纳百川，有容乃大。没有宽广的胸怀和气度，是很容易流于琐屑和平庸的。而当你实现了豁达和宽容，自然就会产生轻松与幽默，从而洋溢出一种性格的魅力。

不在意，体现的是一种修养，一种高贵的人格，一种人生的大智慧。那些凡事都要和别人锱铢必较的人，自以为非常聪明，其实是以小聪明干大蠢事；占小便宜，争大烦恼。而不在意，乃是不争之争，无为之为，大智若愚，其乐无穷。

不在意之人，是超越了自我的人，也是活得非常潇洒的人。因为没有了琐事的羁绊和缠绕，也就使身心获得了解放，自然有一片自由的天地任你驰骋。

当然，不在意也不等于逃避现实，它不是麻木不仁，不是看破红尘后的精神颓废和消极遁世，不是对什么都冷若冰霜、无动于衷的加缪笔下的“局外人”，而是在奔向人生大目标途中所采取的一种洒脱、豁达、飘逸的生活态度。

有些事不必太认真

一个人如果过分努力而活给别人看，就会痛苦得不得了。今天如果你相信自己做得还不错，不在乎别人怎么看你的时候，你真的可以很自在。当你常感到无奈、痛苦时，该是你必须调整人生心态与脚步的时候。幸福，不是你得到的比别人多，而是你计较的比别人少！

有些事，不必太认真。有句话说得好：得知，我幸；不得，我命。

小丽美丽而又文静，说话语速总是慢慢的，音量总是小小的，但很能说到人的心底里去，对方都不知自己是什么时候被她看穿的。她的业绩说不上傲人，但也无可挑剔；她嫁了相爱的普通人，日子过得波澜不惊；她不要求孩子学这学那，双休日一家三口就去游玩；她每天都要午睡，每天都做健美操，生活很有规律；她从不嫉妒荣誉加身的同事也从不鄙视犯错的同事，只对势利小人冷眼旁观，却也不恼，她觉得他们不会有好的心态与好的结局。

她心明如镜绝顶聪明，与周围一些拼尽全力却活得七上八下不尽如意的人相比，让人觉得她的人生本来还可以更为出色，而她没有去做。小丽说，她父亲的一句话奠定了她的人生，读初中时她体质非常弱，任何体育活动都没法参加，学习又非常争胜好强，偶尔有一门功课得不到第一就会难过、自责。

父亲说：以你的条件，你不必追求优秀，但你可以做到良好。她很听父亲的话，比较轻松地将每门功课都保持了良好，同时她的体质也恢复到了良好的状态。高中毕业她给自己的定位是考上一所普通大学，压力不重反而发挥良好，她轻松地考上了重点大学。毕业时她选择了中等城市的专业对口单位，她只求离父母近些，可以相互照料。她娓娓地讲述着这些，就如她不急不躁地构筑她的良好人生。

良好人生肯定不被小说家与剧作家看好，因为良好人生不能构成他们的创作素材，他们更感兴趣的是事业有成而家庭破裂，辉煌的阴影里藏匿着堕落，幸福来临却紧随着死神。

有一项优秀就总有一项不及格。生活何尝不是同样地乖戾，倘若某个人的某个单项特别地优秀，他人生的另一重要项目，缺憾往往也特别的大。或者是，正因无可弥补的缺憾，才发愤地去追求优秀。所以良好人生的境界实在已经至高。当一个人的事业、爱情、品行、心境乃至体格都能达到良好时，谁说那人生不够优秀？

我们的生活总是在远方，都在想如果明天我有钱，我就可以……但是如果你现在少赚钱不快乐，就算你有再多的钱，你也不会快乐。

你对未来不用期待太多，期待太多，老实说挫折感会很深。不如看看你现在做什么事情，会让你觉得很自在，吸收到很多的东西，那个时候你才会觉得人生真的很充实。

做人要能吃亏

人世间，大凡精彩的演出，表现的都是人物的精、气、神。亏要能吃得；吃得亏才能扭亏为赢，周圆畅达，换来浩然正气。一个不能吃亏的人，会在斤斤计较中丧失了更多的资源，得小利而失大利。不懂得吃亏，就不能完美地领悟人生；不懂吃亏，就不会有事业上的壮丽辉煌。相反，能吃得亏的人往往打开了珍藏在心中的宝藏。能吃亏，就收获了“忍辱负重，能屈能伸”的性格形象。能吃得亏，就能够在沉淀中有了

"厚积薄发"的资本。

有一个脑筋急转弯：你最不想吃的但却经常能吃到的是什么？答案是"吃亏"。几乎在所有人的意识里，亏吃不得。亏到底吃得吃不得呢？

有个小伙子叫李三，因赌博成性而倾家荡产，最后流落街头，成了乞丐。一次，他已两天没吃一口东西了，再不吃东西就得饿死。他想出个招，即使被打死，也要做个饱死鬼。

李三来到一家饭馆，对掌柜的说："给我来个'亏'，我好长时间没吃'亏'啦！"老板愣住了，"什么是'亏'，这个'亏'怎么做"？

"你们这么大个饭馆，连个'亏'都不会做，太没水平啦。我告诉你们，把面和好，擀成饼，把肉馅放在饼上，卷起来放到笼屉上蒸，一袋烟的工夫就好。"

"客官，那你慢慢喝茶，一会儿，'亏'就好了。"老板赔着笑脸说。

一会儿，"亏"出屉了。李三三下五除二，将几笼屉的"亏"一扫而光。然后趁老板不注意，就溜之大吉了。老板发现后，着急地说："那人吃了我的'亏'还没给钱呢！"众人知道原因后，开玩笑地对老板说："人家吃了'亏'，为什么还要给你钱？这是你亏欠人家的，吃你是应该的，还管人家要什么钱？"

据说从此后，吃亏就成了一句口头禅流传下来。古人是非常睿智的，在创造"吃亏"的同时，就告诫人们吃亏是福啊。虽然这里的"吃亏"和我们现在所谈的吃亏意义相反，但其中"吃亏是福"的道理却有异曲同工之妙。

然而任何社会都有功利浮躁的一面，很多人都想得到名誉、地位、金钱以及别人的尊重和奉承，似乎唯有此，才是成功的标志，才是人生价值的实现。为此，人们劳心劳力、孜孜不倦地追求一些形而上的虚态，为了一己私利而斤斤计较、总怕吃亏的事情便屡见不鲜。

但是总想占便宜，最终吃亏的是自己。因为你丢掉了人们对你的尊重和信赖，这个"亏"可大了，比天还大！最终结果是，你什么便宜也赚不到，人格没有了，朋友没有了，金钱也甭说了，亏得是你是你还是你。

不能吃亏，最终得吃个大亏。相反，那些能吃得亏的人却总能在不如意中找到一飞冲天的机会。

1908年，美国有一个叫希尔的年轻人，接受了一位全国最富有的人的挑战，答应不要一丁点报酬，为这位富翁工作20年。表面上看，希尔吃了大亏，因为这20年正是他年富力强、最能创造利润的时期，可是，实际上，希尔获得的是远比他应该得到的报酬还要多得多的回报。

年轻的希尔去采访钢铁大王卡耐基。卡耐基很欣赏希尔的才华，对他说:"我向你挑战，此后20年里，你能否把全部时间都用在研究美国人的成功哲学上，然后提出一个答案，但条件是：除了写介绍信为你引见这些人，我不会对你作出任何经济支持，你肯接受吗?"

虽然没有酬劳，但是希尔相信自己的直觉，接受了挑战。在此后的20年里，他遍访美国最富有的500名成功人士，写出了震惊世界的《成功定律》一书，并成为罗斯福总统的顾问。

"吃得亏"，这就是希尔之所以能成功的全部秘密。希尔后来回忆说:"全国最富有的人要我为他工作20年而不给我一丁点儿报酬。一般人面对这样一个荒谬的建议，肯定会觉得太吃亏而推辞的，可我没这样干，我认为我要能吃得这个亏，才有不可限量的前途。"

那些把不可以吃亏、不可以受人欺负当作做人的头一条的人，可以在课堂上扔下书和教授吵架；可以在旅行时为一点点小利和小贩争执；有一点点不顺心就想到要离开公司，大不了重新开始；对待感情，下意识地总要他（她）对我比我对他（她）好，感情倘若是秤，绞尽脑汁总要他用七分我用三分，最多六四分已经觉得投入太多。总之，心里的小闹钟时刻反复提醒自己：不可以吃亏！但时过境迁，这些人重新想起自己尽力不吃亏的主要事迹时，却总是发现一切其实可以找到更好的方式。因为，和教授吵架的后果是那门课最终没有拿到好的分数；旅行时的愤怒冲淡了快乐；愤然离职后是心情平复后长时间的后悔；至于感情，总是计较得失，却失多得少。

其实，越是不计较吃亏的人，才越会得到真正的幸福。能够理解“吃亏是福”里面的睿智，能够参透“做人要吃得亏”中的禅机，你的人生从此才开始有了真正的转机，你的幸福之门也就在不计较中得到了开启。

不计较的人少树敌

做人就是应该大度、大气，不计较的人少树敌。每个渴望成功的人都应该善于审时度势，把握人与自然、人与社会、人与人之间的关系，做到宠辱不惊、置得失于度外。这样，在待人接物的时候，就可以表现出较高的涵养，将人际与事理中的种种问题处置得更为妥当。

曾国藩在长沙的岳麓书院读书时，同学中有一个人个性很急躁，有一天看到曾国藩把书桌放在窗前，就说:“你把光线给挡住了，我读书都看不清字了。你快挪开!”曾国藩便把书桌移开了。晚上曾国藩掌灯用功读书，那人又说:“平常不念书，半夜三更的却点着灯念书，还让不让人睡觉了?”曾国藩便不出声地默诵。

不久之后，曾国藩中了举人，传报到时，那个人大怒道:“这屋子的风水，本来是我的，反叫你夺去了。本来该我中举人才是。”在旁的同学听了都觉得气愤，就问他:“书案的位置不是你自己放的吗？怎么能怪曾国藩呢?”那个人说:“正因如此，才夺了我的风水。”同学都觉得那个人实在不可理喻，无理取闹，替曾国藩打抱不平。但是曾国藩却和颜悦色，毫不在意，劝息同学，安慰同室。他以自己的胸襟和涵养平息了同学们的纷争。

当官之后，曾国藩求才心切，因此也有被骗的时候。有一个冒充校官的人，拜访曾国藩，高谈阔论，不可一世。曾国藩礼贤下士，对投幕的各种人都倾心相接，但是心中不喜欢说大话的人。他见这个人言词伶俐，心中好奇，当谈论到用人须杜绝欺骗的时候，那个人正色说道:

“受欺不受欺，全在于自己是何种人。我纵横当世，略有所见，像中堂大人这样至诚盛德者，别人不忍欺；像左公（宗棠）严气正性，别人不敢欺。而其他的人就算不欺骗他，他也会怀疑自己受骗，或者上了当还不自知的也大有人在。”曾国藩察人一向重条理，见此人讲了四种“欺法”，觉得颇有道理，就对他说:“你可到军营中，观察一下我所用的人。”

第二天，那个人便去拜见营中文武各官，回来后煞有介事地对曾国藩说:“军中多豪杰俊雄之士，但我从中发现有两位君子式的人才。”曾国藩急忙问是何人，那个人就说是涂宗流和郭远堂。这正和曾国藩的看法一致，曾国藩大喜称善，将之待为上宾。但因为一时没有合适的职务，便让他督造船炮。

过了几天，兵卒向曾国藩报告那人偷了造船炮的钱逃走了，请发兵追捕。曾国藩默然良久，说:“不要追了。”曾国藩双手持须，说:“人不忍欺，人不忍欺。”身边的人听到后想笑又不敢笑。又过了几天，曾国藩旧话重提，幕僚便问为什么不发兵追捕。曾国藩说:“现今发、捻交织，此人其实很有胆识和才华，现在他只是想骗些钱，如果发兵去追，把他逼急了，恐怕会投入敌营，助纣为虐，那为害可就大了。区区之金，与本人受欺之名皆不足道。”

平时我们与人交往，不论是朋友，还是客户，都应该注意“一团和气”，避免偏激对人，不要为自己树敌。做人处世若能像曾国藩那样胸襟坦荡，虚怀若谷，就可以使人与人之间以诚相待，互相信赖，博取人们对你的支持和真诚相助。

第三章 忍让一点少生气

人生是短暂的，所以，生活中不要因一些鸡毛蒜皮、微不足道的小事而耿耿于怀，为这些小事而浪费你的时间、耗费你的精力是不值得的。英国著名作家迪斯雷利曾经说过：“为小事生气的人，生命是短暂的。”如果你真正理解了这句话的深刻含义，那么你就不会再为一些不值得一提的小事情而生气了。

第一节 退一步海阔天空，让人一步又何妨

君子以让人为上策

在生活中，我们一旦有害人之心、锱铢必较的心理，只会招来更多的烦恼，甚至是仇恨。天玄子说：“利人就是利己，亏人就是亏己，让人就是让己，害人就是害己。所以说：君子以让人为上策。”

一个能够吃亏的人，就是一个懂得宽容的人。宽容说起来很简单，

可做起来却非常不容易。因为任何宽容都是要付出一定代价的，甚至是痛苦的代价。在生活中，几乎每个人都会受到他人的误解，甚或是伤害如果没有肯吃亏、能忍让的精神，那么事情往往会因鲁莽的反抗或报复而变得一发不可收拾。

林则徐有一句名言:“海纳百川，有容乃大。”他一再强调：与人相处，有一分忍让，就受一分益；吃一分亏，就积一分福。相反，存一分骄，就多一分挫折；占一分便宜，就招一次灾祸。而宽容和忍让则可能让你更受尊重。

舜敬父爱弟，可他的弟弟像表面看起来很敬重舜，内心却总想害死他。有一次，他们俩去挖井，舜正在井内时，象却突然把井口封死。象以为舜必死，就对他的两个嫂嫂心怀不轨，于是来到舜家里。

不料，舜大难不死，已从井的另一个出口脱身回到家里。象刚进门，见舜在弹琴，只好尴尬地说:“我还正惦记着你呢。”

舜没有计较，只是温和地对象说:“多谢你的关心。你真是我的好兄弟，以后请你协助我一起管理臣民吧。”

舜有如此广阔的胸怀，这是他成就一代帝王大业的重要前提。

明代朱衮在《观微子》中说过:“君子忍人所不能忍，容人所不能容，处人所不能处。”在生活中，那些在事业上飞黄腾达、取得卓越成就又有好人缘的人，绝非是一些胸襟狭窄、小肚鸡肠、谨小慎微之人，而是那些襟怀坦荡、宽宏大量、豁达大度者。

宋真宗时，有个以度量宽厚闻名的宰相名叫王旦。王旦十分爱干净，有一次，家人烹调的羹汤中有不干净的东西，王旦也没有指责，只吃饭，不喝汤。家人奇怪地问他为什么不喝汤，他说，今天只喜欢吃饭，不想喝汤。还有一次，饭里有不干净的东西，王旦也只是放下筷子说，今大不想吃饭，叫家人另外准备稀饭。王旦的宽容与忍让，赢得了仆人们更多的尊敬和爱戴。

在有些人眼里，忍耐就是懦弱，事实并非如此，忍让是于从容之中冷嘲或蔑视对方。

唐代高僧寒山问拾得和尚:“今有人侮我，冷笑我，藐视我，毁我伤我，嫌恶恨我，诡谲欺我，则奈何?”拾得答曰:“子但忍受之，依他让他，敬他避他，苦苦耐他，装聋作哑，漠然置之，冷眼观之，看他如何结局?”我们都应以这种宽容忍让的胸怀待人待事。

在现实生活中，宽容对你是大有好处的，不论是什么人，在得到你的宽容后，他们都会对你心存感激和敬重，因此，你的影响力、亲和力就会得到很大的提高。

多些包容，少些争端

包容修的是心胸，炼的是气度。冲突与交流必然会带给我们许多难以忍受的观点、方法和态度，但是，当我们主动地去容忍和接纳时，结果就总会出人意料。

包容在佛家的理论里，就是“空”。空就如数字的“0”，你把它放在1的后面，它就是10，放在100后面，它就变成1000；空虚才能够容万物，茶杯空了才能够装茶，口袋空了才能够装钱；有容就有气度和涵养。有的人说这样的道理懂，但是就是做不到。因为包容是一种智慧，没有智慧的人，怎么能够包容别人呢？所以人们讲：要容得住事，容得住人。

有个丈夫跟太太亲热，抚摸着太太，很有情趣地赞美:“你的皮肤摸起来真细，绝不像四十岁的女人。”太太笑:“是啊！最近摸过的人都这么说。”

“啪！”一记耳光。丈夫吼道:“你最近让多少人摸过？老实招来！”太太捂着脸，哭着喊:“大家是这么说的啊！每个护肤中心的小姐都这么说。”

人与人之间难免会有不愉快的事情发生。同事不小心说错了一句话；别人无意中做了一件对不起你的事；有人抢了你的风头……面对这些情况，我们要能够做到包容他人，谅解他人，理解他人和宽恕他人。

站在自己的立场上思考的是普通人，站在第三方立场上思考的是贵人，站在对方的立场上思考的是巨人。能够站在别人的立场上思考，绝对是一种胸怀与智慧。

曾有记者采访成名后的托马斯·爱迪生，让他谈谈对小时候打聋他耳朵的那位列车员的看法。令人意外的是，爱迪生并没有大肆地辱骂那位列车员，他没有以自己的声望去压倒列车员，而是幽默、机智地回答道："我感谢他，感谢他给我一个无人喧嚣的环境，使我能够专心致志地完成更多的试验、发明！"爱迪生不仅宽容地对待了这位列车员，而且从这次不幸中找到了发明创造的动力与源泉。

两辆别克商务车"狭路相逢"后，因道路狭窄，互相抵头，都不能正常通过。由于车上的人互不相让，遂发生了激烈的争吵，后来发生厮打。被围观市民劝开后，银色别克商务车司机怒气难平，挡在白色别克商务车前阻止该车离开。这时，白色别克商务车司机突然将车发动，撞倒车前司机后又从其身上轧过，致使对方当场死亡，然后驾车逃跑。之后，逃跑的肇事司机被抓获归案时表示："堵车时本来相互礼让一下，就什么事也没有了，将对方撞死真是不该，都怪自己当时太冲动。"

生活中为了争抢一个公交车座位而大打出手屡见不鲜，更有为了一个馒头而酿出血案的事情。某单位员工在食堂挑起事端，和厨师挥拳相向、大打出手，结果因为一个馒头造成一人受伤、一人领刑。看看他们，再看看爱迪生，不禁让人感叹人与人之间的差距如此之大。如果他们能够站在对方的角度上思考，互相包容与体谅，就会少了很多争端，多了很多和谐。

每一件事物都有存在的道理，我们感谢赞同我们的人，也敬重那些持反对意见的人，他们是我们的镜子和鞭子，让我们发现自己脸上的灰尘，鞭去我们的惰性，激发我们的活力。

惩罚不如引人为善

惩罚人的过错，不如引人为善。因为没有谁愿意成为众人唾弃的对象，一句劝告的忠言胜过一条惩罚的皮鞭。《菜根谭》中说："遇欺诈的人，以诚心感动之；遇暴戾的人，以和气熏蒸之；遇倾邪私曲的人，以名义气节激励之。"意思是，遇到狡诈不诚实的人，用真诚去感动他；遇到粗暴乖戾的人，用平和去感染他；遇到行为不正、自私自利的人，用正义感去激励他。

一次，楚庄王因为打了大胜仗，十分高兴，便在宫中召开盛大晚宴，招待群臣。宫中一片热火朝天，楚庄王也兴致高昂，让自己最宠爱的妃子许姬替群臣斟酒助兴。

忽然一阵大风吹进宫中，蜡烛被风吹灭，宫中立刻漆黑一片。黑暗中，有人扯住许姬的衣袖想要调戏她。许姬便顺手拔下那人的帽缨挣脱离开，来到楚庄王身边告诉楚庄王："有人想趁黑暗调戏我，我已拔下了他的帽缨，请大王快吩咐点灯，看谁没有帽缨就把他抓起来处置。"

楚庄王说："且慢！今天我请大家来喝酒，酒后失礼是常有的事，不宜怪罪。再说，众位将士为国效力，我怎么能为了显示你的贞洁而辱没我的将士呢?"说完，楚庄王不动声色地对众人喊道："各位，今天寡人请大家喝酒，大家一定要尽兴，请大家都把帽缨拔掉，不拔掉帽缨不足以尽欢！"群臣都拔掉自己的帽缨后，楚庄王再命人重新点亮蜡烛，宫中一片欢笑，众人尽欢而散。

三年后，晋国进攻楚国，楚庄王亲自带兵迎战。交战中，楚庄王发现军中有一员将官总是奋不顾身，冲杀在前，所向无敌。众将士也在他的影响和带动下，奋勇杀敌，斗志高昂。这次交战，晋军大败，楚军大胜回朝。

战后，楚庄王把那位将官找来，问他："寡人见你此次战斗奋勇异常，寡人平日好像并未对你有过什么特殊好处，你为什么如此冒死奋战呢?”那将官跪在庄王阶前，低着头回答说:“三年前，臣在大王宫中酒后失礼，本该处死，可是大王不仅没有追究问罪，反而设法保全我的面子，臣深深感动，对大王的恩德牢记在心。从那时起，我就时刻准备用自己的生命来报答大王的恩德。这次上战场，正是我立功报恩的机会，所以我才不惜生命，奋勇杀敌，就是战死疆场也在所不惜。大王，臣就是三年前那个被王妃拔掉帽缨的罪人啊!”

一番话使楚庄王和在场将士大受感动，楚庄王走下台阶将那位将官扶起，将官已是泣不成声。

楚庄王如果有心追究，那个犯了错的将官一定是死路一条，但是，楚庄王的宽容给了他生的机会，也给自己赢得了胜利的机会。西方人常说“赠人玫瑰，手有余香”，给别人带来好处，自己也能从中收获付出的幸福感。自私自利、心胸狭窄的人，就很难体会到这样的满足感。

人非圣贤，孰能无过?人会在一时冲动之后犯下错误，那时他已经感到内疚，最需要的不是增加惩罚，而是得到谅解和宽容。与其痛惩他的过错，不如用宽容的心对待他，让他自己认识到自己的过错。

适当让对方占些便宜

每个人嘴上总是说，我不要占别人的便宜，而事实上却都喜欢多少占些便宜。不但女子如此，男子何尝又不是这样?不过他们一面要占便宜，另一面还希望保持体面。你恨透了这种心理，应该随时随地地留心机会，如果无关大体，不妨在保持对方面子的同时，多让对方占些小便宜，你所获得的是对方的好感，用小便宜来买好感，这好感的代价，实在是太便宜了。

如此来说，表面上是对方占你的便宜，实际上是你占了他的便宜。比方说，他想到你所服务的商店买东西，却先来访问你，这明明是想从你这里占些小便宜，那么你应该郑重其事地要自己招待，亲自向销售部打个招呼，要他们打个特别折扣。这在公家并无重大损失，而对方却非常得意，认为自己十分有面子。如果他要开支票付款，只要你与他相熟，明白他的经济信用，也可以向经手人打声招呼，这对你来说也是一无损失。这些都是春风人情，却可表示你的热情。在西方国家中，很少有在车上抢着买车票的习惯，然而在我们中国，却是很普通的事情，尤其是对于女子，这种小便宜，真是惠而不费。

对方很喜欢写字绘画，并且程度已经不低，但还没有成名，却十分希望成名，这就是你联络的好机会了。你不妨请他写一张字，画一幅画。表面上这是你占他的便宜，在他呢，却巴不得你再利用机会请他到你家里去坐坐，他看见了自己的书画受到如此礼遇，一定异常高兴。再如果你对于书画，也不是完全外行，就可以做相当的赞扬，同时谈谈名画家、名书法家。只要你的赞扬，不是夸张得使他内心惭愧，他自然认你是同道，彼此间的感情，自然会增进。

但是对于远近闻名的大书法家、画家就不能如此了。他的书画已经成为商品，他的写字绘画，是一种生产工作，你如向他讨书画，那却真是要占他的便宜。不要说彼此泛泛之交，他不会让你占上便宜，即便是素有交情的知己，他也觉得你太讨厌。

能把握着小便宜，是用了交际的工具，运用小便宜则是交际的手段。你的小便宜可以做交际工具时，要充分利用；他的小便宜可以做交际工具的，更要充分利用。这件小小的东西，如能妥当地利用，在联络感情上，可以得到不少成绩的。你要多多准备让人家占你的小便宜，也要留心人家愿意让你占的小便宜！

就像人人都有自尊心一样，人人也都有好胜心，你希望与别人联络感情，就应该处处要重视对方的自尊心，而因为要重视对方的自尊心，就必须抑制自己的好胜心，来成全对方的好胜心。比方，对方与你有同性质的某种特长，对方要求与你比赛，你这时就必须让他一步，即使对方技术真的敌不过你，你也得让对方小胜一番。

但是一味退让，便表现不出你的真实本领，也许还会使对方误认为你的技术不太高明，反而使他觉得你无足轻重。所以你与他比赛的时候，应该先施展你的适当本领，造成一个势均力敌的局面，使对方知道你不是一个弱者，进一步略施小技，把他逼得神情紧张，知道你的确是个能手，再进一步，故意留下破绽，让他突围而出，从劣势转为均势，从均势转为优势，结果把最后的胜利让给对方。对方所得到的这个胜利，不但费过许多心力，而且安排破绽，必须十分自然，千万不要使对方明白这是你故意的，否则便会觉得你很虚伪，而他的胜利也没有多大趣味，那么，这就是你的失败。

所以最难的问题是，起初你还能以理智自持，比赛到后来感情一时冲动，好胜心突发，就不肯再作让步，也是常有的事。或者在有意与无意之间，无论在精神上，语气上，还是在举止上，忍不住流露出你是故意让步的意思，就白费心机了。

把个人恩怨放一边

两虎相斗必有一伤，但是，既然相互之间都知道彼此实力，就应该英雄惜英雄，为什么不大度地握手言和呢？

战国时期，赵国的蔺相如几次出使秦国，又随同赵王会见秦王，每次都能够凭借自己的大智大勇，挫败骄横的秦王，因此赵王很是器重蔺相如，一下子就把他提拔为上卿，官位在老将军廉颇之上。

曾立过无数次战功的将军廉颇见蔺相如比自己官位还高，很不服气，他到处扬言说；“我为赵国出生入死，有攻城夺地的大功。而这个蔺相如，出身卑微，只是凭着三寸不烂之舌，动动嘴皮子，官位就能在我之上，实在是让我难堪！有机会让我遇到蔺相如，我一定要当众狠狠地羞辱他一番。”

蔺相如听说后并不生气，只是处处躲着廉颇。有一次，蔺相如坐车在大街上走，忽然看见廉颇的马车迎面而来，便马上命人将自己的车拐进一条小巷。待廉颇的车马走了以后，才从小巷中出来继续赶路。

蔺相如的随从们见主人对廉颇一让再让，十分惧怕，觉得很不满意，于是议论纷纷，还商量要离开蔺相如。

蔺相如知道此事后，把他们找来，对他们说："我连秦王都不畏惧，又怎么会怕廉将军呢？秦国之所以不敢侵犯赵国，不就是因为赵国有我和廉将军吗？如果我们俩互相争斗，将必有一伤，那赵国就危险了。再说，这点小事也不值得计较，我们要把眼光放长远一些，应以国家的利益为重呀！"

后来，这些话传到廉颇耳中，廉颇深受感动，深知自己错了，于是就有了后来的"负荆请罪"。

蔺相如不愧为一代谋士，根本就不把个人恩怨得失放在心上。只是以宽容的心态来化解矛盾，从而赢得他人的尊重！

天玄子说："利人就是利己，亏人就是亏己；让人就是让己，害人就是害己。"所以说"君子以让人为上策"，"相将和"应是为人处世的典范。

用善意征服人心

俗话说："千金难买邻里情。"由此可见，处理好邻里关系是何等的重要啊！但在生活中，很多人却与邻里处不好关系，究其原因所在，不外乎有以下几点：

其一，喜欢斤斤计较。要处理好邻里之间的关系，就不能斤斤计较。有的邻里常为几块钱的水费、电费，甚至无意中的几句话，就吵得脸红脖子粗，甚至大打出手。其实，邻里之间在日常生活中难免发生一些纠纷，甚至产生意想不到的矛盾。如果遇事放不开，斤斤计较，一个钉子一个眼，那是不会相处融洽的。因此，邻里相处时一定要大度、和气。

其二，喜欢高挂“免事牌”。一些人喜欢自扫门前雪，不管他人瓦上霜。其实家庭过日子，谁都有弄不转事儿的时候，就需要大家帮忙。如果只想别人帮自己，自己不帮别人，那样，天长日久，就没有人理睬自己了。

不过，要想与邻里处好关系就要讲究一些技巧，真诚地向邻居表达你的情意，就是其中的一个好方法。

威廉在一个邻近的街区新开了一家名叫“健康”的药店，而帕克·巴洛——一位经验丰富和声望极高的药店主，对此感到非常气愤。他指责威廉卖假药、毫无配药方的经验。

威廉受到攻击后，很是气愤，准备为此事向法院起诉。他去请教一个律师，这位律师劝告他说:“别把这件事闹得满城风雨了，这样对谁都不好，你不妨试试表示善意的办法。”

第二天，当顾客们又向他述说帕克的攻击时，威廉说:“我想一定是在什么事上产生了误会。帕克是这个城中最好的药店主之一，他在任何时候都乐意给急诊病人配药。他这种对病人的关心给我们大家树立了榜样。我们这个地方正在发展之中，有足够的空间可供我们两家做生意。我是以巴洛医生的药店作为自己的榜样的。”

当帕克听到这些赞扬的话后，便急不可待地去见威廉，并向他介绍了自己的一些经验，并且提了一些有益的劝告。

后来，这两家药店的生意都非常好。由此可见，善意的赞美比批评更能征服人心。

当然，善意的前提是要心怀坦荡、宽容他人，邻里之间应该做到互谅、互让、互助、互爱。互谅就是彼此谅解，不计较个人恩怨、得失。人都是有感情和尊严的，既需要他人的体谅，又有义务体谅他人。有了互相之间的谅解，就能清心降火，在任何情况下，都能保持平静的心境和宽厚的品格。互让，就是彼此谦让，不计较个人荣誉和利益。淡泊名利，摒弃私心杂念，自觉做到以他人利益为重，把好处让给别人，相互之间的矛盾就会容易化解；争名于朝，争利于市，一事当前先替自己打算，对个人得失斤斤计较，是难以与他人和睦相处的。互助，就是大家之间互相帮助，伸出援助之手来解决彼此之间的困难。互爱，就是彼此关心，不计较品格气质的差异，爱能包容一切，还能使千差万别、迥然不同的人和谐地融为一个整体，使人们变得亲密无间；爱能化解矛盾芥蒂，消除猜疑、嫉妒和憎恨，使人间变得更加美好。

学会和邻里打交道不是件容易的事。虽然很多时候你并不欣赏他们的言行，但你还是不能和他们闹对立，更不能用强烈的情绪来压制他们的情绪。只有向他们表达自己的善意，才是最智慧的方法。而这也是平息相互之间怒火的良方。

第二节 忍气不是怯懦，而是争气的智慧

忍，是高明人的谋略

面对着暂时的委屈，忍耐，乃是一大智慧。这种忍，不是性格软弱，忍气吞声、含泪度日之举，而是高明人的一种谋略，是为人处世的上上之策。

在这个世界上，每个人都有自己的情绪，但每个人对待情绪的方法却不一样。善于控制自己情绪的人，可以将阻力化为助力，帮助自己遇难呈祥、政通人和。不善于控制自己情绪的人，却只会产生一些非理性的言行举止，轻则受挫误事，重则亡命丧身。

韩信是淮阴人，年轻时很贫困，表面看来，他一无所长，家乡的人都很瞧不起他。他既不能做小吏，又不愿种地，也不会经商。身强力壮的年轻人却靠乞食生活。

他曾长期在亭长家里寄食。亭长的妻子后来很反感，就设法赶他，于是每天全家提前吃饭，等韩信赶来时人家已吃完了。他碰了几次钉子，从此就不去了。后来去河边钓鱼，又不肯用心，还是不免饿肚子。

有一位在同一条河里漂洗棉絮的老太太，看他可怜，就连续几十天将自己带的饭分给他吃。韩信很感激，在漂母做完工与自己分手时，韩信诚恳地对她说："我将来一定要百倍地报答您。"漂母觉得他很不争气，愤愤答道："你这样一个男子汉大丈夫，自己不去挣饭吃，我觉得你可怜，才给你饭吃，像你这样没出息的人，谁指望你报答，你还是自己快找谋生之道吧。"韩信心中痛苦极了。他知道好心的老太太不可能理解自己，没有解释，但在心中立誓。后来，他功成名就，果然以"千金"重酬了漂母。但当时谁知道他的志向和痛苦呢？

韩信身材高大，总是随身佩带刀剑，虽贫贱，但显得仪表不凡，威风凛凛。他好佩刀剑和出众的仪表与其志向、才能和气质有关，因内符外，他与众不同。这种社会地位和精神气质的反差最易引起小人的注意和嫉妒，小人们最见不得这类现象，可以说是自然规律了。

有一天，一群无赖拦住韩信，其中一个说："如果你有胆量不怕死，你就把我杀了？如果你怕死，就从我裤裆下钻下去，否则绝不和你干休。"韩信狠狠盯着他，手不自觉地紧握着剑柄，过了许久，他松开手，趴在地下，居然从那人胯下爬了过去。为此，家乡的人更看不起他了，认为他不但无能，而且是个懦夫。

韩信并不是个懦夫。他忍受那样大的屈辱；是因为他的人生抱负太大了，没有必要小不忍而乱大谋。后来他逐鹿中原，风云际会，先后作过齐王和楚王。他与部下谈起这事时说："难道那时我没有胆量和力量杀他吗？只是杀了他，我的一生也就完了，因为那时能够忍耐，所以我才能得到今天的地位和成就。"

所谓的"宰相肚里能撑船"，所谓的"大将之风"，都是评论涵养的。有涵养的人都能控制自己的情绪，能忍受暂时的委屈，也就能成就事业。相反，那些遇事不能冷静，并且以极端手段处理的人，绝不是一个能成大事的人。

所谓忍之有道，是为图大业等待时机成熟的准备。这不是怯懦，更不是放弃，它是我们保全自身的手段；也是谋取更大成功的起点。那种为了一时之气而付出惨重代价的做人方式，必将血本无归。

化敌为友是智者所为

人在生活中，每天都将遇到很多人，男的女的，老的少的，也包括冤家和朋友。

但是，聪明者都只讲朋友，不把冤家当对头。因为他们知道，人生斗不了几十年。所以，在他们眼里，只有永远的利益，而没有永远的敌人。

有些人一旦身陷争斗的漩涡之中，便不由自主地焦躁起来，一方面是为了面子，一方面是为了利益，因此，如果有了“理”就非逼对方鸣金收兵或树白旗投降不可。俗话说：得理不饶人。但实际上“得理不饶人”虽然能让你吹响胜利的号角，但这也拉开了下次争斗的序幕；因为战败的一方也有一种面子和利益之争，他当然也不会善罢甘休。俗话说，冤冤相报何时了，冤家宜解不宜结。

也可以说，“得理不饶人”是你的权利，但远远不如“得理且饶人”更实用有益。何谓“得理且饶人”？就是放对方一条生路，让他有个台阶下，给他留点面子和立足之地，如果你做到了，对自己则好处多多。可以说得理不饶人，让对方走投无路，不是智者所为，他容易激起对方“求生”的意志，而既然是“求生”，就有可能是“不择手段”，这对你自己将造成伤害。好比路上遇上狼，狼为了求生，将会与你拼命，放它一条生路，它“逃”命要紧，便不会对你造成伤害。人也一样，对方“无理”自知理亏，你在理已明之下，放他一条生路，他会心存感激，来日自当感恩相报。即便他心中仍有不悦，他也不大可能再度与你为敌。人海茫茫，后会有期。更何况山不转水转，水不转人转，你会得理不饶人，焉知他今后不与你狭路相逢？

其实，饶人也是一种乐趣，一种快乐。实践证明一生畅快的人才能少生病又长寿，与人为敌，少不了处处防备，这样就难得心情畅快，当然对你的身体也有影响。

曾看过这么一则寓言故事。一只狮子和一只狼同时发现一只鹿，于是商量共同去追捕那只鹿。它们合作愉快，野狼把鹿扑倒在地，狮便上前一口把鹿咬死。但这时狮子起了贪念，不想和狼平分秋色，于是想把野狼也咬死，可是野狼奋力抵抗，后来狼虽然被狮子咬死，但狮子也受了很重的伤，无法享受美味。

大自然的弱肉强食是讲暂时的力量，而不讲日后的长久利益的，这是生存的本能需要；但人类社会和动物截然不同，人类社会远比动物世界复杂，个人和个人之间、团体和团体之间的依存关系相当密切，任何“你死我活”或“你活我死”对自己都是不利的。像战争，哪个战争不是伤人又伤己（有时甚至是自取灭亡）？俗话说，伤敌一万自损三千。比如说派别之间的斗争，哪一派不是元气大伤？因此单赢并不是人类社会的生存之道，所以最近也有很多人倡导“你活我也活”的“双赢”战术。

有一部电影描述了这样一个故事：美国西部拓荒时期，一位牧场的主人因为全家老少都被土匪枪杀，因而变卖牧场，天涯寻仇。家被毁了，这种仇是任何人在内心深处都想报的，可是当这位牧场主花了十几年的时间找到凶手时，才发现那位凶手已老病缠身，躺在床上毫无抵抗能力，要求牧场主给他一枪，牧场主人把枪举起，又突然放下。结果是，牧场主人沮丧地走出破烂的小屋，在夕阳照耀的大草原中沉思，他喃喃自语：“我放弃一切，虚度寒暑，如今我也老了，报仇，它到底有什么意义呢？”电影是人编的，但编剧都是有根据的，也是现实生活中可能发生的，因此，虽然是电影，一样可以提供给人们做深刻的思考和反省，而这反省也就是我们强调的“大仇不报是君子”真正含义。

首先来看“报仇”的投资。第一，精神的投资——每天计划“报仇”这件事，要花费很多精力，想到切齿处，情绪心神的剧烈波动，更有可能影响到身体的健康。第二，财力的投资——有人为了报仇而放弃一辈子的事业，大有“玉石俱焚”的味道。就算不放下一辈子的事业，也要花费财力，去做部署工作。第三，时间的投资——有些仇不是说报就能报，三年五年，八年十年，甚至二十年都没有报成。就算报了吧，自己宝贵的时间也搭进去了，自己也年华老去了，想一下得不偿失。俗话说十里地赶个嘴，不如在家喝凉水，既然不够本的买卖，做他又有何益?

所以，作为一个有智慧的人首先应该知道轻重，知道什么东西对他有意义，有价值，“报仇”虽然可消“心头之恨”，但“心头之恨”消了，也有可能失去自己，所以君子有仇不报，学会爱你的敌人这才是智者所为。想做到“爱你的敌人”，这是件很难的事，因为绝大部分人看到“敌人”都会有灭之而后快的冲动，可见要爱敌人并不是一件很容易的事。

就因为做人难、处世难，所以人的成就才有高有下，有大有小。正如公子小白与唐太宗李世民之所以能够成就一世英名，关键是他们能够不计较前嫌而大胆地将敌人化为朋友的缘故。而其他许多人却只是整日自寻烦恼，成为庸碌小人。也就是说，能当众拥抱敌人的人，他的成就往往比不能爱敌人的人大。

能爱自己敌人的人是站在主动的地位，是“制人而不受制于人”。你采取主动，不只迷惑了对方，使对方搞不清你对他的态度，也迷惑了第三者，搞不清楚你和对方到底是敌是友，甚至都误认你已“化敌为友”；可是，是敌是友，只有你自己心里才明白，但你的主动，却使对方处于“接招”应战的被动姿态，如果对方不能“爱”你，那么他将得到一个没有“器量”之类的评语。一经比较，二人的高下昭然若揭。所以，当众拥抱你的敌人，可在某种程度之内降低对方的敌意，免得敌意鲜明，反而阻挡了自己的去路。地球是圆的，天涯无处不相逢。人生是短暂的，天涯又何处无芳草呢?

然而，最为重要的是，爱你的敌人这个行为一旦做了出来，久而久之成为习惯，会使你在与人相处时有更大的市场。朱元璋说:“大度能容，容天下难容之事；慈颜常笑，笑世上可笑之人。”相信，凡干大事业的没有不能容人的。

当然，如果实在避免不开，树敌也不必害怕，关键是怎样找到办法，化敌为友，那才是智者所为。要知道人生在世毕竟和气才能生财。因为树敌容易，化敌难，如果一个人能把敌人变成为朋友，那他的能力不更是让人佩服吗；如果能获取敌方的支持，又何愁事业无成。广交天下友，方可把自己塑造成一个大有作为的人。

能屈能伸是豪杰

任何一个时代，任何一个社会，都是一个以实力说话的社会。有实力的人才有话语权。然而，我们不是天才，也不是“生而知之”的圣人。我们的知识、才华、经验、技能，都是从无到有，一点点积累起来的。

因此，当我们还处在起步阶段，缺乏实力的时候，我们必须接受不被别人重视这个事实，只能“忍”，忍受强权，忍受各种不公平的待遇。我们应当把这段忍耐的时间，当作自己人生道路上的一个磨炼，从中汲取经验，接受教训，从而充实自己，提高自己，最终找到属于自己的出路。

那种贸然反抗强权的行为是不可取的。逞了一时之快，却因此付出惨重代价。这样做人，必然会在这个社会上碰得头破血流。

柏杨说过，面对着强权的挑衅，“心胆俱裂，由衷屈服，是瘫痪了的奴才。跳高之前，先曲双膝，则是英雄豪杰。如果稍一挑衅，就愤怒上前，一口咬住，死也不放，那就是螃蟹了”。可见，要当英雄豪杰，也是要先“曲双膝”的。这暂时的“曲双膝”，不是怯懦，更不是就此认命，而是为了跳得更高所要做的必要准备。

为了将来能够实现自己的志向，情况不利时也要先忍一忍，这才是上上之策，如果以硬碰硬，不考虑后果，就会在受辱的同时，也失去了以后东山再起的机会。

春秋时，越王勾践被吴王夫差打败，退守在会稽山上，越王要求跟吴国讲和，吴国的条件是要勾践夫妇到吴国给夫差当仆役，勾践答应了。

勾践将国事委托给大夫文种，让大夫范蠡随他夫妇前往吴国。到了吴国，他们住在山洞石屋里，夫差每逢外出，勾践就亲自为他牵马。有人指骂他，他也不在乎，低头顺眼，始终表现一副驯服的面孔，很讨夫差欢心。

一次，夫差病了，勾践在背地里让范蠡预测一下，知道此病不久就会好，他就亲自去见夫差，探问病情，并亲口尝了尝夫差的粪便，向夫差道贺，说他的病很快就会好的。夫差问他怎么知道。勾践就胡编说："我曾经跟名医学过医道，只要尝一尝病人的粪便，就能知道病的轻重。刚才我尝了大王的粪便，味酸而稍微有点苦，用医生的话说，是得了'时气症'，所以病会好，大王不必担心。"果然不几天，夫差的病就好了。夫差认为勾践比自己的儿子还孝顺，深受感动，就把勾践放回国去。

勾践归国后，深为会稽之耻而痛苦，一心伺机报仇。他睡不好觉，吃不好饭，不近美色，不看歌舞，苦心劳力，唇干肺伤，对内爱抚群臣，对下教育百姓，经过三年百姓都归顺了他。

为了更好地笼络群臣，每当有甘美的食物，如果不够分自己不敢独吃，有酒把它倒入江中，与人民共饮，勾践自己耕种，靠妻子亲手织布穿衣，吃喝不求山珍海味，衣服不穿绫罗绸缎。为了坚持锻炼斗志，不过舒服生活，连褥子都不用，床上铺着柴草，还备一个苦胆，随时尝一尝苦味，以不忘所受之苦。他还经常外出巡视，随从车辆装着食物去探望孤寡老弱病残，并送给他们食物吃。

时机成熟后，他召集诸大夫，向他们宣告说；"我准备和吴国开战，拼以死活，希望士大夫踏肝践肺同日战死，我跟吴王颈臂相交肉搏而亡，这是我最大的愿望。如果这些办不到，从国内考虑，估计我们的国力不足以损伤吴国，从国外结盟的诸侯也不能毁灭它，那么，我将抛弃国家，离开群臣，自带佩剑，手举刺刀，改变容貌，更换姓名，去当仆役，拿着箕帚侍奉吴王，以便找机会跟吴王决战。我虽然知道这样做危险大太，要被天下人所羞辱，但我的决心已定，一定要想法实现！"

后来越国终于与吴国在五湖决战，吴国军队大败，越军包围了吴王的王宫，攻下城门，活捉夫差，杀死吴国宰相。灭掉吴国二年后，越国称霸诸侯。

一位名人曾说：一个人的成就与他自己所拥有的气度和胸怀是分不开的。事实的确如此，生活中那些心胸开阔、能忍善忍的人，无论是做人还是做事都更容易比别人成功。而那些心胸狭窄、不懂克制的人，即使满腹经纶，或者力大无比，都只不过是历史上的匆匆过客而已。

取人之长，补己之短

当你对人说话时，应该打定主意：你是在向对方吸取学识经验，而不是把你的学识搬出来献礼。你发表意见，必须抱着求人将它改善的目的，而不是用来压倒人。因为实际上，没有一个人是情愿被迫接受任何意见的。有句谚语说得好："总想比别人高一头的人，最终一定会比别人低几个头。"目中无人，自认清高，未必是真高。

悠悠的小河上有一条船，船上有两个人，一个是哲学家，一个是船主。"你懂哲学吗？"哲人问。

"不懂。"船主摇摇头，很有些不好意思。

"唉，你已经失去了半条生命。"哲人叹了口气，又问："那你总懂得一点音乐吧？"

"怎么会懂呢？你看我们祖辈都在船上生活，哪有这个条件？"船主还是笑眯眯地回答。

"那又失去了一半生命。"哲人说。

船到了江心，突然发现船漏进了水，眼看就要沉下去，船主问："你会游泳吗？"

"当然不会。"哲学家惊恐万分。

"那很可能你要失去整条生命。"船主严肃地说。

任何人都不可能“万能”，都必然有软弱和缺陷的一面。因此，谁都不可以骄傲自大、目中无人。谁都需要“取人之长，补己之短。”

法国作家司汤达年轻时是一个骄傲自大的人，言行不可一世，处处咄咄逼人。造成他这种个性的最大原因，归咎于他的父亲。因为其父过于纵容他，从来不对他的这种非礼的行为加以训斥。倒是他父亲的一位挚友实在看不过去了，有一天，把他叫到面前，用很温和的言语，规劝他一番。这番规劝，竟使司汤达从此一改往日的行为，踏上了他的成功之路！

父亲的挚友对他说：“司汤达，你想想看，你不肯尊重他人意见，事事都自以为是，结果将使你怎样呢？人家受了你几次这种难堪后，谁也不愿意再听你那一味矜夸骄傲的言论了。你的朋友们将远避于你，免得受了一肚子冤枉气，这样你从此将不能再从别人那里获得半点学识。何况你现在所知道的事情，老实说，还只是有限得很，根本不管用。”

司汤达听了这一番话，大受触动，深知自己过去的错误，决意从此痛改前非，处事待人改用赞赏的态度，言行也变得谦恭委婉，时时注意是否有损他人的尊严。不久，他便从一个被人鄙视、拒绝交往的自负者，变为到处受人欢迎爱戴的成功人物了。他一生的事业也得益于这次成功的转变。

如果司汤达当时没有接受这位长辈的劝勉，仍旧一意孤行，说起话来不分大小，不把他人放在眼里，那结果定会不堪设想，至少法国将会少了一位伟大的作家。

妄自尊大将使与你接触的人们，个个感觉头痛，获得一个不快的印象。从此，你所能交的新朋友，将远没有你所失去的老朋友那样多，直至到了众叛亲离的绝境。如果到了那时，你做人还有什么趣味？你还有什么伟大的成就？你的名誉还能靠谁来传扬呢？

要改正目中无人的不好脾性并不是一件难事，只要记住：即使现在有了一点点小成就，比起未来的成就也只是微乎其微。即使有人已对你大加赞美，也只是表明他们的眼界太低，而不能说是你的成就已达顶峰。

豁达让人生更美好

在生活中，常常会见到这样的人：他们受到一点委屈便斤斤计较、耿耿于怀；听到别人的批评就接受不了，甚至痛哭流涕；学习、生活中有一点小失误就认为是莫大的失败、挫折，长时间寝食难安；人际交往面窄，只同与自己一致或不超过自己的人交往，容不下那些与自己意见有分歧或比自己强的人……这样的人性格不能不说有些狭隘。

具有这种性格的人极易受外界暗示，特别是那些与已有关的暗示，极易引起内心冲突。心胸狭隘的人神经敏感、意志薄弱、办事刻板、谨小慎微，甚至发展到自我封闭的程度，他们不愿与人进行物质上的交往。心胸狭隘的人会循环往复地自我折磨，甚至会罹患忧郁症或消化系统疾病。

狭隘的人用一层厚厚的壳把自己严严实实地包裹起来，生活在自己狭小冷漠的世界里。他们处处以自我利益为核心，无朋友之情，无恻隐之心，不懂得宽容、谦让、理解、体贴、关心别人。他们始终生活在愤怒及痛苦的阴影下，阻碍了正常的人际交往，影响了自己的生活、学习和工作。因此，心胸狭隘的人必须学会克服狭隘，以一种豁达、宽容的态度对待生活中的人和事。

牛顿 1661 年中学毕业后，考入英国剑桥大学三一学院。当时，他还是个年仅 18 岁的清贫学生，有幸得到导师伊萨克·巴罗博士的悉心教导。巴罗是当时知名的学者，以研究数学、天文学和希腊文闻名于世，还有诗人和旅行家的称号，英王查理二世还称赞他是“欧洲最优秀的学者”。他把毕生所学毫无保留地传授给了牛顿。牛顿大学毕业后，继续留在该校当研究生，不久就获得了硕士学位。又过了一年，牛顿 26 岁，巴罗以年迈为由，辞去数学教授的职务，积极推荐牛顿接任他的职务。其实巴罗这时还不到花甲，更谈不上年迈，他辞职是为了让贤。从此，牛顿就成了剑桥大学公认的大数学家，还被选为三一学院管理委员会成员之一，在这座高等学府中从事教学和科研工作长达30年之久。他的渊博学识和辉煌的科学成就，都是在这里取得的。而牛顿这些成绩的取得与巴罗博士的教导、让贤密不可分。可以说，牛顿的奖章中，巴罗也有一半。

在这个故事中，巴罗用他的豁达和宽容为我们做了很好的榜样。那么，我们要怎么做才能克服狭隘、豁达处世呢？

1. 待人要宽容

在生活中，人与人之间难免会出现一些磕磕碰碰，如有的人伤了自己的面子，有的人让自己下不了台，有的人当众给自己难堪，有的人对自己抱有成见，等等。遇到这些事情，我们应该宽容大度以促使他人反躬自省。如果针锋相对，互不相让，就会把事态扩大，甚至激化矛盾，于己于人都没有好处。“退一步海阔天空”，我们应该以这种胸怀，妥善处理日常工作、生活中遇到的问题，这样才能处理好人际关系，更好地享受工作、学习、生活的乐趣。

2. 办事要理智

很多人不够成熟，遇事易受情绪控制，一旦受了委屈，遇到挫折，容易失去理智而做出一些蠢事傻事来。因此，遇事都要先问问自己：“这样做对不对？这样做的后果是什么？”多问几个为什么之后，就可以有效地避免“豁出去”的想法和做法，避免更大冲突的发生。

3. 处世要豁达

凡事要想开一些，不能像《红楼梦》中的林黛玉那样小心眼，连一粒沙子都容不下。要胸怀宽广，能容人，能容事，能容批评，能容误解。遇到矛盾时，只要不是原则性的问题，都可以大而化小、小而化了。即使有人故意“冒犯”自己，也应以团结为重，冷静对待和处理。

每个人都希望自己开开心心、顺顺利利，可是生活中总会有那么一些小波澜、小浪花。在这种情况下，斤斤计较会让自己的生活阴暗乏味，只有宽容豁达些才能让自己每天的生活充满阳光。豁达一点，我们的人生才会更美好。

第四章 感恩一点少生气

★☆★☆★☆★☆★☆★☆★☆★☆★☆★☆★☆★☆★☆★☆★☆★☆★

人们常常是只记得感谢给我们关心、帮助、掌声的人，而很少有人去感激伤害、欺骗、打击过我们的人。其实，那些伤害过我们、带给我们疼痛的人，我们也应该记得。正是他们让我们对这个世界有了一个更深刻的认识，我们不仅要学会用感恩的心去体会真情，更要学会用感恩的心去驱散伤害。

★☆★☆★☆★☆★☆★☆★☆★☆★☆★☆★☆★☆★☆★☆★☆★☆★

第一节 凡事以感恩面对，自然变得宽容

感谢批评你的人

我们要感谢批评过你的人和否定过你的人，听了批评和否定应审视自己，重新看待自己、评估自己，只有这样才能完善自我。经常听一听别人的声音，虚心地接受别人的批评和指正，也未尝不是一个让自己更加完美的方法。

当人类世界被现代技术变成一个村庄的时候，无论你身在何处，也不管你是为了学习还是工作，我们都无法和网络划清界限。即便是身为天王级巨星的刘德华也经常上网。他如此沉迷网络，甚至到了每天不上网就不自在的地步。但是他上网和我们经常看到的上网聊天、打游戏有所不同。用他自己的话说：“他们将全球有关我的信息集合起来给我看，让我知道世界各地的人对我的看法，他们感觉我是一个怎样的人，这是我很想知道的事。加上地球上有时差关系，所以我每天不止上一次网去看看这些有关我的信息。”

原来，刘德华上网是为了接受更多的批评，让自己更加了解自己。有勇气接受别人的批评，才能够不断取得进步；同时，敢于接受别人批评的人，也显示了自己莫大的勇气和自信。相反，一个听到别人的批评就暴跳如雷、反唇相讥的人，不但缺乏涵养、心胸狭窄，而且这种冲动的做法还会使想帮助他的人都敬而远之。坦然接受他人的批评，无论是正面的还是负面的，你才能成为一个心胸开阔、受别人欢迎的人。

刘德华刚出道时，香港有家知名电台的老板听了他的歌后，当即表示，“这个人不懂唱歌，也没有歌唱的天分”，从此不再听他唱歌，并在很多场合坦言刘德华是歌坛“四大天王”里最差的一个。但是刘德华并没有因为别人的打击和嘲笑而气馁，从此，他每逢演唱会必定要给这个人送票，邀请他去听歌。十几年后，那个老板终于肯参加他的演唱会，并且为华仔的歌声所打动，不禁夸赞道：“原来是我错了，华仔真的很会唱歌。”

刘德华能够在别人的批评和讽刺之下，不气馁，用自信做支撑，用实力去说话，逐渐走出了一条属于自己的星光大道。

世界是五光十色的，世界上的人们也用各不相同的视角来看待生活。不同的人站在不同的方位看待同一个事物，也会产生不同的观点。正如“一千个读者眼中就有一千个哈姆雷特”一样，人们对刘德华的看法也褒贬不一。对此，他开怀地说：“世上当然会出现有人喜欢或不喜欢我的情况，好评语自然会吸引我多看，但对我不好的评语我也会认真地看，这样可以完全了解网友是如何看待我的，让我可以加深了解自己，从而作出改进。”每个人都需要面对世界，不管你肯不肯；每个人都要面对别人的评论，不管你愿意不愿意。我们在面对别人的评论时，最好的解决方式就是像刘德华那样，换个角度想事情，这样我们看到的就不会是别人的苛刻和刁钻，而是自己应该进一步提升的空间。

可是在现实生活中，我们总是希望按照自己的想法去勾勒我们的世界，希望一切都按照自己的计划进行，也希望别人都在为自己的世界服务，所以我们总是不愿意听到不同的声音，更不愿意听到别人的批评和指责。

按照自己的理想搭建的世界，毕竟只是我们一厢情愿的，虽然我们一直希望自己是最完美的，可是谁都没有办法抹杀自己身上的不足。有时候，因为过于理想化，我们常常会只看到自己身上的优点，而忽略了自己的缺点。所以，经常听一听别人的声音，虚心地接受别人的批评和指正，也未尝不是一个让自己更加完美的方法。

对于敢于批评和指正我们的人，不要总是把他们当成我们的敌人。当我们从他们的话语里了解了一个我们看不到的自己的时候，我们应该给予他们最真诚的感谢，感谢他们的批评让自己成长。

以感恩发现真情

每个人都有自己特有的生活习惯和方式，不能因为我选择了我的生活方式而否定你的生活方式，也不能因为你热衷于自己的生活方式而横加干涉我的生活。尊重差异，并且善于在差异中发现人心中的善意，便可以在两个禀性迥异的人之间架起一道沟通的桥梁。相信下面这个中国留学生的故事会让你的内心深有感触和深受感动。

我和塞尔玛是通过一个学姐认识的。当时我刚到法国，一下飞机，学姐就把我接到了塞尔玛家里。

当时塞尔玛正坐在旧式法兰绒沙发上晒太阳，看到我们便很亲切地过来拿行李，微笑着对我说欢迎。然后带我上楼看房间，告诉我她几个儿女都不在身边，说要我把这当成自己的家。我感动得差点热泪盈眶。

可是一个星期后我就想搬走了，因为我实在无法忍受塞尔玛的独断和自私。她把家里的电话用一个大盒子锁起来，限制我每天洗澡不得超过五分钟，更有甚者是她还限制我炒菜，理由仅仅是因为她不喜欢油烟。我只能跟着她土豆土豆再土豆。而且可能因为寂寞，她居然在家里养了三只猫、两只狗。尽管我极力收拾，但还是满屋子的猫屎狗粪。

虽然我气愤极了，但我还是没有搬出去。相比 8 欧元一斤的番茄和 15 欧元一斤的苹果，一个月的房租 40 法郎，打着灯笼也找不到这么好的事了。

人在屋檐下，怎能不低头，我每天都这样安慰自己。可是事态并没有像我期待的那样美好。每天晚上，我打工到 12 点才能回来，她又多了一条禁令：不准我开灯。当我那天晚上一脚踏上一团猫屎时，我发出了一声尖叫。接着穿着睡裙的塞尔玛便从卧室里冲出来，大声指责我影响了她休息。

我委屈极了，翻来覆去都睡不着。可是第二天一大早，她就开始用她那个破破烂烂的录音机放迪斯科。

一个星期六，我向塞尔玛借了她小儿子那台旧电脑，却发现显卡有问题，于是我特意叫了一些学计算机的同胞来帮我修，可是塞尔玛一直站在门边，不肯出去。

晚上，我跟塞尔玛说，我要打电话。她却突然对我说，他们有没有换走我电脑里的硬件？我呆了，她竟然这样不相信我。所有的委屈一下子爆发了，我对着她大叫：“塞尔玛，中国人绝对不会做这种事！”然后我在给妈妈的电话里大哭，泪如雨下。塞尔玛一直看着我，然后递给我一块毛巾，我看都不看她。

她叫我，跟我说对不起，她说她误会了，中国人很优秀。我看着她噘着嘴，像个做错事的小孩。我止住了眼泪，但我还是拒绝了她的拥抱。

我说，请叫我乔安娜。因为我实在不忍心听到她用我的母语把我的名字叫成笨小猪，然后我破涕为笑。

那个晚上，塞尔玛破天荒让我下了厨房。她尝了我煮的面之后，非常高兴，赞不绝口。她说以后准许我下厨房，可以开灯。她的笑让我如沐春风，以为今后的日子可以和平相处了。可是第二天，我在浴室里多呆了一会儿，她又来敲门。

我郁闷极了，一个人跑出去。附近的圣坦尼斯拉广场的天空蔚蓝蔚蓝，一切都保留着中世纪的风格。教堂里做弥撒时悠远的钟声，天空飞过的鸟群，带给人无与伦比的宁静。

可就在我回家的时候，被飞驰而过的摩托车挂倒了。我的腿疼极了，我挣扎着爬起来，却惊惶失措，下意识地就拨通了塞尔玛的电话。有那么一瞬间，脑子里闪过一个念头——我想她也许不会再理我。可是不一会儿我就看到了塞尔玛急急赶来的身影。

羞愧于自己的自私和小心眼，躺在病床上的我难受极了。虽然只是骨折，可是我没有办医疗保险，这在法国是要付一笔极其昂贵的医药费的。坐在旁边的学姐一直在安慰我，说医药费没问题，大家会想办法的。

我问她，塞尔玛呢?

她摇摇头，笑着问我，你不是不喜欢她吗?

可是关键时候，还是她把我送到医院的呀。

出院手续是学姐给我办的。我正不知道该如何报答时，她却说要带我去广场见一个人。春光明媚的圣坦尼斯拉，阳光正好，生命正好。我突然看见空旷的广场那一边，塞尔玛穿着鲜红色的衣服在跳舞。她的身后是那个破破烂烂的录音机，而她的面前，是一沓零钞和一张纸牌，纸牌上赫然几个大字：帮帮我的中国女儿。

在那一刹那，我的灵魂被击中了。学姐轻轻地告诉我，出院手续其实是塞尔玛帮我办的。她一直严厉地要求她身边的孩子，而正是由于她严厉的教育和生活上的一丝不苟，她的三个孩子一个已经是巴黎市的高级法官，另外两个都是议员，深受市民爱戴。

难怪她只要我那么低的房租，难怪她要我把这儿当作自己的家，难怪她会在关键时刻为我筹钱，原来她一直是以法兰西的习惯来要求我，原来她真的是把我当成了自己的亲生女儿来对待。

塞尔玛，我朝她飞奔过去。我要和她来一个深深的拥抱!

以微笑面对逆境

人生总是逆境多于顺境，这是一种人生规律。就像航行的帆船，需要接受惊涛骇浪的考验，有波折的生活才富有创造的魅力。心情沮丧的时候，给自己一片阳光，还自己晴朗的天空。

身处逆境是痛苦的，但也是幸运的。因为逆境的口袋里藏有非常丰富的财富，在你熬过最艰难的关口时，你会意外地得到这笔丰厚的财富。

有一个男孩子出生时他的腿是畸形，没有肛门（医生只好给他割了道深口，让他能痛苦地排便），而且他的膀胱和肠也不正常，躺在观察室里奄奄一息。医生断言，孩子几乎不可能活过 24 小时！然而，他挣扎着，活过了一周，又是一周……他顽强地活了下来。

男孩实在太弱太小了，胆怯的他对任何比他大的东西都充满恐惧，甚至家里的狗也经常欺负他。父亲经常对他说:“孩子，你必须自己面对一切恐惧，勇敢起来!”

当他进入学校时，他压根儿没有想到迎接自己的却是噩梦。个头矮小的他成了学校调皮学生的玩偶：他们掀翻他的轮椅，弄坏他轮椅上的刹车，让他从走廊直接“飞”进老师的办公室；最可怕的一次是几个同学用绳子绑住他的手，用胶带封住他的嘴，把他扔进垃圾箱里，接着在垃圾箱外点起了火，滚滚浓烟令他窒息，他万分惊恐，直到一位老师将他解救出来……男孩终于无法忍受了，回到家，想着自己一次次被折磨、被侮辱的遭遇，他放声大哭。他想到了自杀，但他还是舍不得疼爱他的双亲……

高中毕业后，他决定找份工作。每天早上，他趴在滑板上，敲开一家又一家的店门，问店主是否愿意雇用他。可等人家打开门时，根本就没有发现几乎趴在地上的他，就又把门关上了。

在经过无数次应聘失败后，他终于找到自己的第一份工作。他每天凌晨四点半起床，赶火车到镇上，然后爬上他的滑板，从车站赶到几千米外的工厂。尽管生活艰辛，但是能够自食其力，他勇敢而快乐地活着。

从 12 岁起，他就开始打室内板球，后来还喜欢上了举重与轮椅橄榄球。他对运动的执著热爱，使他取得了一系列好成绩，相继获得了 1994 年澳大利亚残疾人网球赛的冠军以及 2000 年全国健康举重比赛第二名。他就是约翰·库缇斯。

逆风飞翔的风筝，才能飞得高。只有经历了逆境的磨难，你才能在人生的旅途中学会勇敢，学会坚强，学会尊重，懂得珍惜，你才能像一棵青松一样，不管以后有多么大的暴风雪，你都能傲然挺立。

从逆境向上是艰难的，但你始终在向高处移动；走在下坡的路上，永远也领略不到高处美妙的风光。所以，在经历困境的时候，不要总是自怨自艾，不要以为自己已经走上了绝路，大胆地往前走，你就能体会到“绝处逢生”的喜悦。

在我们的身边，很多人不堪生活的折磨，高考失利、工作不理想、婚姻生活让人窒息、孩子不可爱、父母不理解……这些事情扰得我们对生活失去了信心，于是很多人选择逃避，要么不顾一切离家出走，要么放弃了人生选择自杀，要么悲观立世从此愤世嫉俗，要么自怨自艾从此一蹶不振……

生活，远没有我们想象中那么可怕。每个人都是这么一步一步走过来的，那些成功的人，甚至于要经受比我们更多的磨难，可是因为他们没有放弃，所以他们走向了成功。相比之下，我们比他们少了一些勇气，少了一些战胜困难的锐气。

面对逆境，我们要相信自己，相信别人能做到的你也一定能够做到。跌倒了，再爬起来。面对人生，我们也不要总是一味地悲观，笑一笑，你就会发现，原来不是没有晴天，而是我们的愁容挡住了阳光。笑一笑，让阳光洒满自己的天空。

忘怀是痊愈伤口的良药

每个人都曾经被伤害过，忘怀才是最好的良药。我们没有必要念念不忘曾经的那些不愉快、那些与别人的仇怨。念念不忘，只能被它腐蚀，而变得更加憎恨和怨怼。

文学大师鲁迅笔下的祥林嫂，心爱的儿子被狼叼走后，痛苦得心如刀剜，她逢人就诉说自己儿子的不幸。起初，人们对她还寄予同情。但她一而再、再而三地讲，周围的人们就开始厌烦，她自己也更加痛苦，以致麻木了。老是向别人反复讲述自己的痛苦，就会使自己久久不能忘记这些痛苦，更长久地受到痛苦的折磨。

当然，我们不是主张完全不去看它，采取逃避的态度。而是说，一方面，情感不要长久地停留在痛苦的事情上：另一方面，我们的理智应当多在挫折和坎坷上寻找突破口，力争克服它、解决它。

学会忘记可以使我们真正放下心中的烦恼和不平衡的情绪。让我们在失意之余，有机会喘一口气，恢复体力。

哲人康德是一位懂得忘怀之道的人，当有一天发现他最信赖又依靠的仆人兰佩，一直有计划地偷盗他的财物时，便把他辞退了。但康德又十分怀念他。于是，他在日记上写下悲伤的一行:“记住！要忘掉兰佩!”

真正说来，一个人并不那么容易忘掉伤心的往事。不过，当它浮现时，我们必须懂得不陷于悲伤的情绪，必须提防自己再度陷入愤恨、恐惧和无助的哀愁里。这时，最好的方法就是扭转念头去专心工作，计划未来，或者去运动、旅行。有一首禅诗说：春有百花秋有月，夏有凉风冬有雪。若无闲事挂心头，便是人间好时节。

一个人如果学习了忘怀之道，不愉快便自然消失，代之而起的是朝气蓬勃的新生，成功将发出耀眼的光辉。有许多事情，遗忘是一种解脱，是心灵的净化，是伤口痊愈的良药。

一位风烛残年的老人在日记簿上记下了这段生命的醒悟：

“如果我可以从头活一次，我要尝试更多的错误。我不会总朝后看，而不看未来的路。我情愿多休息，随遇而安，处世糊涂一点，不对已经发生的事难过或者伤悲。其实人生那么短暂，实在不值得花时间不停缅怀过去。

“可以的话，我会朝未来的道路前行，去自己没去过的地方，多旅行，跋山涉水，危险的地方也不怕去一去。以前我经常因为已经发生的些许小事情而懊恼，比如因为丢了东西而深深责备自己，一遍一遍假设要是把东西事先交给××就好了，然后很长时间都在为丢失的东西心疼。此刻我是多么的后悔。过去的日子，我实在活得太小心，每一分每一秒都不容有失。稍微有了过失就埋怨和批评自己，还用同样的标准去对待别人，一遍一遍叨唠别人不对的地方。

“如果一切可以重新开始，我不会过分在意宠辱得失，我也不会花很长的时间来诅咒那些伤害过我的人们。诅咒或者伤悲都没有改变事实，还消磨了我生命中不多的时间。我会用心享受每一分、每一秒。如果可以重来，我只想美好的事情，用这个身体好好地感受世界的美丽与和谐。还有，我会去游乐园多玩几圈木马，多看几次日出，和公园里的小朋友玩耍。

“如果人生可以从头开始……但我知道，不可能了。”

人生没有很多如果，人的生命和时间总是有限的，当你看完老人的日记以后也许就能明白为什么很多老人总是会有一副安详的表情，不急不躁，不过喜也不大悲，因为他们懂得时间的宝贵，把珍贵的时间用来感伤过去，那是在浪费生命。忘记过去，才能在未来获得新的生命。

感恩是爱和善的基础

人，要学会感恩，因为感恩是爱和善的基础。没有阳光，就没有温暖；没有水源，就没有生命；没有父母，就没有我们自己；没有亲情、友情和爱情，世界就会是一片孤独和黑暗……这些都是浅显的道理，没有人不懂，但我们在生活中理所当然地享受着这一切的同时，却常常缺少了一颗感恩的心。

“感恩”之心，就是对世间所有人和事物给予自己的帮助表示感激，铭记在心；“感恩”之心，是我们每个人生活中不可或缺的阳光雨露，一刻也不能少。无论你是何等尊贵，或看似怎样卑微；无论你生活在何时何处，或是你有着怎样特别的生活经历，只要你胸中常常怀有一颗感恩的心，就必然会不断地涌现出诸如温暖、自信、坚定、善良等这些美好的处世品格。

感恩是每个人应有的基本道德准则，是做人的起码修养。鸦有反哺之义，羊有跪乳之恩，不懂感恩，就失去了爱的感情基础。学会感恩，感谢父母的养育之恩，感谢老师的教诲之恩，感激同学的帮助之恩，感恩一切善待帮助自己的人。

感恩，是人性善的反映；感恩，是一种生活态度，是一种品德，是一片肺腑之言。如果人与人之间缺乏感恩之心，必然会导致人际关系的冷漠。不懂得知恩图报，反而忘恩负义之人，必是遭人唾骂的无耻之人。所以，每个人都应该学会感恩。学会感恩，就是要学会懂得尊重他人，对他人的帮助时时怀有感激之心学会感恩，就是让你知道每个人都在享受着别人给予自己的快乐生活；学会感恩，首先要拥有一颗感恩的心，一个人只有懂得感恩，才会懂得付出，懂得付出后，才能获得感恩；学会感恩，要培养谦虚的品德，对待比自己弱小的人，要知道躬身弯腰伸出援助之手；学会感恩，要有奉献精神，无论做什么事，应以“公”为先，做一个大公无私、乐于奉献的人。

感恩可以消解内心所有的积怨，感恩可以涤荡世间一切尘埃。感恩是一种生活的大智慧，感恩是一切良好非智力因素的精神底色，感恩是学会做人的支点，感恩让世界这样多彩，感恩让我们如此美丽！

感恩是积极向上的思考和谦卑的态度，它是自发性的行为。当一个人懂得感恩时，便会将感恩化为一种充满爱意的行动，实践于生活中。一颗感恩的心，就是一粒和平的种子，因为感恩不是简单的报恩，它是一种责任、自立、自尊和追求一种阳光人生的精神境界！感恩是一种处世哲学，感恩是一种生活智慧，感恩更是学会做人，成就阳光人生的支点。从成长的角度来看，心理学家们普遍认同这样一个规律：心的改变，态度就跟着改变；态度的改变，习惯就跟着改变；习惯的改变，性格就跟着改变；性格的改变，人生就跟着改变，愿感恩的心改变我们的态度，愿诚恳的态度带动我们的习惯，愿良好的习惯升华我们的性格，愿健康的性格使我们收获美丽的人生！

人们往往会牢记自己的付出，却容易忘记感恩。爱因斯坦说过："每天我都要无数次地提醒自己，我的内心和外在的生活，都是建立在其他人的劳动的基础上。我必须竭尽全力，像我曾经得到的和正在得到的那样，作出同样的贡献。"我们只是个普通的人，不可能像伟人那样对人类有卓越的贡献。但当我们赤裸裸地来到人世，从无知直到长大成人，每时每刻都在享受着大自然、亲朋和无数陌生人给予的一切，我们被爱紧紧围绕着，许许多多人在为我们的成长、我们的生活奉献着，付出着，我们难道不应该永远记住所有人和事，所有爱和恩，为此承担一份歉疚，珍惜、知足现有的一切吗？

感恩是爱和善的基础，我们虽然不可能变成完人，但常怀着感恩的情怀，至少可以让自己活得更加美丽，更加充实。而感恩是需要学习，需要培育的。西方的父母从孩子很小的时候就要求他们写感恩日记，感恩阳光、感恩自然、感恩一切给予微笑和爱的人。所以培育感恩情结，并非是一朝一夕的功夫，如果人人都有一颗感恩的心，那么这个世界将变得更加美好。

第二节　感恩如同阳光一样，能带给我们温暖

感谢别人的付出

生命的个体是相互依存的，每一样东西都依赖其他的东西。无论是父母的养育，师长的教诲，配偶的关爱，他人的服务，大自然的慷慨赐予。人自从有了自己的生命开始，便沉浸在恩惠的海洋里。

一个人真正明白了这个道理，就会感激大自然的福佑，感激父母的养育，感激社会的安定，感激食之香甜，感激衣之温暖，感激花草鱼虫，感激苦难逆境。

一个生活贫困的男孩为了积攒学费，挨家挨户地推销商品。傍晚时，他感到疲惫万分，饥饿难挨，而他推销的却很不顺利，以至他有些绝望了。这时，他敲开一扇门，希望主人能给他一杯水。开门的是一位美丽的年轻女子，她却给了他一杯浓浓的热牛奶，令男孩感激万分。

许多年后，男孩成了一位著名的外科大夫。一位患病的妇女，因为病情严重，当地的大夫都束手无策，便被转到了那位著名的外科大夫所在的医院。外科大夫为妇女做完手术后，惊喜地发现那位妇女正是多年前，在他饥寒交迫时，热情地给过他帮助的年轻女子，当年正是那杯热奶使他又鼓足了信心。

结果，当那位妇女正在为昂贵的手术费发愁时，却在她的手术费单上看到一行字：手术费＝一杯牛奶。

当别人需要帮助的时候，也许就是你的一句话、一个动作、一个眼神，都可以给别人足够的温暖与帮助，进而改变他的一生。

有一位姑娘，给杂志社的编辑写信倾诉说她生活中的不幸，她在信上说她生活至今也没曾穿过一双新鞋子。收到信的编辑也是一位女青年，不幸的是，她是一位残疾人。在回信中女编辑说："没有鞋穿的人总觉得自己很不幸，因没有鞋子，可当她有一天看到没有脚的人的时候，才真正感觉到什么是真正的不幸。"这位编辑在信中还向这位姑娘推荐一位已经病逝的少年诗人。信上说这位诗人死的时候很年轻，还不到16岁，他的死源于败血症。他是那样地热爱生活，即使在他弥留之际还在用诗来表达那颗热爱生活的心。编辑在信上说："虽然天空中没有出现翅膀的痕迹，但我确信少年已经飞过了。"

让感恩走进我们每个人的心灵，因为，感恩可以消解内心所有积怨，感恩可以涤荡世间一切尘埃，感恩是一种歌唱方式，感恩是一种处世哲学，感恩更是一种生活的大智慧。懂得了感恩，学会了感恩，每个人便都会拥有无边的快乐和幸福。

感恩的生活很美好

生活确实很辛苦，我们要吃，要穿，要去找工作，去挣钱，去养活自己和家人；要等着评职称，晋级，涨工资，买房子；要去面对生活中的种种琐事；还要应对高考落榜、下岗失业、病痛折磨等等不测。

可怕的是，也许有那么一天，我们对生活失去了热情，那样我们的日子就会忧伤，生活就会没有亮点，一切就会索然无味。我们能够改变这平淡枯燥无味的生活吗？

人的一生，是一个不断感动的过程，也是一个不断寻找自我的过程。我们只有在真切面对自我的时候，才会由衷地感动。

起床、吃饭、工作、游戏、休息、交友、恋爱、结婚生子……这些扎实的环节让我们领略生活的乐趣，缺少哪一样都不行。

生活的乐趣应从微小事物中去寻求：美味的食物、真诚的友谊、和煦的阳光、欢愉的微笑。除非获得你的允许，否则没有人能够令你苦恼。

如果你有一颗感恩之心，生活便会在你的眼里变得越来越美好。如果你带着感恩的心情去工作而不以挣钱为目的，你带着感恩的心情去爱而忘记别人对你的伤害，那么你就会觉得生活着的这个世界是多么美好。

也许是生活的压力太大，有些人常说："活着，真累。"也许是遇到不顺的事太多，有些人常说："活着，真烦。"也许是对柴米油盐的平凡生活厌倦了，有些人常说："活着，真没劲。"

其实，生活是真实而粗糙的，它不会总是一帆风顺的，也不会总是充满着戏剧性的高潮，更多的时候它是平凡琐碎的，甚至显得沉闷。我们不可能指望它天天都如狂欢节一般，而我们能够做的就是拥有一个好的心态——不对生活抱有不切实际的幻想。因此，我们就不会太痛苦和失望。

俄国作家索洛古勒对列夫·托尔斯泰说："您真幸福，您所爱的一切您都有了。"托尔斯泰说："不，我并不具有我所爱的一切，只是我所有的一切都是我所爱的。"

哈佛大学曾做过一个有趣的心理调查。调查人员给调查的对象打了个电话，问道："你现在干嘛呢？""上班。""上班感觉怎样？""没劲极了，枯燥乏味。""那你希望干点什么？""还等两个小时下班就好了，我可以和同事一起去酒吧。"

两个小时后，调查人员又打了他的电话。"你现在干嘛呢？""和同事在酒吧。""感觉该好些了吧？""还是没劲，都是些无聊的话题，我正打算去找女朋友。"

过了一小时，调查人员再次拨通了他的电话，"和女朋友在一起快乐吗？""别说了，烦死了。说话时，有个女同事打来电话，询问工作上的事情，女朋友硬是要我交代是不是有外遇了。你说这能不烦吗？我还是回家得了。"

到了晚上，调查人员的电话刚拨通，这个被调查者就先开口了：

“别问了，很没劲，杂志翻完了，光盘看完了，有点儿寂寞。”“那你想怎样?”“还是上班好，明天工作努力点儿，好让薪水多增加点儿。”

有工作可做也是一种幸福。每一份工作其实都有它的乐趣，对工作我们也应该学着珍惜。其实，不只是工作，要平和地对待生活中的每一件事，要善意地对待你周围的每一个人，要永远保持一种真诚、友爱、宽容、健康的心态，用心去感受生活对我们的恩赐。只有学会了感恩，生活才不会变得枯燥与乏味。

感恩把苦涩变甜

心灵就像是一块磁石，我们对什么事想得最多，它就会降临在我们身上，那我们为什么不想想美好的未来呢?

其实，感恩也是一种习惯，也需要和发现。曾几何时，我们浮躁了安分的心，膨胀了私己的欲望，却忽略了至美的情感；在呼唤世界充满爱的同时，却忽视身边最真切的感情；在寻找友情的同时，却冷漠了至爱的亲情。

在一次大陆和台湾的十大杰出青年的座谈会上，台湾第37届“十大杰出青年”之一，一家专门生产消防器材的大公司的厂长赖东进向大家讲了他的故事:

他的父亲是个瞎子，母亲也是个瞎子且弱智，除了姐姐和他，几个弟弟妹妹也都是瞎子。瞎眼的父亲和母亲只能当乞丐，住的是乱坟岗里的墓穴。他一生下来就和死人的白骨相伴，能走路了就和父母一起去乞讨。

他9岁的时候，有人对他父亲说:“你应该送儿子去读书，要不他长大了还是要当乞丐。”父亲就送他去读书。为了供他读书，才13岁的姐姐就到青楼去卖身。照顾瞎眼父母和弟妹的重担落到了他单薄的肩上——他从不缺一天课，每天一放学就去讨饭，讨饭回来就跪着喂父母。

后来，他上了一所中专学校并且获得了一个女同学的爱情，可是未来的丈母娘却说“天底下找不出他家那样的一窝人”，把女儿锁在家里，用扁担把他打出了门……

故事讲到这里，他提高了声音：“可是，我要说，我对生活充满感恩的心情。我感谢我的父母，他们虽然瞎，但他们给了我生命，直到现在我都还是跪着给他们喂饭；我也感谢我的丈母娘，是她用扁担打我，让我知道要想得到爱情，我必须奋斗必须有出息……我还感谢苦难的命运，是苦难给了我磨炼，给了我这样一份与众不同的人生。”

在一个“与成功者对话”的论坛上，一位听众请教台上的企业家：“您觉得一个人成功的秘诀在什么地方？”企业家没有讲一番大道理，而是告诉在座的各位：“保持一颗感恩的心。只要你对人对事对物保持一颗感恩的心，你一定会成功。”这段话赢得了阵阵掌声。

这位企业家与赖东进的生活态度不谋而合。对生活的苦难不要一味抱怨，要学会感恩的生活。

当你有坏情绪产生时，你可以走到小河边，看头上的天空怎样在水里倒映得蓝盈盈；看河边碧绿的小草，怎样柔嫩得可以挤出水来；看水中的石头，怎样有灵气得仿佛在讲述一个故事。再想想，你的一生注定了要永远痛苦、永远愤怒、永远错过这样的天与地、水与石吗？上天赐予我们生命，赐予我们优美的环境，赐予我们亲情、友情、爱情，赐予我们勤劳和智慧，是想让我们这样记恨别人而生活在烦恼里吗？

如果你换一种心情，感激上天给你阳光，给你空气，也给你好运，让你在茫茫人海中遇见了生命中的知己；感激他人给你帮助，给你友情，给你智慧，也给你温暖，就算你面临着巨大的压力，也要先看到这世界美好的一面。

感恩让我们发现一切，改变一切。感恩的活着，苦涩也可以变甜。

以感恩面对风雨

一个强者，总是怀着一颗感恩的心去面对生命中的坎坷辛苦，无论多大的风雨，无论有多少艰难。

有这样一句话："所谓幸福，是有一颗感恩的心，一个健康的身体，一份称职的工作，一位深爱你的爱人，一帮信赖的朋友。"

在诠释幸福的众多涵义中，"感恩的心"当之无愧居于首位。人从有了生命的那天起，便沉浸在恩惠的海洋里，人的一生得到过太多的人帮助，人生有太多需要感谢的人！

西方有一条格言：怀着爱心吃菜，胜过怀着恨吃牛肉。

西方的感恩节在 11 月 1 日，在感恩节那天，你给所有曾经帮助、支持、爱护过你的人发一条短信：感谢你在某件事情上对我的关照。你发一条短信，别人就会发三个，连锁反应，这样的感恩节大家过得相当愉快，人际关系就变得和谐。

感谢伤害你的人，因为他磨炼了你的心志；感谢藐视你的人，因为他觉醒了你的自尊；感谢欺骗你的人，因为他教导了你的自立；感谢绊倒你的人，因为他助长了你的定慧。

徐风的长篇小说《缘去来》讲述的是一个叫韦蕊的女孩的一段人生故事：

韦蕊是生长在江南水乡古韵州的一个很平凡的江南女子，被韵州群艺馆毛馆长看上了，毛费了不少力，把韦蕊从一个电子器件厂广播员的位置上调人市群艺馆。毛馆长好色而不好财，眼前的美色岂能轻易放过，于是同韦蕊有了龙嘴湾秋水旅馆的一夜。

由于有了这种绯闻，韦蕊在文昌宫里呆不下去了，于是下放到被称为韵州"西伯利亚"的西望峪的山镇文化站去"加强力量"。在西望峪的扁担街，在文化站的阁楼上，韦蕊的生活陷入了困境，她几乎想到自杀，但她被到西望峪挂职的钱进所救，幼稚的韦蕊毫不犹豫地坠入爱河，同有妇之夫钱进陷进难以自拔的感情深渊，直到钱进的妻子，供职于市公安局的盛一兰的出现才如梦初醒。

一个漂亮的女孩子有了两次感情上的伤害还怎么活下去！她请病假回市里，但不能回家，只能寄住在小姑妈家里，想同钱进约会又中了盛一兰的圈套，想南下深圳又被母亲阻拦。正是在这个时候，她生命中的“菩萨”西望峪的党委书记修长林出现了。在他的恳请下，她回乡工作，被委以团委书记与文教助理之职，开展诸如举办《陈根弟剪纸艺术展》以及排练盾牌舞作为市经贸节开幕式节目演出，在开发西望峪民间文化中找到了自己的位置。

后来，她在抗洪中由于奋不顾身抢救文化站凌站长溺水的女儿小翠而成了英雄，修长林又主持正义克服层层障碍把她送进省里“基层青年女干部培训班”，在这个班结业后又到市文化局担任主持工作的副局长。命运的改变，对她又是一次严峻的考验，是以牙还牙，锱铢必报呢，还是以德报怨，既往不咎，她终于选择了后者……韦蕊屡受伤害，她却在回返原单位可以主宰别人的命运时却选择了以德报怨。

有一个作家，曾遭到盗贼抢劫，他不但不像一般人那样难过，反而在日记中写下这样一段感恩的话：让我感谢，因为：1. 我从前从未被抢劫过；2. 他们虽然抢了我的金钱，但未夺去我的生命；3. 我的资产没有被完全抢光；4. 我是被抢的，而不是抢人的。

拥有一颗感恩的心，可以让你强壮地、与众不同的地着。

相逢一笑泯恩仇

风度就是要勇于承受别人的敌视而不做出过激的反应，要有主动性，不但要消除自己心中的敌意，而且要主动示好，消除团体中的敌意。要砸碎敌意之链，首先要恢复自信，不要因为面子而无尽地争斗。

驱除自己的敌意不是放弃坚定、奋斗、决心和必胜的冲劲。相反，敌意的消除只会加强这些力量。

大家都知道怨怨相报，不会有什么好处。他损害你在先，你怀恨于心在后，于是便费心费神地盯着他，一心想寻个机会“报之以李”。终于有一天，机会来了，他落到了你的手中，给他当头一棒；或是趁他失意之机落井下石，置其于死地；或是在他红火之时泼盆冷水，损他一把……总之，你报了宿怨，解了心头之恨。

报复过后，你能感觉到复仇的快乐吗？你又得到了什么呢？一时的意气之争，为图片刻之快，你又失去了多少本该属于你的快乐和轻松啊！费尽心思去精谋细划，绞尽脑汁来苦苦算计，最终换来的仅仅是别人的敌视与更深的怨恨。报复过后，你就开始了小心谨慎的生活，提心吊胆地过日子，生怕哪天一不小心再落入仇敌的算计，这样的日子能不累吗？再说，你想报复人家，人家就等着你来报复啊？弄不好，落个“机关算尽太聪明，反误了卿卿性命”，岂不是有点太不值了吗？

“历尽劫波兄弟在，相逢一笑泯恩仇。”当我们回首往事时，昔日那些让我们最仇视、最痛恨，给我们严厉指责的人，恰恰是我们最怀念的人；那个对我要求得特别残酷的老师，那个与我竞争激烈的同学，那个对我横加指责的上司，那个揪着我的毛病不放的同事……正是他们，促使我们的人格升华。

只要我们把目光放远一点，着眼未来，我们就能想到，那些今天最让我们痛恨的人，也许就是那些将来最让我们怀念的人。这样，我们就能恨意顿消和他们“相逢一笑泯恩仇”！在一笑泯恩仇的同时，我们将发现，我们不仅仅拆除了一堵墙，更重要的是，又为自己开辟了一条新路。于是，心灵的空间又多了光亮，又多了条宽长的出路。

第五章
随缘一点少生气

生气是用别人的过错来惩罚自己的蠢行，一位高僧说，“气”是别人吐出而你却接到口里的那种东西，你吞下它便会反胃，你不看它时，它便会消散了。既然如此何必生气？那么就要善待自己，不要那么轻易地让自己去为一些不必要事情而让自己生气伤心。

第一节　有胸怀的人不生气，有气度的人争大气

笑看输赢得失

2008年奥运会乒乓球女子单打决赛，王楠对张怡宁。王楠将在这次奥运会结束后退役，也就是说这次单打决赛是王楠乒乓球运动员生涯的结束。可以想象王楠心里多么渴望能够获得这枚奥运金牌啊，给自己的运动生涯画上一个圆满的句号。

比赛第一局王楠出手果断凶猛，一直是压着张怡宁打的，并且顺利

赢了第一局。在先输一局的情况下，张怡宁冷静稳健，防守反击很见成效，首先做到不失误或少失误，严防王楠的猛烈进攻，然后寻找机会发动进攻，她坚毅冷静的脸上透着成熟和超乎寻常的凝重。而王楠的脸上倒是显露着焦急和紧张，可以看出她的急躁，尽管在比赛的间隙时常露出人们所非常熟悉的微笑，但也那一掩盖她的急切的心态。

张怡宁最终连胜四局，以 4：1 战胜王楠卫冕冠军，最后一球定音的时候，她冷漠的笑脸上才露出甜蜜的微笑，胜利者是张怡宁，她当之无愧，是平和的心态，冷静的迎战，高超的技术成就了她。

人做一件事，太想赢的时候往往会输，而顺其自然的做好过程中每一点、每一滴，别太在意结果，那样的话往往会赢。王楠输就输在她太想赢了。

韩国早期有一位乒乓球运动员李善玉，在国内屡战屡胜。一次代表国家队参加世界锦标赛，临赛前的一天晚上，她承受不住心理压力，用刀将自己的手腕割破，谎称有人行刺她后跑了。结果这件事被查清，成为国际上一大丑闻，为此国家队将她除名。

但在随后的韩国国内比赛中，她又屡屡获胜。为了给她机会，国家队又将她重新召回。在一次国际重大比赛中，她遭遇一名之前从未输过的德国运动员。开始，李善玉连赢两局，第三局对方赶上几分后，李善玉开始动摇了，结果连输三局。外电评论：李善玉没输在技术上，而是输在只想赢不想输的心态上。

查斯特·菲尔德说:“一个富足的个性，在生活中能够笑看输赢得失。他们深信自然和自己的潜能足以实现任何梦想，认为一个成功者周围倒下千百个失败者是不成功的，真正有效的成功者，只在自己的成功中追求卓越，而不把成功建立在别人的失败上。”

适时调整心态

人需要适时调整心态。就好比赚钱，赚到钱的时候当然开心，但赚不到钱的时候也不要跟自己过不去。人人都想赚到钱，赚到大钱。但是，当你身处地区的经济放慢了，你又不是很上进要去冒险博命之人，就要调整一下自己心态，不要太执著，不要搞得自己天天不开心。

香港人赚不到钱的时候，他们不会求人救，而是采取方法自救，方法有三，第一是调整自已对生活要求；第二是北上求发展；第三是在投资和子女教育上下工夫。

香港这个弹丸之地发展到今日，人均产值 3 万美元以上，同英国这些资本主义大国旗鼓相当，其实都应该很满足。不过香港如此发展，慢慢就走上高原地带，想再进一大步，就不是那么容易。每个地方情况不同，加拿大面积大过美国，人口只有 3321 万人，每平方公里面积只有 3.3 个人，但有丰富石油等天然资源，只要油价不断向上，加拿大人均产值上升非常容易，当油价高峰时，加拿大卡加利一个普通石油工人年薪 70 几万美元。

另一个极端是日本，日本是一个很小的岛国，但人口有 1.27 亿人，每平方公里面积有 367 个人，是加拿大 10 倍以上，又是仅次于美国的世界第二大经济体，人均产值 4 万美元。这么小的国家，资源和土地紧缺，想再进一步，真是极度困难。它和美国不同，美国有强大军实力支撑，可以大力发展国防工业以及要靠保护知识产权的软件业、药业，这些行业利润极高，高垄断性，不容你仿冒。日本无强大军力支撑工业，最强劲的汽车工业和消费品轻工业，都是可以仿效的行业。

如今，日本经济已经寸步难行，甚至开始向后退。人人都说东京的东西贵，有人用麦当劳巨无霸比较各地物价，但用吉野家牛肉饭来比，东京核心区的牛肉饭也是二十多元港纸一碗，甚至比香港还便宜。日本开始通缩，这是一个拉都拉不住的向下循环。

日本为什么有这么多宅男、电车男，这是个人自我期望和实际发展落差的产品，日本父母都望子成龙（他们对女儿无大要求），希望儿子读名牌大学，出来做最大最好的公司，在那间大公司内平步青云。但结果大部分人做不到，而日本经济不断变差，大企业都裁员，好工作愈来愈少。年轻人的表现和父母和自己的期望差距好大，结果就决定隐蔽在家做宅男，成日玩电脑，半夜才出街，完全由父母养，据估计日本的宅男多达四五百万。

日本人心态进取，接受不了“无成就”这个现实，只有避世一途。经济发展停滞，社会机会减少，若用旧心态去看待，就会觉得自己或自己的子女很失败。但他们较乐天知命，一个建筑工人、汽车工人只要有份工作，他们就很高兴，下班后就去酒吧喝一杯又过了一天。

世间的事物变化无常，我们不必执著于某一事物而难以割舍。毕竟，我们拥有一种事物的初衷，并不是为了失去它时要伤心。人生中的许多东西既然已经失去，就不妨让它失去。这正如人生中的许多失败一样，已经无法挽回，再去惋惜悔恨也于事无补。与其在痛苦中挣扎浪费时间，还不如重新找到一个目标，再一次奋发努力。

放弃不是颓废，不是厌世，而是一门学问。人生在世，忙忙碌碌，疲于奔波，我们常常被强烈的愿望所驱赶，不敢停步，不敢懈怠，也不敢轻言放弃。背上包裹越来越多，越来越沉，而我们什么都不愿放弃，因而，当收获越来越多的时候，身心也越来越累。

放下就是快乐。只要你心无挂碍，什么都看得开、放得下，何愁没有快乐的春莺在啼鸣，何愁没有快乐的泉溪在歌唱，何愁没有快乐的白云在飘荡，何愁没有快乐的鲜花在绽放。

许多事情，总是在经历过以后才会懂得。一如感情，痛过了，才会懂得如何保护自己；傻过了，才会懂得适时的坚持与放弃。在得到与失去中我们慢慢地认识到自己。

人比人不一定气死人

人是有期望的动物，当自己的现状与预期的目标相差甚远，或与他人相比感到难堪、逊色时，为了取得高于他人或不低于他人的荣誉，就以预期性的目标来掩饰自己，结果适得其反。

一天，小 A 去小 B 的家里。刚推开门，就闻到一股强烈的油漆味。只见小 B 正在搞木墙裙，他说他还要安最好的吊灯，买几万元一套的家具。小 A 说，那你装修要花多少钱。他说，大概要花二十万。小 A 知道，他的房子不过才二十多万，而他装修就要花这么多钱，而他每月的工资不过一两千元，实在是不太值。

小 A 就问他为什么要这样装修，他说，他明年要结婚，他的未婚妻要求房子的装修一定要在她朋友家中间的装修是最好的，否则就要推迟婚期。小 B 对小 A 苦笑着说，没办法，他现在是打肿脸充胖子，装修花的钱都是借的，无论如何他也要在明年结婚。他说，他的女朋友交际很广，有钱的朋友也多。她又太爱面子了，不希望在朋友面前丢面子，因为现在人们认为只有家里装修得好才是有经济实力的象征，所以她就要求小 B 一定要把家里的装修弄得最好，这样在朋友面前才有面子。

小 B 的话使小 A 明白了，如今人们装修都是为了给别人看的。而实际上，这样的装修在实际的家庭生活中意义并不大。人们就是通过装修来显示自己有“实力。”

在现代社会，“死要面子”的例子比比皆是。例如，一个人遇到一个朋友来借钱，自己没有财力，为了不让朋友瞧不起，就从邻居那里借来钱给了那位朋友。这个人觉得拒绝别人的要求，就是无能的表现，为了维护自己的尊严宁可让自己受罪或损失，只有这样才让人觉得很了不起，虚荣心也得到了很大的满足。又如，刚刚发财的个体户，首先考虑的不是扩大再生产而是购买一辆奔驰或宝马之类的好车，威风八面，担心谈判时别人瞧不起。还比如，我们宴请宾客的饭桌上，为了显示对客人的尊重，丰盛之至，剩下的越多就越有面子，吃得一干二净就是没有面子，铺张浪费之极。

这种好虚荣、顾面子的行为，就其心理机制来说，是一种预期性的心理焦虑使然。这种好虚荣、要面子的心理焦虑具有一定的普遍性，要调整这种心理状态，应该客观地认识自己，不要对自己提出超出自己实际的期望值。

好虚荣、要面子是攀比心理的伴生物，总是怀着一种不比别人差或超过别人的心理，来显示自己的价值。其实，这种不务实际的心理焦虑，等于为自己设置障碍。人各有所长，也各有所短。以己之短，追慕他人所长，常常力所不及。如果能够摒弃这种以虚假的幻象来掩盖自己的攀比心理，就会正确地认识自我，发现自己的长处，感觉到别人也有不如自己的地方，不再为自己不如别人而苦恼。只有具备这种心态，才能自得其乐，摆脱心理焦虑的苦恼。

好虚荣、要面子是一种文化的劣根性的表现，更是一种不自信和不良情商的反映。过高地估价自己而错误地决策自己的行为，实际上是一种不自信的行为，是愚蠢的所为，是一种鲁莽的行为，是一种不良的情绪使然。

“要面子”，从一个角度看也是人类的优点，懂得廉耻、不甘落后、要强上进也很重要，但如果“死要面子”就必然导致“活受罪”。还得学会中庸之道对其客观对待，把握分寸和程度。

其实，人生当中有许多不可比因素，俗语说:“人比人气死人”。你越比就越不满意，越比越觉得不如人。人们从比较中获得心理上的公平感或不公平感，满足感或不满足感，这是很正常的。但如果光向上比，而不向下比，那么就是越比越不满意，不知足，永远看不到还有比你处境更差的。吃着碗里、看着锅里的人会陷入攀比的不良心理的恶性循环，结果，糟蹋了自己的生活。

生活中，比较是有必要的，有比较才能分出好坏优劣。在处世为人中，比要全面地比，既与比自己强的人比，找出自己的不足，从而催人奋进，又要与不如自己的人比，从而安慰自己的心灵。

以雅量抹平伤害侮辱

我们难免与十分讨厌的人偶然相逢，尽管有人可以装作很随便的样子，竭力扮成潇洒样扬长而去。但很多有雅量的人不会那样去做，而是没有丝毫装模作样地缓缓笑迎着对方漠然的脸孔和布满疑惑的眼神，坦然地擦肩而过。雅量是衡量一个人成熟与否、修养程度高低的重要标尺。

有几位中学教师批评一位名人的一本畅销书里病句太多，尽管所言不虚，但这位名人却老大地不高兴，不但不真心接受其批评，反而责怪大家“多管闲事”；有一位歌星因未带齐证件被拦在央视演播厅外，这位歌星竟大发脾气大打出手；还有一位明星在有人发表文章善意批评其演技上的欠缺后，竟扬言要以侵犯名誉权为由将作者及报社告上法庭……文艺圈里的某些星儿、腕儿们，胸中何曾还有一星半点的雅量！而在官员中间，缺乏雅量者亦不在少数：某地一县委书记因县报记者据实写了一篇非“正面”的报道，竟将那名自曝家丑的记者开除回家，整得他苦不堪言；某地某官员下乡调查时听到一位农民当面怒斥当地政府乱增收费项目加重农民负担后，竟命令派出所将那位敢于直言的农民关了几天几夜……

这一现象和另一些人的行为形成了鲜明的对比。据报载，红军第三次反围剿的时候，一次部队打仗，彭德怀一路小跑上前线指挥，传令兵在前边挥动小旗让大家让路，可有一个战士偏偏坐在地上不动。彭德怀是个急性子，就叫了起来。谁知这个战士朝着彭德怀就是两拳。彭德怀没有理会，又匆匆赶路。一会儿，传令兵捆着这个战士，追上彭德怀请他发落。彭德怀两眼一眯，笑着说：“谁叫你们捆来的？小事情，快放回去。”

阳翰笙请茅盾为自己的长篇小说《地泉》再版作序，茅盾推辞不掉，就在序中不讲情面地批评说，这部小说从总体上来看，是一部很不成功的甚至是失败的作品。茅盾把文章交给他后，觉得自己的批评如此尖刻，阳翰笙一定不会用。没过多久，再版《地泉》出版了，茅盾打开一看，他那篇批评文章竟然一字不改地印在里面。

郭沫若应约写了一首讴歌十月革命胜利35周年的诗。诗稿送到杂志社后，编辑却犯了愁，因为那首诗尽管立意很好，但从构思、意境、语言来讲远非佳作。当那位年轻的编辑征得领导同意后，怀着忐忑的心情去找郭老，请他修改或重写时，没想到郭老十分热情地接待了他，并一再声称：那是败笔之作，你们退稿是对的。

三件轶事尽管各自情节不同，但从中折射出三位名人的胸怀和气度，都同样令人敬佩。身为文学大家，面对一位毛头小伙子给自己的“大作”挑刺，郭老竟然不气不恼，并虚心接受其意见，这种雅量委实不易，而戏剧家阳翰笙的雅量则更为难能可贵。阳翰笙将对自己作品持否定态度的序言印在书中公之于众，这种雅量令人叹服。而彭德怀挨了战士的拳头后竟然不究不问，其雅量亦令人钦佩。

佛家有典故说：释迦牟尼佛功德圆满，有人却妒性大发，当面恶意中伤他。佛祖笑而不语，待那人骂完，佛问：“假如有人送你东西，你不愿意要怎么办？”答：“当然是归还了。”佛说：“那就是了。”于是，那人羞惭而退。从某种意义上说，这个故事的喻义，不正是在劝告人要多些雅量么？

作为一个理智健全的人，特别是一个希望逐渐完备自己人格的人，总是要有点雅量的。

《尚书》说：“必定要有容纳的雅量，道德才会广大；一定要能忍辱，事情才能办得好！”如果遇到一点点不如意，便立刻勃然大怒；遇到一件不称心的事情，立即气愤感慨，这表示没有涵养的力量，同时也是福气浅薄的人。所以有人说：“发觉别人的奸诈，而不说出口，有无限的余味！”我们要学会用友好的阳光装满了雅量的酒杯，抹去粗鲁的伤害与侮辱的阴影。

第二节　不管得到还是失去，都要有得失泰然的心态

患得患失是人生的枷锁

患得患失就是一味地担心得失，斤斤计较个人的得失。患得患失是人生的精神枷锁，是附在人身上的阴影，是浮躁的一个重要表现形式。做人应该有得失泰然的心态。

人是世界的匆匆过客，得点儿，失点儿，又何妨呢？不曾得到的东西未必是最好的，同样，得到的东西，也未必是自己真正所需要的东西。思想负担过重，做人就感到劳累和烦躁。要去掉这些累赘的负担，就需要有一种豁达的心情，不管遇到什么事情，都能泰然处之。

从前有一位神射手，名叫后羿。他练就了一身百步穿杨的好本领，立射、跪射、骑射样样精通，而且箭箭都射中靶心，几乎从来没有失过手。人们争相传颂他高超的射技，对他非常敬佩。

夏王也从左右的嘴里听说了这位神射手的本领，也目睹过后羿的表演，十分欣赏他的功夫。有一天，夏王想把后羿召入宫中来，单独给他一个人演习一番，好尽情领略他那炉火纯青的射技。

于是，夏王命人把后羿找来，带他到御花园里找了个开阔地带，叫人拿来了一块一尺见方，靶心直径大约一寸的兽皮箭靶，用手指着说："今天请先生来，是想请你展示一下您精湛的本领，这个箭靶就是你的目标。为了使这次表演不至于因为没有彩头而沉闷乏味，我来给你定个赏罚规则：如果射中了的话，我就赏赐给你黄金万两；如果射不中，那就要削减你一千户的封地。现在请先生开始吧？"

后羿听了夏王的话，一言不发，面色变得凝重起来。他慢慢走到离箭靶一百步的地方，脚步显得相当沉重。然后，后羿取出一支箭搭上弓弦，摆好姿势拉开弓开始瞄准。

想到自己这一箭出去可能发生的结果，一向镇定的后羿呼吸变得急促起来，拉弓的手也微微发抖，瞄了几次都没有把箭射出去。后羿终于下定决心松开了弦，箭应声而出，“啪”地一声钉在离靶心足有几寸远的地方。后羿脸色一下子白了，他再次弯弓搭箭，精神却更加不集中了，射出的箭也偏得更加离谱。

后羿收拾弓箭，勉强赔笑向夏王告辞，悻悻地离开了王宫。夏王在失望的同时掩饰不住心头的疑惑，就问手下道:“这个神箭手后羿平时射起箭来百发百中，为什么今天跟他定下了赏罚规则，他就大失水准了呢?”

手下解释说:“后羿平日射箭，不过是一般练习，在一颗平常心之下，水平自然可以正常发挥。可是今天他射出的成绩直接关系到他的切身利益，叫他怎能静下心来充分施展技术呢？看来一个人只有真正把赏罚置之度外，才能成为当之无愧的神箭手啊?”

生活中往往有这样一些人，做什么事情之前都要反复考虑，做完之后又放心不下，对方方面面都考虑得尽量周到，如有不妥，就很担心把事情办砸并担心别人对自己的看法，极其注重个人的得失。他们被笼罩在患得患失的阴影之中，心房被得失纷扰得没有一分安宁。

这些人，你给他十两银子，他会想象你肯定得了十两金子；单位发工资，他会把工资表翻个底朝天，生怕谁多拿了半分钱；领导们开个日常的工作会，他会费尽心机打听，看谁又要被提拔了；同事们聚会若少了他，他会猜想肯定避开他在搞什么鬼名堂。他们整天神经兮兮，心中布满疑虑、惴惴不安，生活中当然不会有轻松与愉快。

许多人在开始创业时，虽然艰难，可下决心、做决定时很痛快，不会想那么多。但是当他有了一些成就之后，就变得犹豫不决、患得患失了。因为他以前囊中无物，当然无所谓得失，现在有一些基础了，就害怕失去这个失去那个。人在害怕失去的同时，又期望什么都得到，想要这个，想要那个，所以才痛苦。

猎人怎样抓住机灵淘气的猴子呢？他们在岩石上凿一个口很小的洞，里面放上猴子爱吃的花生，猴子把手伸进去，抓了满满一把花生，怎么也拿不出来，舍不得放弃那么多的花生，这时猎人就把猴子抓住了。

你在生活工作中也会遇到要抓什么、放什么，考虑要什么、放弃什么。如果你想什么都要，最后你什么都要不到。但是，如果你考虑得时间太多，过分犹豫不决，你又会贻误许多机会，别人也会认为你缺乏个性。有的人在取得一些成功之后，原来挺足的信心好像不够用了，开始怀疑自己的能力，担心这个担心那个，其实你把自己所担心地想透了，你会发现，结果也没什么了不起的。尤其是你果断地行动之后，你会发现你多虑了。

患得患失是人生最常见的心理隐患，是人生的精神枷锁，是附在人身上的阴影。生活中出现阴影是因为我们挡住了人生的太阳。人生的太阳是什么□是理想，是追求，是热爱生活，是乐观积极的人生态度。我们要铸就辉煌的人生，就必须要砸碎精神枷锁，丢掉思想包袱，走出患得患失的阴影。

要走出患得患失的阴影，必须保持良好的心态：

1. 知足常乐

每一个人都要学会比较，通过比较得到良好的心境。正确的乐观的比较应该是自己和自己比，把自己的今天和自己的过去比。只要努力过，且通过努力进步了，收获了，即使别人已达到小康，你才是温饱，别人已有了金条，你还囊中羞涩，也丝毫不应自惭形秽，因为每个人的基础不一样，条件不一样，经历也不一样。同样一双手，十个指头哪能一般齐呢？

2. 活出自己

人的一生，不求利，不求名，只求有个真实的自己，走自己的路，就不会被患得患失所困扰。事实上人生不可能没有忧愁，问题是我们不能因患得患失给自己无端地平添几分愁。走自己的路吧，不管别人如何评说，我们的人生就会充实、快乐、潇洒。

3. 淡泊名利

古人云:“淡泊以明志。”养生首养心，养心淡名利。人生苦短，名利有如过眼烟云。人不可缺乏进取心和奋斗精神，但一味地追名逐利反而会得不偿失。人，最值钱的东西是生命而不是名利。

追求完美是一种折磨

维纳斯残臂塑像是被世人赞美的顶级作品。但是它并不完美。这或许也正是它闪光的地方：多少著名大师想为它复原双臂都失败了，而残缺的美却流传于世。不要背上完美主义的包袱，让自己被虚设的光环蒙蔽。把完美留在梦境，现实中仍做回真实的自己。

罗在一家杂志社工作，作为文字工作者的罗，每天都在咀嚼文字，为了一个字甚至标点符号，罗会花很长去思考。“晚上做梦都会梦到我在电脑前，盯着那个字看，过了一会儿，那个文字就变成了人，指着我说:‘你用我不合适，找别人吧。’白天起来就一身汗，想昨天自己交的稿子是不是又有什么地方写错了，然后就打开电脑，把文章找出来，从头到尾看一遍。”这样的事情时常发生，以至于现在的罗每天早晨睁开眼睛的第一件事情不是吃早饭，而是开电脑。“我很怕自己做错什么，通常，不保险的事情我宁愿不做。”

很多时候，人都太过苛求完美。追求容貌美的则欲倾城倾国，美艳无暇；追求事业兴的则想事实顺意，其宏图一展无余；运动员想每一天都有所进取，每个动作技巧都毫无破绽；学生们追求门门优异，科科高分，次次独占鳌头……

平心而论，想让自己的能力和境界达到高水平，这无可厚非：谁天生就甘愿居后呢？然而，倘若一个人处处要求自己尽善尽美，这个目标暂且不论高低与否，这种心思未必可取。

所谓人非圣贤，谁能做到处处强于人呢？苛求完美，强迫自己去达到每一个既定但相对渺远的目标，于身于心都是一种折磨。倘使目标达不到，心气势必受挫，失败感充斥于心——这种失败感又是常人无法理解的——你何以选择这样的目标；即使侥幸达到目标，完美了一回，完美主义的信仰在胜利的喜悦催化下必定让你去定下一个更具难度的完美目标。当然，难度越大，压力越大，当压力大到难以承受之时，心理可能就有崩溃的危险。

前几年，一个名牌大学成绩特别优异的女生，从上大一时就准备三年内修完所有学分并再选修一个专业，拿到双学位，然后提前毕业出国深造。想法不错，但是实现就困难了。她开始很有信心，必修课选修课甚至别的专业的专业课都门门第一。但大学的课程都是很深的，修了如此多的课很快就让她力不从心，很多课程拉了下来。从小好强苛求完美的她受不了这种打击，精神陷入一种崩溃状态，以至精神分裂。后来她不得不被送回家中休学。

完美永远只是一种理想，是无人能企及的境界。所以，追求完美实为不必。其实仔细想想，我们每个人都有长处，让别人羡慕的地方，又何必只望短处看，不能知足呢？知足常乐是中国的古训，我们只要不消极的自满，这一古训应该是正确的吧。

不完美的人生才真实

传说在古代的印度有一个国王，他的国家非常强盛。有一天他得到了一个美如天仙的绝色女子，就封她为王妃，两人相亲相爱，这个国王完全醉心于爱情的世界里。然而，好景不长，他的宠妃得了急病，全国最好的医生也没能挽留住她的生命。国王悲痛欲绝，为示爱心，他为爱妃举行盛大丧礼，不忍让她离去，就将其遗体装入大棺椁里，停放在王宫不远的大殿里，国王日日拜祭。

国王发现这里环境不佳，就在灵殿周围建了精美的花园，以供香魂欢娱。后来又觉得这样还不能表示自己的爱意，为喻美人如水，就又建立了一个美轮美奂的人工湖，让香魂泛舟碧波。湖建好以后，又觉得缺少点缀，又叫人各处建亭台楼阁。后来又请世界上最好的建筑师来建造绝世的雕塑安放各处，后来又把世上最美好的诗篇铭刻在石头上，但是国王总是不满意这个绝世园林，想进一步地完善它。这样一直不断地扩充和完善这个园林，使之成为集天下大成的无与伦比的园林。

一直扩建完善了四十年，国王老了，他还在苦苦思索，以求园林更完美，但总找不出缺憾。后来他把目光停在他爱妃的棺椁上，注视沉思良久，最后挥了挥手说:“请把它搬出这个园林。”

一个被辟去了一小片的圆想要找回一个完整的自己，它到处寻找自己的碎片。由于它是不完整的，滚动得非常慢，从而领略了沿途美丽的鲜花，它和虫子们聊天，还充分地感受到阳光的温暖。它找到许多不同的碎片，但它们都不是它原来的那一块，于是它坚持着找寻……

直到有一天，它实现了自己的心愿。然而，作为一个完美无缺的圆，它滚动得太快了，错过了花开时节，忽略了虫子的存在。当它意识到这一切时，毅然舍弃了历尽千辛万苦才找到的碎片。

完整和对称并不一定就是美的。蜡像的脸孔太完整和完好往往是乏味的，有时左右不太对称的脸反而更有魅力。《乱世佳人》里的费雯丽是电影史上最美的女人之一，许多影迷喜欢她那两道高低长短不一的柳眉。每当她高高挑起右边的眉毛，无论是表示挑逗或者挑衅都显得特别有个性而迷人。

当然，缺憾美多半是无意和无奈的意外结果，但还是有故意经营的例子。对比泰姬陵，日本建筑就另有一种思维。像东照宫，据说建造时设计者因为自觉太完美了，恐怕会遭天谴，就想出一个办法：把其中一支梁柱的雕花有意颠倒，刻意造成一份缺憾美。原来完美的状态也是可怕的，因为没有任何状态，包括完美，是持久的；而完美状态有可能变成不再完美。唯有不完美的状态，才充满变化与发生的可能，才具有一种持续的生命力。

日常生活中完美状态的终止并不一定是坏事——那往往也是紧张状态的终止：小时第一张不再是满分的考卷，新衣服上的第一点污渍，新车上的第一道刮痕……虽然都令人懊恼，却也让人在潜意识里松一口气：不必再成天提心吊胆地保持完美状态了！

做人要学会接受“不完美”。而接受不完美，如同接受不同的色彩。有不同的色彩，才可能拥有多彩的人生。

得与失只有一线之隔

失去了春天的葱绿，却得到了丰硕的金秋；失去了青春岁月，它使我们走进成熟的人生……失去，本是一种痛苦，但也是一种幸福，因为失去的同时也在获得。不要太过于看重得失，其实，得与失往往只有一线之隔。生活中，总会有所失才能有所得，有小失才能有大得；有局部之失，才能有整体之得。人生亦然。

失恋，首先是一种幸运，其次才是一种不幸。失恋，为了爱是必要的，因为你如此伤心，可见你心中还是有爱的；既然你心中有爱，那对方就必定无爱，不然你们又何必分手呢？而爱在你这边，你并没有失去爱，在人生的旅途上你已经赢得了值得羡慕的一分，你的人生由此变得丰富，气质也因此而成熟。

人在得意中常会遭遇到小的失败，后者与前者比起来，可能微不足道，但是人们往往会怨叹那小小的失，而不去想想既有的得。

譬如一位千万富翁，很可能因为失去了两百万元的账而郁郁不乐；一位经理可能因为遭受总经理的白眼而心萌去意。他们计较眼前的小不如意，却不想想自己已经是非常得意的人，正因如此，许多得意者反不如一般人活得快乐；甚至千万富翁自杀了，经理辞职了，到头来这些得意的人由于自己的看不开，终于成了真正的失意者。

人生没有绝对的事。在某些时候，失去的同时也得到了，而且得到的远远比失去的要多。

英国的伟大诗人弥耳顿，最杰出的诗作是在双目失明后完成的；德国的伟大音乐家贝多芬，最杰出的乐章是在他的听力丧失以后创作的；世界级小提琴家帕格尼尼是个用苦难的琴弦把天才演奏到极致的奇人。他们被称为世界文史上三大怪杰，居然是一个是瞎子，一个是聋子，一个是哑巴！他们之所以有那样的成就，正是因为他们有一颗平常心，不计较利害得失。

科学家贝佛里奇说过:“人们最出色的工作往往是处于逆境下做出的。思想上的压力，甚至肉体上的痛苦，都可能成为精神上的兴奋剂。”其实，“残缺”并不可怕，可怕的是不能够正视现实。不要感叹命运多舛不公。命运向来都是公正的，在这方面失去了，就会在那方面得到补偿。当你感到遗憾失去的同时，可能有另一种意想不到的收获。

有个小伙子，还是穿开裆裤时，也记不得是哪一天，发现门前那堵墙上有一个闪光点，在阳光下艳丽无比。从此，朝思暮想，流连仰望。终于有一天，渐渐长高的小伙子决定爬上去看个仔细，百年危墙，高不可攀。近了，近了。最后，那只颤抖的手一把抓住了它。原来是一支破牙刷。他好失望，心情懊丧得很。事物的转换总是这样，小伙子在此之前，拥有一份好心情；一旦得到了那柄牙刷时，却又失去了昔日的那份特好的心情。这正如佛经上所说的:“失就是得，得就是失。”

得与失在我们心中，真是只有一线之隔，我们意以为得，就是得意；意以为失，就是失意，所以颜回居陋巷，一箪食，一瓢饮，也能得意在其中。秦王统一六国，兼并天下，也能失意于其间。大约有得必有失，有失必有得；所得既多，便是增加，也不觉得欣喜，稍有所失，便惶惶恐恐；所失既多，就是再失，也不感到痛苦，稍有所获，便十分快乐。

如此说来，得意何尝不是失意之由，失意又何尝不是得意之由呢？

更深一层想，我们人生最大的得意或失败，都无法由我们自己来左右。人生最大的得应该是“生”，我们从父母那里得到生命，不是最大的“得”吗？因为没有这个得，就没有以后的得，这是得的根本。而人生最大的失，应该是“死”，当这一刻来临，我们便抛出所得的一切，包括自己的生命，这不是最大的失吗？这最大的得与失，我们尚且无法掌握，又还有什么得失好计较呢？

孔子家语里记载：有一天楚王出游，遗失了他的弓，下面的人要找，楚王说：“不必了，我掉的弓，我的人民捡到，反正都是楚国人得到，又何必去找呢？”孔子听到这件事，感慨地说：“可惜楚王的心还是不够大啊！”“为什么不讲人掉了弓，自然有人捡得，又何必计较是不是楚国人呢？”

“人遗弓，人得之”应该是对得失最豁达的看法了。就我们个人而言，有得有失；就全人类而言，不是一样吗？这仿佛云来云往、雨来雨往，这世上总有晴朗与阴雨的地方；又正如生生死死，死死生生，这世间的一切总是继往开来，生息不断的。所以得与失，到头来根本就是一无所得，也一无所失啊！

患得患失的人，一生总是很苦恼的。他们对取舍疑虑不决，本来拥有一些自己并不需要而多余的东西，却又绞尽脑汁想使这些东西不减反增。为这些终日烦恼，长此下去有损身心健康。与其担忧会失去，倒不知让它失去好了，换来了心情轻松和愉快，不是更好吗？

只要我们正视人生的得失，月亮即使有缺，也依然皎洁；人生即使有憾，也依然美丽。

正确认识得失，得到了也可能失去，无论你得到了什么，都不妨时常这样提醒自己。这样，得到了的时候就会倍加珍惜，失去的时候也不至于无所适从。

不必为“失去”而难过，因为世间之物本来就是去住无常。我们所能做、所应做的只是在“得到”时珍惜它。

不能舍弃别人都有的，便得不到别人都没有的。会生活的人失去的多，得到的更多，只要这样一想，你就会有一种释然顿悟的感觉。

既拿得起，也放得下

人生最大的幸福是放得下。这话读起来很平常，但细琢磨真是深刻。

首先讲，人最难的是放得下。父母关心儿女，一直关心到自己都奄奄一息还在说，好好过日子，别打架。男人关心女人也常常放不下。一旦相亲相爱，总是牵肠挂肚地想着，甚至相距千里，根本无法尽责尽职的时候，还在打电话、拍电报、写信，充满了关爱。女人关心男人就更甭说了，一旦喜欢上了这个人，就忘乎所以，甚至精神恍惚，仿佛每一刻都沉寂在幸福之中。

佛曰:“大肚能容天下难容之事”，这是一种极高的境界！既来之，则安之，便是一种超脱，但是这种超脱又需要多年的磨炼才能养成。拿得起，实为可贵，放得下，才是人生处世之真谛。

手里拿着一个硬币，把手掌朝下松开，硬币掉了，这是一种放下的方法；另外一种方法是手里同样拿着一个硬币，手掌向上放开，硬币还在手掌里，但是人也轻松了，意思就是很多时候其实拿起和放下是同时的事情。这就是说在一个很宽松的心态中去生活，这应该是一种比较正确的人生态度。

生活中有许多叫人放不下的东西，其中最难放得下的当属健康，一旦得了病，总觉得自己就活不成了。特别是到了一定年龄，一有点儿不舒服，立马就想到死，想到即将离开这个美好的世界，心中总是充满了恐惧。然而，越是放不下，则病情越纠缠不清，一来二去，病情不但没有得到缓解，而是越发沉重。

有一位老太太得了病，老太太总唠叨着快完了的话，结果身体越来越差，原来不太重的病，反而越来越厉害。相反，另一位得了病的老太太已然做了癌症切除手术，老太太想得开，对人说，反正都活了快 80 岁了，死了也值了，管它呢。越是这样想，老太太越精神振奋，每天照样拄着拐杖到处去玩、去转，一年多下来，病情并未恶化。

得了病，最重要的是要放得下，越不把病当回事，就越有希望将病魔克制住，反之病魔就会缠身。

从健康的角度讲，得病是很正常的，吃五谷杂粮，不得病怎么可能呢？再加上各种社会因素，使人经常处于亚健康状态，故此得病绝对是不可避免的。但是也很奇怪，有些身体极差的人群，反倒活得很健康，而有些条件很好的人，反倒得了病。原因何在呢？

凡事放不下的人，最容易染病，而凡事放得下的人也最心宽体胖。难道不是吗？

通常情况下，“放得下”主要体现于以下几方面：

第一，感情能否放得下

人世间最说不清道不明的就是一个“情”字。凡是陷入感情纠葛的人，往往会理智失控，剪不断、理还乱。若能在情方面放得下，可称是理智的“放”。

第二，名声能否放得下

据专家分析，高智商、思维型的人，患心理障碍的比率相对较高。其主要原因在于他们一般都喜欢争强好胜，对名看得较重，有的甚至爱“名”如命，累得死去活来。倘若能对“名”放得下，就称得上是超脱的“放”。

第三，钱财能否放得下

李白在《将进酒》诗中写道：“天生我材必有用，千金散尽还复来。”如能在这方面放得下，那可称是非常潇洒的“放”。

第四，忧愁能否放得下

现实生活中令人忧愁的事实在太多了，就像宋朝女词人李清照所说的:“才下眉头，却上心头。”忧愁可说是妨害健康的“常见病、多发病”。狄更斯说:“苦苦地去做根本就办不到的事情，会带来混乱和苦恼。”泰戈尔说:“世界的事情最好是一笑了之，不必用眼泪去冲洗。”如果能对忧愁放得下，那就可称是幸福的“放”，因为没有忧愁的确是一种幸福。

生活中，有些人总想什么都得到，凡事都放不下，结果越是放不下，越得不到。而有些人凡事都随遇而安，不但可以绝处逢生，而且能够抓住机遇，获得意想不到的成就。

第六章 糊涂一点少生气

★☆★☆★☆★☆★☆★☆★☆★☆★☆★☆★☆★☆★☆★☆★☆★☆

人生难得糊涂，贵在糊涂，乐在糊涂。糊涂不难，难就难在如何做到把握糊涂的度。能以自己特有的大智慧去拥抱人生，做到以自己固有的方法去展开生命，这就是糊涂的智慧。做人不妨学学猫头鹰，睁一只眼，闭一只眼。你说我糊涂，其实我不傻。大智者往往大愚，世间聪明者多，但能过“愚”字关的人则很少。

★☆★☆★☆★☆★☆★☆★☆★☆★☆★☆★☆★☆★☆★☆★☆★

第一节 大智若愚是一种不生气的智慧

故意装傻，不跟他人赌气

装傻是大智若愚的表现，这是有智谋的人保护自己的一种处世策略。装傻，顾名思义，肯定不是真傻，真傻的人何须装傻，又怎么会装傻呢？所以，按照常理，装傻应该是聪明人要的把戏，这种把戏，文绉绉地讲就是行韬晦之计，就是障眼法。

综观唐宣宗当皇帝前的所作所为，他装傻使用的就是这种障眼法。说起来，他真的很不容易。概括地讲他做到了两点：夹紧尾巴，闭紧嘴巴。总之，就是要做一个没有尊严的人，你认为我越窝囊、越傻帽越好。

穆宗在位时，宣宗李忱还小，也就是十几岁左右，还谈不上装。而且，穆宗比李忱大 15 岁，对这个排行十三的小弟弟偏爱有加，李忱也没必要装。有一件事足以说明这个问题。有一次，李忱梦见自己骑着龙飞上了天，便把这个梦告诉了母亲郑后，吓得郑后赶紧叮嘱他："这样的事儿不能让别人知道，可别再讲了！"穆宗听说后，则大加赞叹："此吾家英物也。"并赐给李忱玉如意、御马、金带，以示厚爱和期望。

可李忱的三个侄子就不行了，对李忱这个叔叔非但没有一点尊敬的意思，而且极尽侮辱之能事。有一次，李昂、李炎（即后来的文宗、武宗）在李忱所住的"十六宅"举行宴会，几杯酒下肚，李昂、李炎非得逼着李忱说话，以作笑料。又因为李忱被穆宗封为光王，并戏称李忱为"光叔"，这样的称谓显然大不敬。但不管你怎么捉弄、耍戏、取笑，李忱始终一个劲儿：听而不闻，视而无睹，不急不躁，坦然受之。这样，久而久之，宫里上上下下的人还真就把李忱当成了缺心眼的傻子了。

那么，李忱装傻的目的是什么呢？原因其实并不复杂，就是迷惑他人，保护自己。因为常识告诉人们，傻子是没有野心的，不会对他人的地位、利益构成威胁的，所以，他人也就不会把傻子放在心上。

顺宗以后，党派之争愈演愈烈。而宦官专权似乎比党派之争还厉害，顺宗时发生的"王叔文革新事件"、文宗时发生的"甘露之变"很生动地说明了宦官专权对于朝政的影响。李忱的父亲唐宪宗就是宦官给毒死的。在这样的政治背景和复杂环境下，李忱的聪明就在于他不拉帮结伙搞结盟，不依靠显宦树威信。但中立的立场，在政治斗争里也往往会两面受敌。所以，装傻也就自然成为聪明的李忱在这种政治风浪里生存下去的唯一选择。

唐会昌六年（公元 846 年），武宗皇帝病卒，谁接这个班呢？满朝大臣都在猜测中。可结果呢，即便连当时的宰相李德裕可能都没想到，接班的竟然就是这个傻里傻气的李忱——唐宣宗。怎么回事呢？究其真相，原来这些都是宦官们捣的鬼。宦官们之所以捣这个鬼，从本质上说好有一比，皇帝如果是大树，宦官们无疑就是攀缘大树的藤。也就是说，宦官们尽管轻视皇帝，气焰嚣张，但他们毕竟是寄生在皇权上的政治势力。所以，选什么样的皇帝对他们至关重要。因此，在他们看来选一个傻里傻气的皇帝，肯定会对他们俯首帖耳、言听计从，一句话好摆弄。

人都有私心，应该说武宗朝的这些宦官们考虑的没错，很对路子。可问题的关键是：这个被他们精心选出的傻皇帝，或者说，他们看中的这个傻皇帝的"傻"竟然是装出来的！这一点不仅出乎他们的意料，也出乎所有人的意料。

刚即位的宣宗，立即就免去李德裕的宰相一职，贬潮州司马，再贬潮州司户，又贬崖州司户，使持续了几十年的牛李党争宣告结束。这一举措，无疑地给那些专好搞窝里斗的人一个很沉重的警示。针对宦官嚣张的气焰，宣宗"复诛其太甚者"，尽管这种打击不是很彻底也不可能彻底，但毕竟收到了杀一儆百的效果。

有句话说的好："是金子总会闪光的，烂泥终归上不了墙。"宣宗之所以装傻装成了皇帝，而且还是一个好皇帝，说到底，他自己本来就是那块料儿。

古代有一个国王很喜欢别人说他英俊潇洒，但他自己却身有两处残疾，瞎了一只眼睛外加少一条腿。有次他心血来潮，要让画师给自己画像。第一位画师是个老实人，他规规矩矩地画出了国王的本来面目——又瞎又瘸。国王看后不禁怒从心头起，恶向胆边生："这个可恶的画师竟敢把我画得如此丑陋，真是该杀。"于是这个本分的画师被杀害了。

国王不甘心，又找了一个画师来画像，这个画师知道了前面那个同行的悲惨结局，再也不敢照实描绘国王的缺陷了。他在画布上画了一个双眼明亮两腿矫健的国王，心想这下国王该满意了吧，结果国王又一次大发雷霆："这难道还是我吗？"这个画师也没逃出被杀害的命运。

这下国王的画师们谁都不敢再给国王画像了，没想到有个小画工自告奋勇地说他能画好，大家都替他捏一把汗。小画工画啊画啊，最后，国王的肖像终于完成了。这回国王看着肖像笑了，夸小画工真是个聪明的人。

小画工是怎样画的呢？他既没有像第一个画师那样把国王的缺陷完全表现在画布上，也没有像第二个画师那样不顾实际妄画。他画的国王是这样，侧身骑在马上，残缺的那条腿隐在马鞍的后面，双手举着猎枪，眯着一只眼在瞄准，而这只眼正是那只瞎眼。画面上是一个英姿勃发骑马打猎的国王，看不出任何缺陷，可谁也不能说他像第二位画师那样改变了国王的本来面目。

小画工确是聪明人，他采用了既不全真也不全伪的“愚术”的方法，令挑剔残暴的国王无话可说。

过于聪明的人，常是别人猜忌的对象。因为任何有所图谋的人，都有可能从事情刚开始筹划时便被识破。一旦发现有人独具慧眼，那么为了保全自己的一切，他必会千方百计、不择手段地加以掩盖，散布流言，捏造罪名，甚至谋杀。历史上古今中外，这样的事多得不胜枚举。所以一些真正有智慧的人，一般都采取“守拙”的方法，以保护自己。

聪明的人不炫耀

有的人拥有一份优势就想在别人面前显示十分，拥有十分的优势就上蹿下跳不能自已，这在真正的智者眼前都是小丑而已。真正聪明的人是不会向别人炫耀自己有多么聪明，让别人觉得自己高明的。真正聪明的人应该自信，不需要向别人显摆，或者是“卖出”自己的聪明。那些真正聪明的人，往往是深藏不露。美国著名政治家本杰明·富兰克林之所以获得很多人的支持，就在于他从不把聪明外露。

他在自传中说：“我立下一条规矩，决不正面反对别人的意思，也不让自己武断。我甚至不准自己在表达文字上或语言上有过分肯定的意见。

我决不用‘当然’、‘无疑’这类词，而是用‘我想’，‘我假设’或‘我想象’。当有人向我陈述一件我所不以为然的事情时，我决不立刻驳斥他，或立即指出他的错误；我会在回答的时候，表示在某些条件和情况下他的意见没有错，但目前来看好像稍有不同。我很快就看见了收获。凡是我参与的谈话，气氛变得融洽多了。我以谦虚的态度表达自己的意见，不但容易被人接受，冲突也减少了。我最初这么做时，确实感到困难，但久而久之，就养成了习惯，也许，50年来，没有人再听到我讲过太武断的话。这种习惯，使我提交的新法案能够得到同胞的重视。尽管我不善于辞令，更谈不上雄辩，遣词用字也很迟钝，有时还会说错话，但一般来说，我的意见还是得到了广泛的支持。”

有的人为了显示自己的聪明而炫耀，这样的结果却给自己招来了祸害。

公元前131年，罗马执政官马西努斯围攻希腊城堡，需要用撞墙槌攻破城门。他以前看到过雅典船坞里有两支沉甸甸的船桅，便下令将其中较大的一支立刻送来。

接到命令的军械师认为，较短的一支更容易把墙撞开，于是军械师自作聪明，坚持把较短的桅杆送了过去。他深信执政官一定会因为他阻止了一个错误的决定而赏赐他。

短桅杆运抵战场后，马西努斯非常生气，军械师却没有发觉，仍然很高兴地向马西努斯解释送来短桅杆的原因。他滔滔不绝，并表示在这些事情上听取专家的意见才是明智的，攻城时采用他送来的撞墙槌一定最有效。等他说完，马西努斯当着全体士兵的面剥光了他的衣服，用鞭子活活把他打死了。

这名军械师是专家，被推崇为最好的技师。他知道自己是对的，较短的撞墙槌速度比较快，力量也比较强，但是马西努斯不了解这些——他肯定不会承认自己是错误的。

这名军械师是好表现自己比别人聪明的典型。这种人在现实生活中有很多。好表现自己的人不懂得与人相处的技巧，他不论在什么场合，也不管在什么人面前，只要逮着机会就表现自己，或责难比自己有权势的人的聪明才智，这种做法是绝对不会有好下场的。

古希腊最伟大的哲学家苏格拉底曾在雅典一再地告诫他的门徒："你只知道一件事，就是你一无所知。"

不在意别人怎么看

每个人都是要面子的，在人际交往中，都比较注意自己的形象，这很正常，但不能死要面子而失去自我。

别人对你的评价总是有水分的，有的人总是挑好的说。如果以此为据，你可能高估自己，自我感觉良好。于是可能轻视别人，忽视一切，自以为是。也有人可能专挑坏的讲，故意贬低你，这样你可能低估自己，自卑消极。所以在听取别人意见之前，首先要有一个正确的自我评价，并以此为标准。

另外，别人看到的可能只是你的表面或一个方面，真正全面、清楚了解自己的还是自己。只有天生没有主见的人才会整天打听别人对他的评价。虽然有时候可能会出现"当局者迷，旁观者清"的情况，但大多数情况下旁观者的意见只能作为参考。

太在乎别人的"眼光"还有一个缺点，就是会使你做事放不开手脚，养成犹豫不决的性格。

如果一个企业家特别在乎工人的"眼光"，他就不是一个合格的管理者。在发奖金的时候，他会首先考虑到副经理会怎么想，科长会怎么议论自己，然后那些老工人会不会认为我不照顾他们，还有门卫会不会认为自己不体贴他。这样，不调整十几遍，奖金是发不下去的。如果是个歌手，上台之前就东想西想，一身衣服会换上十来次，最后还是带着疑惑上场，上场后发现掌声没料想的那样热烈，心里又嘀咕上了……这样的歌手肯定唱不好的。而如果是个外交官，那可能就被人家牵着鼻子走，把自己国家都给卖了。

太在乎别人的“眼光”肯定会以失去自我、失去个性作为代价，没有自我、没有个性的人肯定成不了大事，也不可能知道自己的价值。

和人交往的最佳境界是不卑不亢，这样才能不失自我。一个小职员见到总经理的时候很可能拘谨得语无伦次，而当他在亲朋好友面前，就可能会侃侃而谈。当你太在乎别人的时候，就会在不知不觉中失去了自我。在生活中，我们经常会发现，有些我行我素、对别人反应迟钝的人却往往很让人佩服。只要我行我素而不侵犯别人，他们总是很受人欢迎的。

不要说你比人家更聪明

无论你采取什么方式直接指出别人的错误：一个蔑视的眼神，一种不满的腔调，一个不耐烦的手势，都有可能带来难堪的后果。因为这等于说:“我会使你改变看法，我比你更聪明。”

这等于否定了他的智慧和判断力，打击了他的荣耀和自尊心，同时还伤害了他的感情。他非但不会改变自己的看法，还要进行反击，这时，即使搬出所有的权威理论和所有的铁的事实也无济于事。为什么要给自己增加困难呢?

英国19世纪政治家查士德斐尔爵士曾对他的儿子作过样的教导:“要比别人聪明，但不要告诉人家你比他更聪明。”

古希腊哲学家苏格拉底曾说:“你只知道一件事，就是你一无所知。”“不要告诉人家你比他更聪明”，也就是中国人常说的“守拙”，是一种掩饰自己、保护自己、积蓄力量、等候时机的人生韬略，经常在敌对斗争中使用。

如邓小平在抗日战争中就做了这样的指示:“要使敌人看不起我们，要善于采取一切手段麻痹敌人。”在今天这个竞争激烈的时代，这种策略仍然实用。

“不要告诉人家你比他更聪明”，这种韬略还可用来维持与改善同他人的关系，特别是当你发现了他人的错误而又不能不指出时，使用这一策略尤其重要。

例如，你可以用若无其事的方式或者也许是你自己错了的方式提醒别人，提醒他不知道的好像是提醒他忘记了的，或者提醒他错了好像是他没说清楚似的。这将会收到神奇的效果，无论什么场合，试问，谁会反对你说“我也许不对”呢？

著名科学家玻尔就是这样一位极其尊重他人但又非常坚持真理的人。当他对别人的观点提出不同意见时，他常常预先声明：“这不是为了批评，而是为了学习。”这句话后来成为一句名言被人印在一期物理杂志的封面上，作为献给玻尔的生日礼物。

一次，有人发表学术演讲，效果非常糟糕，玻尔也认为这个演讲“完全是瞎扯”，但他仍然热情地对演讲者说：“我们同意你的观点的程度，也许比你所想象的还要大！”玻尔同爱因斯坦展开过一场为期近30年的学术大争论，两人的观点完全相对立，但爱因斯坦认为，在反对他的观点的阵营中，玻尔是最接近于公正地处理他所代表的学术观点的人。

玻尔的这种态度及他在为人方面的其他杰出表现，不但有助于他取得巨大的学术与教育成就，而且使他深受人们爱戴，使他的为人往往比他的科学教育成就更为人们所仰慕和歌颂。有人把他称为“从天而降的佛祖”，有人颂扬他“与太阳神阿波罗的形象同辉”！

装出一副笨样子

古时有“扮猪吃虎”的计谋。即是说猎人要捉老虎，在无法力擒的时候，就装扮成一只猪猡，学成猪叫，把老虎引出来，待走近时，然后出其不意，猝然向它袭击。这突击结果，虎纵不死也会带伤。

以此策略施于强劲的对头，一样可以使用。在其面前，尽量把自己的锋芒敛蔽，“若愚”到像猪一样，表面上百依百顺，脸上展开微笑，嘴边抹上猪油，装出一副为奴为婢的卑躬样子，使他对自己不起疑心，一旦到了时机成熟、有隙可乘之时，才一下子以闪电手段，把他结果了，这就是“扮猪吃虎”的妙用。

《菜根谭》说:“鹰立如睡，虎行似病。”也就是说老鹰站在那里像睡着了，老虎走路时像有病的样子，这就是他们准备捉人吃人前的手段，所以一个真具有才德的人要做到不炫耀，不显才华，如此才能培养出肩负重大使命的力量。

遍观生物界，人们或许认为最无能、最让人任意宰割的或许是昆虫类了。岂不知昆虫自有一套避凶趋吉的妙法。如昆虫的保护色和拟态。蝗虫的身体颜色随着环境的颜色而改变。竹节虫和枯叶蝶在遇到天敌时会装成竹节和枯黄的树叶，还有的动物遇危险时假死以迷惑敌人。在人们看来，这些方法未免是太上不了台面了，可是正是这样的无能方法使动物种群得以生存和发展。

动物尚且能够知道用“装死”的手段来保护自己，一个有智慧的人更懂得运用“装扮”的计谋来消灭对方。

战国初期，齐人孙膑和魏人庞涓拜鬼谷子为师，在一起学习兵法。庞涓自认为学得差不多了，就要求下山求取功名。临走时，向孙膑表示，一旦得到重用，就请孙膑共享荣华。孙膑留在老师身边继续学习，鬼谷子见他为人质朴，学习刻苦，就把私藏的《孙子兵法》全部传授给他。

庞涓在魏国受到重用后，并没有实现邀请孙膑下山的诺言。后来魏惠王听说庞涓的同学孙膑很有才能，就让庞涓写信邀请，庞涓只得照办。

孙膑接到庞涓的信后，高兴地拜别师父来到魏国。庞涓发现孙膑兵法比他知道的多，一股嫉妒之心油然而生，于是就设计陷害孙膑，在魏王面前诽谤孙膑。魏王听信了庞涓的谗言要处死孙膑。庞涓为了骗出孙膑所学的兵法，装着以同学的面孔向魏王求情，把死刑变成膑刑，即把膝盖骨挖去，变成一个残废人，从此孙膑就改称孙膑了。

庞涓把孙膑关押在一个秘密的地方，向孙膑大献殷勤，小心翼翼地侍奉他，孙膑不知道这一切都是庞涓的奸计，还把他当成知己，庞涓就乘机向孙膑索取《孙子兵法》。孙膑为了报答庞涓求情饶他不死的恩情，答应背诵下来写在木简上。

每天孙膑都忍痛拼命抄写。这件事引起了庞涓派来的侍奉他的仆人的同情，便将真情告诉了孙膑。孙膑恍悟，看清了庞涓的真面目，他把刚写成的几卷兵书销毁，并很快想出——条脱身之计。他开始装疯，一会儿大哭，一会儿大笑，一会儿又做出各种傻相：不是唾沫横流，就是说话颠三倒四。庞涓怀疑他装疯卖傻，叫人把他扔进厕所的粪坑中，看他是真疯还是假疯，孙膑就抓厕所里的粪便吃。庞涓又让人献上酒肉，孙膑就把这些食物打翻在地，并骂不绝口："你们想毒死我呀！"庞涓相信孙膑是真疯了。

后来，齐威王派人到魏国去拜见魏惠王，设法找到孙膑，把他秘密运回齐国。

孙膑回齐后，受到重用，他的"围魏救赵"之计是历史上著名的计谋，后来又用减灶的方法使攻打韩国的庞涓上当轻敌，结果使庞涓中伏，自绝于马陵，报了大仇。

孔子也说"大智若愚"，这是指有高等学术的人，要顺自然而成器，不强为造作，不施巧计不自炫其技，表面看来，一副笨拙样子，在做事时以退为进，佯示懦弱，暗施阴谋，故意装傻扮懵，使人莫测高深。

第二节 做人太认真，活得会很累

太认真容不下人

做人不能够太认真，太认真了，就会斤斤计较，眼里就只会看到别人的缺点而看不到优点。生活中，有人活得潇洒，有人活得累，过于较真是原因之一。太认真了，就会对什么都看不惯，连一个朋友都容不下，把自己同社会隔绝开。

做人固然不能玩世不恭，游戏人生，但也不能太较真，认死理。镜子很平，但在高倍放大镜下，就成了凹凸不平的山峦；肉眼看很干净的东西，拿到显微镜下，满目都是细菌。试想，如果我们“戴”着放大镜、显微镜生活，恐怕连饭都不敢吃了；如果用放大镜去看他人的缺点，恐怕别人就罪不容诛、无可救药了。

与人相处就要互相谅解，求大同存小异。有度量，能容人，你就会有许多朋友，且左右逢源，诸事遂愿；相反，“明察秋毫”，眼里不揉沙子，过分挑剔，什么鸡毛蒜皮的事都要论个是非曲直，容不得人，人家也会躲你远远的，最后你只能关起门来“称孤道寡”，成为别人避之唯恐不及的异己之徒。

有些人一旦成为某一个部门的主管，便容不得下属的缺点，动则拍桌子、骂人，使属下畏之如虎，时间久了，必积怨成仇。想一想没有人是完美的，何必因一点点毛病便与人生气呢？如若调换一下位置，挨训的人也许就理解了上司的急躁情绪。

有位智者说，大街上有人骂他，他连头都不回，他根本不想知道骂他的人是谁。因为人生如此短暂和宝贵，要做的事情多，何必为这种令人不愉快的事情浪费时间呢？这位先生的确修炼得颇有涵养了，知道该干什么和不该干什么，知道什么事情应该认真，什么事情可以不屑一顾。

如果我们明确了哪些事情可以不认真，可以敷衍了事，我们就能腾出时间和精力，全力以赴认真地去做该做的事，我们成功的机会和希望就会大大增加；与此同时，由于我们变得宽宏大量，人们就会乐于同我们交往，我们的朋友就会越来越多。

其实，我们的生活已经很沉重了。在我们的生活中，不存在那么多的大是大非，生死抉择。我们容忍一下朋友的小错误，不会让我们活不下去；稍稍吃一点小亏，也不会让我们倾家荡产。既然如此，为什么不让我们的生活过得简单一点，轻松一点？工作的压力，生活的压力，已经够沉重的了，又何必为自己多找不愉快？心胸放开一点，凡事不要太较真，装装糊涂，睁只眼闭只眼，自己活得轻松，别人也过得自在，岂不皆大欢喜？

糊涂比聪明更重要

大凡立身处世，是最需要聪明和智慧的，但聪明与智慧有时候却依赖糊涂才得以体现。

郑板桥说：“聪明有大小之分，糊涂有真假之分，所谓小聪明大糊涂是真糊涂假智慧。而大聪明小糊涂乃假糊涂真智慧。所谓做人难得糊涂，正是大智慧隐藏于难得的糊涂之中。”

从理论上讲，一个人的智商高出普通人的正常值，这样的人就是我们生活中常说的聪明人。然而，顺着这个逻辑，我们会发现很多成功的人物并不绝顶聪明，相反，他们可能还有些笨。

有个统计数字显示，成功的人物中最多只有不超过 10%的人智商超群，其余 90%的智商绝对只是普通人水平。但是，他们成功了。为什么会这样呢？原来，成功的人物更重视智慧。

生活中，聪明与智慧实在是两回事，聪明是一种先天的东西，总令人感到聪明人的光辉，但往往这种表面的光芒，不能令聪明人成功，所以我们经常看到很多被认为聪明的人往往一事无成而智慧就不同了，有智慧的人未必聪明，如寓言塞翁失马中的塞翁，愚公移山中的愚公，他们眼里看见的不是即时的利益，而是日后的好处，因为日后的大利，他们肯去吃眼前的苦。这样的人肯定不是聪明人，但他却是一个有智慧的人。

美国前总统威尔逊小时候比较木讷，镇上很多人都喜欢和他开玩笑，或者戏弄他。

一天，他的一个同学一手拿着一美元，一手拿着五美分，问小威尔逊会选择拿哪一个？威尔逊回答："我要五美分。"

"哈哈，他放着一美元不要，却要五美分。"同伴们哈哈大笑，四处传说着这个笑话。

许多人不信小威尔逊竟有这么傻，纷纷拿着钱来试。然而屡试不爽，每次小威尔逊都回答"我要五美分。"

整个学校都传遍了这个笑话，每天都有人用同样的方法愚弄他，然后笑呵呵地走开。

终于，他的老师有一天忍不住了，当面询问小威尔逊："难道你连一美元和五美分都分不清大小吗？"

"我当然知道。可是，我如果要了一美元的话，就没人愿意再来试了，我以后就连五美分也赚不到了。"

你看，威尔逊只是不愿把心思放在贪图小利的小聪明上，而只着眼于智慧。生活中，智慧和聪明就像主人和仆人的关系。

主人没有仆人的协助不行，会显得非常笨拙狼狈，缺乏效率。但再聪明的仆人都还是仆人，他不可能是主人。仆人需要主人的方向，没有主人的仆人，等于失去了用处。

因此，我们必须通过实践把聪明转变成智慧，在智慧的基础上行动，从而能够事半功倍。

不跟自己过不去

生活中，我们经常会发现一些看起来条件很不错的人，却有着严重的心理障碍。在一项调查中，人们吃惊地发现，有90%的学生对自己的外表有所不满或者说缺乏自信。换句话说，在现实生活中，绝大多数的人都有低估自己的倾向，而正是这种低估，往往影响到人们的心态，影响到人们的正常交往，也影响到快乐的“定居”。

埃莉诺相貌平平，自己一度也很自卑，很忧郁，但富兰克林·罗斯福却不这样看。在他看来，埃莉诺是个非常有内秀的女孩子，也有着独特的气质，具有魔法般语言能力的富兰克林的话深深打动了埃莉诺，从此她便试着把自己看作一个与众不同、身心开朗的女子，渐渐地，她身上快乐的一面盖住了忧郁的一面，自信的光芒遮住了自卑的窗口，经过“心理整容”的她很快便释放出惊人的能量来，成为美国历史上最有气质、最有才华、对社会生活也最有影响的第一夫人之一。

许多时候，问题不是出在命运上，而是出在心态上，出在你看问题的方式与对待问题的态度上。斯宾诺莎说的好:“快乐不是美德的报酬，而是美德本身”。从某种意义上说，快乐本身就是一种道德，一种对自己的道德，也是一种对他人的道德。

人们大都喜欢阿庆嫂，但很少有人喜欢祥林嫂，这是因为我们也许有不善待自己的自由，但我们却没有影响别人心情的权力，即便嘴上不说，在潜意识中，也几乎没有人真的喜欢有人来影响自己的心情。

我们不是常常这样说吗，他都敢怎样怎样，我又何不怎样怎样。说白了，他都敢做一天和尚撞一天钟，我又何必较真卖力；他都敢不仁不义，我又何必死守真诚……为什么我们常犯与别人同样的错误？与其说是受别人的引诱，还不如说是我们在拿别人的错误惩罚自己，到头来，苦果还得自己吃。

在这个世界上我们一直都在忙着赶路，却忘了看一眼路上的风景；我们一直希望找到做人的快乐，忘记了快乐就在我们身边；我们一直在展望未来，忘记了珍惜当下的状态；一路上我们收获了钱财、名利、享乐，却不知道我们也在一直挥洒着生命的财富与为人的快乐。

有一个人生活得很快乐，世界上的任何东西都使他感到高兴。就是看一棵小草，他也会喜笑颜开。有一次，他忽然想要弯下腰来看一看他的快乐还在不在。可是，他刚一弯腰，快乐就不见了。“怎么会这样呢?”他自问道，“快乐刚才还在，忽然一下子似乎掉进地缝里去了!”于是他走遍山川河谷，森林和田野，去寻找自己的快乐。人们各种各样的快乐他看到不少，但就是看不到自己的快乐。他弯腰曲背，找遍了每一个角落，失去的快乐还是没有找到。这时，他直起身子对自己说:“不找了，丢了就丢了，有什么办法呢。难道要弯腰走一辈子吗?”但是很奇怪，当他刚一直起身子，快乐又回到了他的身上。

快乐是对美好生活的追求和表露，快乐是一种修炼和欣赏，快乐是一份心境和渴望。在这个愈来愈拥挤的地球村里，只要我们对他人存有一颗宽容、厚爱的心，我们就能韬光养晦、宠辱不惊，生活的空间会更加宽阔，心情会豁然开朗，自己会拥有真正快乐的心情。

有人说拥有快乐很简单:“第一是不要拿自己的错误惩罚自己，第二是不要拿自己的错误惩罚别人，第三是不要拿别人的错误惩罚自己。”话虽朴素，却很实在。拿自己的错误惩罚自己，这是直接跟自己过不去。拿自己的错误惩罚别人，这是间接地跟自己过不去。拿别人的错误惩罚自己，这也是自己跟自己过不去。

不钻牛角尖

有一则脑筋急转弯这么说：一个人要进屋子，但那扇门怎么拉也拉不开，为什么？回答是：因为那扇门是要推开的。

在生活中，我们有时会犯一些诸如只知拉门进屋，不知推门的错误。其中的原因很简单，就是我们有时遇事爱钻牛角尖，不会变通。有时候，周围的环境变了，我们却不知变通，还在固执一端，钻牛角尖，认死理，结果就闹出笑话来。

《吕氏春秋》里记载：楚国有一个人搭船过江，一不小心，身上的剑掉进了河里。同船的人都劝他下水去捞，他却不慌不忙，从身上拿出一把小刀，在剑落水的船边刻个记号。有人问："做什么用啊？"他回答说："我的剑就是从这个地方掉下去的，我做个记号，等会儿船靠岸时，我就从这个记号的地方下水去把剑找回来。"船靠岸时，他就这样去找剑，结果自然没有找到。

刻舟求剑是一种刻板的、不知变通的思维方式。有时候，我们定下的目标就像那把剑，环境的大船已经变了，而我们的目标却还在那里原地不动，适时地调整自己的目标和方向，就不会犯刻舟求剑的错误。

俗话说："变则通，通则久。"只要我们学会变通，许多不可能的事情都能变为可能，坏事变为好事。

两个欧洲人到非洲去推销皮鞋。由于炎热，非洲人向来都打赤脚。第一个推销员看到非洲人都打赤脚，很是失望："这些人都打赤脚，怎么会要我的鞋呢？"于是，他沮丧而回。另一个推销员看到非洲人都赤脚，惊喜万分："这些人都没有皮鞋穿，这皮鞋市场大得很呢！"于是，他想方设法引导非洲人购买皮鞋，最后他发大财而回。

第一个人不懂变通，一味钻牛角尖，总以为牛不喝水，便不能强按头。第二个人则不然，他会变通一下，给牛点盐吃，不就能让它喝水了嘛！关于皮鞋的由来，据说还有这样一个典故：

早期没有鞋子穿，人们走在路上，都得忍受碎石硌脚的痛苦。某一个国家，有一个太监把国王的所有房间全铺上了牛皮，当国王踏在牛皮上时，感觉双脚非常舒服。

于是，国王下令全国各地的马路上，都必须铺上牛皮，好让国王走到哪里，都会感觉舒服。有一个大臣建议：不需要如此大费周折，只要用牛皮把国王的脚包起来，再系上一条绳子就可以了。于是，无论国王走到哪里，都感到舒服。

淡泊名利是一种境界

常言说:“人怕出名猪怕壮。”猪养壮了，其结局必进屠场；人出名了，必会使人侧目忌妒，加以迫害。所以，善于处世的人知道在名利二字前瞻前顾后，适可而止，有所节制，懂得适度的可贵。古人云:“木秀于林，风必催之；堆出于岸，流必湍之；行高于人，众必非之。”“过犹不及”在此仍然适用。

曹操很注意接班人的选择。次子曹丕虽为太子，但幼子曹植更有才华，文名满天下，曹操有易储的念头。曹丕得知消息后十分恐慌，问他的贴身大臣贾诩该怎么办。贾诩说:“愿你有德性和度量，像个寒士一样做事，兢兢业业不要违背做儿子的礼数，也就这样了。”一次曹操亲征，曹植朗诵自己的歌功颂德的文章讨父亲欢心，又在显示自己的才能；而曹丕却伏地而泣，跪拜不起，一句话也说不出。问他为何，便哽咽着说:“父亲年事已高．还要挂帅亲征，作为儿子心里又担忧又难过，所以说不出话来。”一言既出，满朝默然，都为太子如此仁孝而感动。反过来，大家倒觉得曹植只晓得为自己扬名，未免华而不实，有悖人子之孝道，作为——国之君，恐怕难以胜任。毕竟写文章不能代替道德和治国才能吧，结果曹丕还是被定为太子。可是曹值仍不吸取教训，不收敛锋芒，不装些糊涂，仍然结交名士，以才名炫世，最终被曹丕置于死地。

唐顺宗在作太子时，也好作豪言壮语，慨然以天下为己任。曾对僚属说:“我要竭尽全力，改革弊政。”王叔文告诫他说:“作为太子，不应该多言国事，况且改革一事又属当前敏感问题，你若过分热心，别人会认为你邀名邀利，招揽人心，如果陛下因此而疑忌你，你将何以自明?”一翻话使太子如雷贯耳，再也不发豪言壮语了。后来继承皇位，才逐步改革了某些弊政。隋炀帝的太子杨日东本来不太尊重父皇，一次父子同猎，儿子满载而归，老子一无所获，一怒之下把杨日东的太子名号给废了。

真正对名利拿得起放得下，知道激流勇退保安生的要数范蠡了。范蠡在助越王勾践灭吴之后，认为“大名之下，难以久居，且勾践为人可以共患难，难以相处安”，就放弃了上将军的大名和“分国而有之”的大利，隐退于齐，改名换姓，耕于海畔，父子共力，后居然“致产十万”，受齐人之尊，拜为卿相。后以为“久受尊名，不祥”，就呈缴相印，尽散其财，在陶地隐居，从事耕畜，经营商贸，又积资数万，安享天年。另一个共扶勾践成就帝业的文种，因为贪恋富贵功名而不听范蠡的劝告，结果死在勾践的手里。

淡泊名利是一种境界，而追逐名利则是一种贪欲。当今社会真正淡泊名利的很少，追逐名利的很多，淡泊名利是人生所为的一种态度，是人生的一种哲学。淡泊名利，就是要超脱世俗的诱惑与困扰，实实在在地对待一切事物，豁达客观地看待一切生活。

居里夫人一生获得各种奖章 16 枚，各种荣誉 117 个，自己却丝毫不以为意。有一天，她的一位好朋友在她家做客时，看见她的小女儿正在玩耍英国皇家学会刚刚奖给她的一枚金质奖章，不禁大吃一惊，连忙问她:“居里夫人，那枚奖章是你极高的荣誉，你怎么让孩子拿着玩呢?”居里夫人笑了笑说:“我是想让孩子从小就知道，荣誉就像玩具一样，只能玩玩而已，决不能永远守着它，否则就将一事无成。”

淡泊不是平庸，宁静孕育辉煌。古今历史昭示，只有在淡泊宁静的磨砺中，人之心胸才能豁达宽广，人之心志才能长存不溺。淡泊宁静给人以抚慰、净化，令人潜下心来埋头苦干。淡泊功名以求实，宁静心绪以做事。

淡泊宁静是保持清醒理智的思维，是一种难得的思想和精神上的成熟，是成功中的谨慎，是掌声中的清醒，是兴奋中的收敛，是等待中的耐心。淡泊是一种本色，一种选择，一种风范，一种追求。淡泊明志，使人去品味感悟人生；宁静致远，让人心净如水胸襟开阔。

春风大雅能容物，秋水文章不染尘。人生之路难免遇到坎坷挫折，工作生活中也难免会遇到各种各样的委屈、误解、怨恨，所以，不必因为自己平淡无奇而自怨自艾，也不能因为人微言轻而停止追求碌碌无为。人只有在宁静中心绪才会像秋水般清澈，才能集中精力、专一心志，才能宁静致高远。只有宁静才能理清思路坚定信念，校正反思人生路标，从而做一个真实坦荡超然的自己。

其实，名利原本无所谓好坏，有道是:“名利高寒阁，冷暖只自知”，无论宦海沉浮，无论商战成败，无论情场生死，就像寒鸭戏水一般冷暖自知。做到淡泊名利，可以免去精神上的许多痛苦，做到笑看人生。而笑看人生才能给人以恬淡、宁静的生活氛围，才能在平淡中寻找快乐，才能在宁静中制造浪漫。这，才是至高至上的生活方式。

名利相连，名为虚利为实。虚实相合，名利双收虽说是好事，追名逐利必受苦累，沽名钓誉必遭戏谑。一个人如果拥有一颗纯真的心灵，在自己应该做的事情之中尽了全力，他的成就自然而然就会显现出来，他理所当然地可以得到应该得到的人世间的荣耀。

不必计较名利，无求而自得才是一个人走向成功的起点。

第七章 淡定一点少生气

★☆★☆★☆★☆★☆★☆★☆★☆★☆★☆★☆★☆★☆★☆★☆★☆★

幸福是一条很长的过道，需要我们永无止境的修炼，保持一种豁达的心情。如果我们能以一颗“不动之心”，清除是非的污水，挥散烦恼的黑烟，就能获得清净，获得欢喜。宠辱不惊，才能闲看庭前花开花落，笑望天外云卷云舒，闻到心底的芬芳。淡定，让人不轻易动心，安稳如山。

★☆★☆★☆★☆★☆★☆★☆★☆★☆★☆★☆★☆★☆★☆★☆★☆★

第一节 把握住情绪，你可以不生气

不做情绪的奴隶

消极情绪对我们的健康十分有害。科学家们已经发现，经常发怒和充满敌意的人很可能患有心脏病。哈佛大学曾调查了 1600 名心脏病患者，发现他们中经常焦虑、抑郁、和脾气暴躁者比普通人高三倍。

美国密歇根大学心理学家南迪·内森的一项研究发现，一般人的一生平均有十分之三的时间处于情绪不佳的状态，因此，人们常常需要与那些消极的情绪作斗争。

情绪变化往往会在我们的一些神经生理活动中表现出来。比如：当你听到自己失去了一次本该到手的晋升机会时，你的大脑神经就会立刻刺激身体产生大量起兴奋作用的“正肾上腺素”，其结果是使你怒气冲冲，坐卧不安，随时准备找人评评理，或者“讨个说法”。

当然，这并不意味着你应该压抑所有这些情绪反应。事实上，情绪有两种：消极的和积极的。我们的生活离不开情绪，它是我们对外面世界正常的心理反应，只是不能让我们成为情绪的奴隶，不能让那些消极的心境左右我们的生活。

学会控制你的情绪不仅对健康有好处，更是一个人有涵养的表现。当你闷闷不乐或者忧心忡忡时，你所要做的第一步是找出原因。

29岁的弗兰西丝是一名广告公司职员，她一向心平气和，可有一阵子却像换了一个人似的，对同事和丈夫都没好脸色，后来她发现扰乱她心境的是担心自己会在一次最重要的公司人事安排中失去职位。“尽管我已被告知不会受到影响”她说，“但我心里仍对此隐隐不安”。一旦弗兰西丝了解到自己真正害怕的是什么，她似乎就觉得轻松了许多。她说：“我将这些内心的焦虑用语言明确表达出来，便发现事情并没有那么糟糕”。

找出问题症结后，弗兰西丝便集中精力对付它。“我开始充实自己，工作上也更加卖力”。结果，弗兰西丝不仅消除了内心的焦虑，还由于工作出色而被委以更重要的职务。

加州大学心理学教授罗伯特·塞伊说：“我们许多人都仅仅是将自己的情绪变化归之于外部发生的事，却忽视了它们很可能也与你身体内在的生物节奏有关。我们吃的食物、健康水平及精力状况，甚至一天中的不同时段都能影响我们的情绪”。

塞伊教授的一项研究发现，那些睡得很晚的人更可能情绪不佳。此外，我们的精力往往在一天之始处于高峰，而在午后则有所下降。“一件坏事并不一定在任何时候都能使你烦心，”塞伊说：“它往往是在你精力最差时影响你。”

塞伊教授还做过一个实验，他在一段时间里对125名实验者的情绪和体温变化进行了观察。他发现，当人们的体温在正常范围内处于上升期时，他们的心情要更愉快些，而此时他们的精力也最充沛。

根据塞伊教授的结论，人的情绪变化是有周期的。塞伊本人就严格遵循着这一“生物节奏”的规律，他往往很早就开始，“我写作的最佳时间是早上”，而在下午，他一般都用来会客和处理杂事，“因为那时我的精力往往不够集中，更适合与人交谈。”

最近一项调查表明，美国的成年人平均每晚的睡眠时间不足七小时。

匹兹堡大学医学中心的罗拉德·达尔教授的一项研究发现，睡眠不足对我们的情绪影响极大，他说：“对睡眠不足者而言，那些令人烦心的事更能左右他们的情绪。”

那么，一个成年人到底睡多长时间才足够呢？达尔教授做了一个实验，他在一个月的时间里，让14名被试者每晚在黑暗中呆14个小时，第一晚，他们每人几乎睡了11个小时，仿佛是要补回以前没睡够的时间，此后，他们的睡觉时间稳定在每晚8小时左右。

在此期间，达尔教授还让被试者一天两次记录他们的心情状态，所有的人都说在他们睡眠充足后心情最舒畅，看待事物的方式也更乐观。

许多专家认为与自然亲近有助于心情愉快开朗。著名歌手弗·拉卡斯特说：“每当我心情沮丧、抑郁时，我便去从事园林劳作，在与那些花草林木的接触中，我的不快之感也烟消云散了”。

爱产生爱，恨产生恨

据心理学家说，我们不能同时拥有两种强烈的情感，既要爱又要恨，那是不可能的。怨恨大部分是以自我为中心的，所以要想忘记自己，最好的方法便是用真心去爱别人。人与人之间由于性格、想法、目的及心灵成熟度的差异，因此，冲突在所难免。而“爱”则是解决这些矛盾的最好“武器”。

教皇保罗二世在1997年世界和平文告中明确提出了这一点：最真实、最崇高的宽恕，是一种出自于内心自愿的爱的行动。然而在一些家庭中，家庭成员相互之间却很难做到这一点，他们往往把对方一些无心的过错牢记在心，并且怀着深深的仇恨，时刻想着怎样去发泄，怎样去抱负。有这样想法的人，是危险的，因为他在心里播下了仇恨的种子，当这些种子生根发芽时，他的仇恨就会爆发出来。这样，一个本来祥和与平静的家庭就会陷入无休止的“战争”中，而这样的战争不会有真正的胜利者，“交战”的双方最终会两败俱伤。

有位朋友曾接到一封爱发牢骚的亲戚写来的信，他说：“我永远记得，我新婚的嫂嫂和哥哥在我生病住进医院的那天外出旅行，而没有对我说一句安慰的话。”在这句话的言语之中就埋着仇恨的种子，而仇恨通常也是毒害你身体的毒药种子。

头痛、消化不良、失眠和严重的疲倦等，是怀恨的人常有的生理症状。某医学院以此作了一次调查，调查结果是：与心情较为愉快的人相比，心存怨恨的人更经常住进医院。医务人员所做的试验显示，患心脏病的人常常不是工作辛劳的人，而是抱怨工作辛劳的人；最足以引起高血压的原因，莫过于外表好像很安静，内心里却被强烈的怨恨所煎熬。

怨恨甚至会造成意外事件。交通问题专家说：“发怒的时候永远不要开车。”心里总是抱怨着丈夫如何不懂体贴的妇女，比起那些心里毫无杂念的妇女，更容易在家里发生意外事件。

杜绝怨恨情绪的第一步，首先，便是要确定怨恨情绪的来源。如果我们能自我反省，十次之中有九次，我们会发现其来源是很接近于自己这方面的。忽略自己的缺陷与弱点，乃是人之常情；在任何可能的时候，我们总会把自己的短处变成别人的错处，而后却又报以无以名状的怨恨。例如，在每一个离婚案件中，几乎很明显的，所谓无辜的一方往往并不如其所描述的那般无辜。

“这是一个普遍的现象”，心理学家说，“我们自己的过错好像要比别人的过错轻微得多。我想，这是由于我们完全了解有关犯下错误的一切情形，于是对自己多少会心存原谅，而对他人的错误则不可能如此。”

一旦怨恨的根源发现了之后，就应该尽全力去消灭它、忘记它。有理智的人不仅以把抛却宿怨为满足，他们还经常用新的梦想和真诚，弥补心灵上的空缺。

在对他人表示友爱之后，我们会发现在这个世界上，善意总是多于恶意的。一所大学的研究结果表明，一种真正以友谊待人的态度，可以引起对方友谊的反应比率高达65%~90%。因此，人们常说：“爱产生爱，恨产生恨。”记住这句话后，我们就不会再在心里播下仇恨的种子，取而代之的便是快乐了。

抱怨会让自己更伤心

一个经常失败而又不知道从哪里爬起来的人，在寻找失败的借口和原因时，常常习惯于责备社会、人生，抱怨运气不好。对于别人的成功与幸福，总是愤愤不平。因为他认为，这些都足以说明生活使他受到不公平的待遇。

威廉长年辛苦地工作，终于升为公司的副董事长，如果顺利的话，接下来，他一定会升为董事长。他自己也深信董事长退位之后，他一定能坐上这个职位。他的能力、交际手腕及商场经验都没有丝毫问题，没有任何理由可以阻碍他的理想实现。

但实际到了那个时候，他却被忽略了，外来的人成为新董事长。

威廉的太太尤丝特别念念不忘此事，她因太失望和屈辱而备感沮丧，便把丈夫当作出气筒。

与她完全相反的，威廉却非常冷静，虽然可明显看出他也伤心、失望和困惑，但却仍能以勇气去应付。他原本是个个性敦厚的人，所以没有生气与激动的表现并不令人惊讶。但尤丝一直责备他说：“你想说些什么？就全部告诉那些家伙，然后辞职吧！”

威廉却没有那么做，反而表示想要与新董事长一起工作，尽己所能地去帮助他。

实际上，要抱这种态度也许不容易，但他想到自己这样大的年纪再转到别的公司，必须多加考虑，而且如果自己留在副董事长的职位，公司今后也一定会重用他的。

愤愤不平是一些人企图用所谓不公正、不公平的现象来为自己的失败辩护，使自己心里得到一些安慰。可实际上，作为对失败者的安慰，怨恨是非常不可取的一种办法，比生病还糟。怨恨是精神的烈性毒药，它使快乐不能产生，并且使成功的力量逐渐消耗殆尽。自己并没有多大本领而又非常怨恨别人的人，几乎不可能与领导、同事相处得融洽。而同事对他的不够尊重或者领导对他工作不当的指责，都会使他加倍地感到愤愤不平。

怨恨的结果常常使人更加郁闷、烦恼。就算怨恨是真正的不公正与错误，怨恨也不是解决问题的好方法，因为它很快就会转变成一种习惯情绪。一个人习惯于觉得自己是不公平的受害者时，他就会定位于受害者的角色上，并可能随时寻找外在的借口，即使在最不确定的情况中对最无心的话，他也能很轻易地看到不公平的证据。

一般情况一下，习惯性的怨恨一定会带来自怜，而自怜又是最坏的一种情绪习惯。这个习惯已根深蒂固，如果离开了这个习惯，就会觉得不对劲、不自然，而必须开始去寻找新的不公正的证据。心理学家认为，这类人只有在苦恼中才会感到适应，这种怨恨和自怜的情绪习惯，会把自己想像成一个不快乐的可怜虫或者牺牲者。

产生怨恨的真正原因是自己的情绪反应。因此，只有自己才有力量去克服它，如果你能理解并且深信：怨天尤人不是使人成功与幸福的方法，你便可以控制住这种习惯。

一个人有怨恨之心，他就不可能把自己想像成自立、自强的人。怨恨的人把自己的命运交给别人，把自己的感受和行动交给别人支配，他像乞丐一样依赖别人生活。如果是有人给他快乐他也会觉得怨恨，因为对方不是照他希望的方式给的：如果是有人永远感激他，而且这种感激是出于欣赏他或承认他的价值，他还会觉得怨恨，因为别人欠他的这些感激的债并没有完全偿还；如果是生活不如意，他更会觉得怨恨，因为他觉得生活欠他的太多。

在大多数情况下，怨恨是我们自己招来的。所以，我们还应该自己想办法、消除这种抱怨，把自己从抱怨中拯救出来。

面对辱骂不失去理智

人的一生谁都难免会遇上难堪的误解，遭到他人不公正的批评甚至非常难听的辱骂。但要记住：不要让对方一句不公正的批评或难听的辱骂，而变得像对方一样失去理智。

某人曾受到一位同事的辱骂，心中非常愤慨。在回家的路上，装着满肚子的火气，想着如何回报这位辱骂者。无意之间他走进路边的玩具店，看见两个小学生指着一个存钱用的瓷人评头论足。遗憾的是他们对瓷人的夸张造型并不理解，可是瓷人坐在货架上对那些无知的指责无动于衷。某人望着这个瓷人，只觉得自己滑稽可笑，受点委屈连一个存钱用的瓷人都不如，还算什么男子汉大丈夫！这么一想，满肚子火气一下子全消了。他对这个过去不屑一瞥的瓷人顿时产生了好感，便掏钱买了一个，毕竟瓷人还有存钱的功能。天津人有句老话："生气不如攒钱。"是的，一个人把宝贵的精力，宝贵的时间放在生闲气上是不值得的。

对于外界的打击辱骂，也许我们还达不到所谓"爱敌人"的修养程度，但至少也应该爱惜自己，不要让他人来影响你的情绪和健康。

英国伟大的戏剧家莎士比亚说：不要为了敌人而过度燃烧心中之火，

不要烧焦自己的身体。

有关专家认为，长期积怨不但使自己面孔僵硬而多皱，还会引起情绪的过度紧张和心脏病。

20世纪三四十年代，一直敏于行、讷于言的巴金先生，也曾受过无聊小报、社会小人的谣言攻击。巴金先生有一句斩钉截铁的话："我唯一的态度，就是不理！"因为受害者若起而反击，"小人"反倒高兴了，以为他们编造的谣言起到了作用。

精通哲学、文学和历史学的胡适先生在《胡适来往书信选》致杨杏佛的信中写道："我受了十余年的骂，从来不怨恨骂我的人。有时他们骂的不中肯，我反替他们着急。有时他们骂的太过火，反损骂者自己的人格，我更替他们不安。如果骂我而使骂者有益，便是我间接于他有恩了，我自然会很情愿地挨一顿骂。"

巴金、胡适面对他人的辱骂所表现出的平静、幽默、宽容，不失为排除心理困扰的妙药良方。

人的一生谁都难免要遇上难堪的误解，遭到他人不公正的批评甚至辱骂。无论是卑鄙的，恶毒的，还是残酷的，你千万不要让对方一句不公正的批评或难听的辱骂，就变得像对方一样失去理智。获胜的唯一战术，就是保持沉默，不和别人发生正面冲突，就连多余的解释也没有必要。因为在这种情况下，相互争吵辱骂，既不会给任何一方带来快乐，也不会给任何一方带来胜利，只会带来更大的烦恼、更大的怨恨、更大的伤害。进一步讲，在对骂中没有占上风的一方，当众出丑，带来的只是对自己鲁莽行为的悔恨。占了上风的一方，虽然把对方骂得遍体鳞伤，又能怎么样？只能加深对立情绪，加深对方的怨恨，在旁观者的眼里也不过是一只好斗的公鸡罢了。

有人受了委屈，或受到他人的误解，总想当时解释清楚，通过解释去化解矛盾，洗刷自己的清白。其实这时最好不要去解释，最佳的办法还是保持沉默。因为这时的解释是杯水车薪，是不起任何作用的。比如，有人说他丢了钱包，你能解释清楚钱包不是你偷的吗？有人背后议论你是“白痴”是“骗子”，你听了能解释清楚你不是“白痴”不是“骗子”吗？诸如此类的解释，越解释越对自己不利。

记住：聒噪不如沉默，息谤得于无言。

不为别人的责骂声买单

气大伤身的道理可能很多人都懂得，但也总是一些人为一些小事不能自解。真是别人生气我也气，气出来无人替。生气是拿别人的错误惩罚自己，伤害的是自己。

王大妈早年丧夫，生活的艰辛造就了她极坏的性格和脾气。老田和老吴是王大妈的邻居。因为王大妈脾气极坏，她和老田、老吴的关系处得很别扭。老田和老吴也因为有王大妈这样的邻居而沮丧不已。

但老吴和老田的性格截然不同，老吴性格开朗，凡事想得开；而老田则有点心胸狭窄，爱走极端。因此二人虽生活在同一个环境中，表现大不一样：老吴整天乐呵呵的，老田却一天到晚吊着脸，一副不乐的样子，好像谁借了他二斗陈大麦还了他二斗老鼠屎似的。

一天，王大妈的一只黄母鸡不见了，她便在自家院里跳着骂：“哪个老不死的，偷了我的黄母鸡？谁偷了我的黄母鸡断子绝孙，死时闭不上眼睛！”

骂声很大，邻居老吴和老田都听见了。

老吴想：“她没有点名骂谁，咱也没干那亏心事。不做亏心事。睡觉不关门，她爱骂骂去，与咱毫不相干。”仿佛没听见骂声似得。

而老田则不一样。他想：“这怕是冲我来的，这婆娘真没口德，开口闭口老不死的。真是气死我了！”老田气得吃不下饭，睡不着觉，不几天便病倒了。

几天以后，王大妈在她家的柴禾堆中发现了死母鸡。原来黄母鸡叼食钻到了柴禾堆下面。它还没出来，王大妈的小儿子便在外面放了一担柴禾，把那个出孔堵住了，使它饿死在里面。

王大妈有些内疚，便找老吴和老田道歉。

老吴听后说：“我没什么，一点都没生气，你找老田道歉去吧！”

王大妈极诚恳地向老田做了解释和道歉。老田听说后，心中的怨气慢慢地消了，过了几天，就能起来行走，身体慢慢地恢复了。

“哎，都是自己小心眼造成的，咱要像人家老吴，还生哪门子气呢？”老田这时才明白。

当一个人情绪激动时，整个交感神经系统都运作了，造成瞳孔扩张，心跳加快，呼吸急促，动脉收缩，肾上腺分泌等等，甚至有人气得咬牙切齿，全身发抖……在这种情况下，很容易意气用事，结果害人害己，造成无法弥补的损失。

生气时智商只有五岁

要使自己的人生能更平顺，更少出错吗？务必提醒自己：人在生气时，智商只有五岁！学习在盛怒之时少说话，少做决定，以免坏了全局而后悔莫及。

有一位企业家，素以行事稳健著称，即便每天身处在瞬息万变的商场之中，他也几乎没有犯下过什么致命性的大错，所以，他所经营的公司也就日渐成长。几年后，他要退休了。在退休欢送会上，记者们问他这几十年来的成功秘诀，他只笑笑说：“其实我没什么特别秘诀，我之所以能顺利，是因为我懂得在愤怒的时候少说话、少做决定，所以我不容易坏了大事。”

短短的一句话，却让当天在场的人上了重要的一课。观察一些在盛怒中的人们，我们可以发现一个共同点：生气时，智商只有五岁。

无论一个人现年几岁，当他（她）在气急之时，其思虑之不成熟，情绪之一发不可收拾，言语之不知节制，表现之失态等等，仿佛就像一个五岁的孩子一样地不成熟。

“人有见识就不轻易发怒。”可不是吗？当一个人在生气时，他的智慧、情商、仪态都会大大的“退化”，乃至所讲出的话，所做出的决定，往往都会坏事。那位退休的企业家之所以能够一路平稳、顺利，不在于他有什么样的特殊手腕，乃是他懂得在愤怒时少说话、少做决定，所以他不容易出错。

做人应尽量使自己少发怒，尽可能不发怒。就是到了情绪忍无可忍的时候，也要合理地宣泄怒气。

有位商人对自己发泄怒气的方法说得非常有趣，他说：“当我自知怒气快来时，连忙不动声色地设法离开，跑到健身房，或和拳师对打，或猛力捶击皮囊，直到发泄完我的满腔怒火为止。”

当你遭受不公正待遇时，大有心中怒气冲决之势，不妨确立一个“假想敌”，把无限不平之气都发泄在它的身上。

张先生性情十分急躁，一次受到过火的批评，他满肚子怨气，欲以拳脚功夫施以报复。张先生一位年老的朋友见状，忙把他拉到菜地，命其挖土。他下意识地刨个大坑，尔后填上，再刨、再填，如此反复，终于雨过天晴。

以笔作武器，将心中的话儿倾注在纸上，也是一种很好的自我宣泄方法。通过写诗、记日记，可以有效地宣泄郁积在心头的不平之气，使情绪恢复平静。同时，对创作者尤其宝贵，它可体验人们在情绪失衡状态下的感受。不然，作家就难免“扯谎”、“诽谤”和“诬蔑”，或者“乘机发表浅薄而苍白的思想倾向”。

有些烦恼未必要依靠外物来宣泄，心胸放开阔一点，也可以自我宣泄。一来可以减少不必要的烦恼，二来不会把烦恼转嫁于他人，这样你就能赢得更多的朋友，因为人们总是乐于和开朗的人打交道。

第二节　保持平常心，拥有一分淡定自如的气质

不抱怨世态炎凉

受人利用是因为你有利用价值。无须过多抱怨世态炎凉，却有必要提升自身价值。

孟尝君是战国四大公子之一，门下有食客三千。一次，他受人诬陷，被撤去职位和封地，门下食客也纷纷离他而去。

后来，他依靠贤士冯谖出谋划策，重新获得了相位和封地。当冯谖奉命迎接他回都城复职时，他不禁对冯谖大发感慨说："我平时十分尊重客人，只要遇到贤士便不敢怠慢。可是，他们见我被撤职，就纷纷离开我，没有一个人愿意跟随我。今天全靠先生帮助，我才能官复原位。那些背叛我的人还有什么脸面来见我？如果谁想重新回来投靠我，我一定要吐痰在他脸上！"

冯谖说："事物有它必然的规律，事情有它原本的道理，您何必生气呢……富贵了，宾客自然就多；贫贱了，宾客自然就少，这是事情的道理。您难道没有见过那些到市场上去的人吗？天一亮，大家侧着肩扳着门挤进去；傍晚时，路过市集的人甩着胳膊走过去，看都不看一眼。他们并不是喜爱早晨厌恶傍晚，而是因为傍晚的市集上已没有他们所需要的货物了。您先前失去相位，没有宾客们需要的东西，又何必怨恨他们离开呢！我希望您还能像从前一样好好款待他们。"

孟尝君感激地说："我一定按先生的话去做！"从这以后，他照样礼贤下士，门下又挤满了食客。

宽容冒犯你的人

一个人冒犯你或许会有某种值得同情的原因，要珍惜冒犯你的人身上的善心。这样才能互相谅解，化解矛盾。

“我从来没有遇见过一个我不喜欢的人。”威尔·罗吉士说。这位幽默大师能说出这么一句话，大概是因为很少有人不喜欢他吧！罗吉士年轻时有过这样一件事，可为凭证。

1898年冬天，罗吉士继承了一个牧场。有一天，他养的一头牛因冲破附近农家的篱笆去啮食嫩玉米，被农夫杀死了。按照牧场规矩，农夫应该通知罗吉士，说明原因。但农夫没这样做。罗吉士发现了这件事，非常愤怒，便叫一名佣工陪他骑马去和农夫理论。

他们半路上遇到寒流，人身上马身上都结满冰霜，两人差点冻僵了。抵达木屋的时候，农夫不在家。农夫的妻子热情地邀请两位客人进去烤火，等她丈夫回来。罗吉士在烤火时，看见那女人消瘦憔悴，还发现5个躲在桌椅后面对他窥探的孩子瘦得像猴子一样。

农夫回来了，妻子告诉他罗吉士和佣工是冒着狂风严寒来的。罗吉士刚要开口跟农夫论理，忽然决定不说了。他伸出了手。农夫不晓得罗吉士的来意，便和他握手，诚恳地留他们吃晚饭。“二位只好吃些豆子，”他抱歉地说，“因为刚刚在宰牛，忽然起了风，没能宰好。”

盛情难却，两人便留下了。

在吃饭的时候，佣工一直等待罗吉士开口讲起杀牛的事，但是罗吉士只跟这家人说说笑笑，看着孩子一听说从明天起几个星期都有牛肉吃，便高兴得眼睛发亮。

饭后，狂风仍在怒号，主人夫妇一再要求两位客人住下。两人于是又在那里过了一夜。

第二天早上，两人喝了黑咖啡，吃了热豆子和面包，肚子饱饱地上路了。罗吉士对此行的来意依然闭口不提。佣工就责备他："我还以为你为了那头牛大兴问罪之师呢。"

罗吉士半晌不作声，然后回答："我本来有这个想法，但是我后来又仔细地考虑了一下。你知道吗，我实际上并未白白失掉一头牛。但我用一只牛换到了一点人情味。世界上的牛何止千万，人情味却稀罕。"

一个人冒犯你或许会有某种值得同情的原因，罗吉士面对善良的农夫和他的妻子，彻底原谅了他们。在牛与人情味之间，罗吉士更珍视后者。

勿与人争，唯求己知

正如《菜根谭》中说："勿与人争，唯求己知。"其实，人与人之间经常会产生矛盾，有的是因为认识的水平不同；有的是因为对对方不了解；有的是原本有某些偏见和误解。如果你有较大的度量，以谅解的态度对待别人，忍住最容易爆发的激动情绪，这样你就可能赢得时间，矛盾也可能得到缓和。

在人际交往中，难免会有产生很多误会。因为害怕被误解，所以我们选择逃避；因为我们选择逃避，所以我们没有交际。这就是很多人交际生活的真实写照。在这种写照中，我们能清楚地看到很多人还一直生活在那个封闭的象牙塔里，还没有真正地走出来，原因很简单——因为怕被对方误解。

生活中被人误解是存在的，然而，我们如何解决这些误解就成了我们与社会与人之间必须面对的事情了。那要如何去面对呢？

众所周知，爱因斯坦博士是全世界都尊敬的人，他是全球数学、物理方面无可争议的专家。这位创造相对论和原子理论的人，竟然也咽下过一口"气"。有一天，他上汽车后，正想一个问题，因此买车票数错了钱。售票员大声讽刺他："你这么大个人，会不会算数呀！"爱因斯坦一笑置之:“不会就不会吧!”

社交过程中，由于偏见和误解常常会使一方伤害另一方。假设另一方耿耿于怀，那关系就无法融洽。如果受伤害的一方有很大的度量，不念旧恶，那会使原先持偏见者感情受到震动。

度量问题不是个无关紧要的小问题。度量如海还是度量如杯，在重要关头，它就可以关系到事业的成败。为一点小事斤斤计较，争吵不休，既伤害了感情，影响了友谊，也无益于你成大事，结果不是双赢而是两败。因此，摒弃个人成见，不在社交场合为区区小利争斗，不为炫耀自己而去贬低他人，发扬一点忍让精神，对许多事情进行“冷处理”，摆脱互相之间无原则的纠缠和不必要的争执，不计较一切无关大局的小事……那么，你的风度将会获得社交场合中众人的青睐，你的事业也会如虎添翼，收到双赢的效果。

有位爱尔兰人名叫欧·哈里，上过卡耐基的课。他受的教育不多，可是很爱抬杠。他当过人家的汽车司机，后来因为推销卡车不顺利，来求助于卡耐基。听了几个简单的问题，卡耐基就发现他老是跟顾客争辩。如果对方挑剔他的车子，他立刻会涨红脸大声强辩。欧·哈里承认，他在口头上赢得了不少的辩论，但没能赢得顾客。他后来对卡耐基说:“在走出人家的办公室时我总是对自己说，我总算整了那混蛋一次。我的确整了他一次，可是我什么都没能卖给他。”

所以，卡耐基的难题是如何训练欧·哈里自制，避免争强好胜。欧·哈里后来成了纽约怀德汽车公司的明星推销员。他是怎么成大事的？这是他的说法:“如果我现在走进顾客的办公室，而对方说：‘什么？怀德卡车？不好！你就送我我都不要，我要的是何赛的卡车。’我会说：‘老兄，何赛的货色的确不错，买他们的卡车绝错不了，何赛的车是优良产品。’”

“这样他就无话可说了，没有抬杠的余地。如果他说何赛的车子最好，我说没错，他只有住嘴了。他总不能在我同意他的看法后，还说一下午的何赛车子最好。我们接着不再谈何赛，我就开始介绍怀德的优点。

“当年若是听到他那种话，我早就气得脸一阵红、一阵白了——我就会挑何赛的错，而我越挑剔别的车子不好，对方就越说它好。争辩越激烈，对方就越喜欢我竞争对手的产品。”

“现在回忆起来，真不知道过去是怎么干推销的！以往我花了不少时间在抬杠上，现在我守口如瓶了，果然有效。”

正如明智的本杰明·富兰克林所说：“如果你老是抬杠、反驳，也许偶尔能获胜，但那只是空洞的胜利，因为你永远都得不到对方的好感。”因此，你自己要衡量一下，你是宁愿要一种字面上的、表面上的胜利，还是要别人对你的好感？你可能有理，但要想在争论中改变别人的主意，一切都是徒劳，那就不妨试试先咽下一口气，等待机会再说服别人。

看淡不公平

生活中不公平的事情常有，面对生活中不公平的人和事，不要过分强求。生活本是如此，只要学会生活，懂得生活，就会看淡生活中的不平事。

亨特遭到女友抛弃来请教大师指点，他说女友还活得好好的，感到愤恨难平。

大师问他为什么。亨特回答：“我们在一起时发过重誓的，先背叛感情的人在一年内一定会死于非命，但是到现在两年了，她还活得很好，老天真是没长眼睛，难道听不到人的誓言吗？”

大师告诉亨特，如果人间所有的誓言都会实现，那人早就绝种了。因为在谈恋爱的人，除非没有真正的感情，全都是发过重誓的，如果他们都死于非命，这世界还有人存在吗？老天不是无眼，而是知道爱情变化无常，我们的誓言在智者的耳中不过是戏言罢了。

“人的誓言会实现是因缘加上愿力的结果。”大师说。

“那我该怎么办呢？”亨特问。

大师给他讲了一个寓言:“从前有一个人，用水养了一条非常名贵的金鱼。一天鱼缸打破了，这个人有两个选择，一个是站在水缸前诅咒、怨恨，眼看金鱼失水而死；一个是赶快拿——个新水缸来救金鱼。如果是你，你怎么选择?”

“当然赶快拿水缸来救金鱼了。”亨特说。

“这就对了，你应该快点拿水缸来救你的金鱼，给它一点滋润，救活它。然后把已经打破的水缸丢弃。一个人如果能把诅咒、怨恨都放下，才会懂得真正的爱。”

亨特听了，面露微笑，欢喜而去。

实际上，绝对的公平是不存在的，世界不是根据公平的原则而创造的。但是我们即使遇到不公平的事，也不要怨天尤人。因为，怨也没有用，生活就是这样，有什么办法？有时候没有道理可讲，有时候又似乎不近情理。当生活让你哭笑不得的时候，你不应该太过于抱怨，而是要看淡生活中的不公平才对。

付出与回报的天平上总会出现不尽如人意的误差，苦苦的追寻换来的只能是一身的疲惫，挥洒的汗水总是换不来期待中的收获。这一切都是人生中挥之不去的，是人生竞技场上必不可少的基石。

譬如豹吃狼、狼吃獾、獾吃鼠、鼠又吃……只要看看大自然就可以明白，这些受到威胁的弱者永远是不公平的，强者生存，弱者灭亡，优胜劣汰，没有公平可言。飓风、海啸、地震等等自然灾害对所有生命来讲都是不公平的。人类社会里，贫穷、战争、疾病、犯罪、吸毒等等不平等的现象此起彼伏。公平是神话中的概念，人们每天都过着不公平的生活，快乐或不快乐，是与公平无关的。这并不是人类的悲哀，只是一种真实情况，过去不曾有过，今后也不会有。

面对生活中不公平的人和事，要改变衡量公平的标准。

不公平是一种进行比较后的主观感觉，因此只要我们改变一下比较的标准，就可以在心理上消除不公平。比如，自己这次没评上职称，觉得很不公平。但是如果换一个角度想想，就会发现这次评选职称的名额有限，许多和自己条件一样甚至强于自己的人也没评上，这样一想，你也许就会心安理得了。

面对生活中不公平的人和事，要通过自己的奋发努力来求得公平。

比如，有些人认为只要工作踏实肯干、业务能力强就可以得到领导的青睐，而把主动与领导搞好关系的举动错误地当成了溜须拍马。其实，领导也是人，而人都需要得到别人的肯定与尊重，所以有些看似不公平的事正是自己不成熟的观念与言行造成的。

面对生活中不公平的人和事，不要事事苛求公平。

人的心理常常受到伤害的原因之一，就是要求每件事都必须公平。其实，世界上根本就没有绝对的公平，所以我们不要事事都拿着一把公平的尺子去衡量。

生活也许并不是我们想象的那样美好，它对每个人的待遇都存在着偏心。有的人，从生下来就非常顺利，做什么都一帆风顺，没有什么坎坷，事业、婚姻都让别人羡慕；可有的人，从生下来就注定是个倒霉蛋，事业的挫折，生活的艰苦，情感的失意，都在困扰着他，甚至有时连小小的打算也难以实现。其实这就是正常的生活。因此，不要对生活给予你的不公心存怨恨，尽早地忘却它。只有多一分淡然的心态，才会多一分面对困难和挫折的成熟。

领悟平常心

孔子拜见老子时，提出自己的“仁义”主张向其讨教。老子说：“飞扬的草屑进入眼睛，也会颠倒天地四方，蚊虻之类的小虫叮咬皮肤也会使人通宵不能入睡，而你所推行的仁义给人的毒害就更为惨痛了，可以使人昏聩糊涂。”

孔子说：“这是怎么讲呢？”

老子说：“你要想让天下不至于丧失淳厚质朴，你就该纵任风起风落似的自然而然地行动，一切顺于自然规律行事，又何必那么卖力地去宣扬仁义，好像是敲着鼓去追赶逃亡的人似的呢？白色的天鹅不需要天天沐浴而毛色自然洁白，黑色的乌鸦不需要每天用黑色渍染而毛色自然乌黑，乌鸦韵黑和天鹅的白是出于本然，不足以分辩谁优谁劣。名声和荣誉那样外在的东西，更不足以散播张扬。泉水干涸了，鱼儿相依偎在陆地上，大口出气来取得一点湿气，靠唾沫来互相得到一点儿润湿，倒不如将过去江湖里的生活彻底忘怀。”

老子的意思是说：为人处世、贵在自然，指出名声和仁义都是身外之物；不能因为这些身外之物而使自己丧失了淳厚质朴的本性，实际上也就是讲做人要回归自然，不要给自己套上伪装。这种回归自然是指经过一番修省磨炼以后高一个层次的回归，这种回归会使人的言行变得自然而高尚。

花栽植在盆中便显得缺乏生机，鸟被关进笼中便减少天然情趣。这些都不如山间的野花那样朴素自然，不能像天空的野鸟那样自由飞翔，由于它们自由生存在大自然中，让人看起来显得更加赏心悦目。人为的东西怎么比不上自然之美呢？

现代文明使人样样推崇人为，样样都用人工代替天然，我们人为地杀死这一类动物，又哺育出另一类动物，把湖泊改为农田，把森林砍成光山秃岭，把自然的生态平衡破坏掉，这一点我们已经得到了大自然的报复。就是自己也不愿意接受自然的安排，譬如老天已给每人造了一张脸，许多人却偏偏要替自己另造一张——美容院里不知制造出多少人间的悲喜剧。

落实到人类自身，“自然”就是指人的本性，也就是人的真性情、真思想，所以“自然”又与虚伪相对。在老庄那里“真”与“自然”是一个意思——真的就是自然的，自然的同样也是真的。

当今时尚无论是物品的价值或是对于人的评价，大都以金钱来衡量，愈贵的东西就被认为愈有价值，愈有钱的人就愈伟大，可以说拜金主义泛滥。如此一来，多年形成的道德和价值观随之发生了变化，大多数人处在迷茫、徘徊的状态中，导致自我心态把握上的失准，继而陷入名利诱惑的苦海中不能自拔。

人不能脱离现实而存在，纯粹地杜绝欲望的人也是不存在的，关键在于，是否能够时时自省，不丧失自我的真性，追求真而自然的品格。诚如书中所言："保持自我的真性，不陷于贪欲和争斗，对于一个悟得平常心的人来说，即是正确而明智的抉择。"平常心说起来容易，做起来很难，贵在守恒。

以我们常常遇到的一件事为例：当我们为去世的亲人送葬时，在走进火葬场的时候，许多人都感到心里空荡荡的，觉得争名夺利实在太没意思。可当走出火葬场，重新融入世俗生活中时，有些人完全忘却了在火葬场时的感慨，依然乐此不疲地周旋于名利场，有的还会变得异常"骁勇"。保持平常心，什么时候才能成为每个人的恒久理念呢？

真正领悟平常心的意义，并以此为人生准则，从中获取无限的欢乐与满足，做一个永远幸福的人，既需要有崇高的精神境界，又要有睿智的理性思考。如此说来，平常心的内涵博大精深，看似平常的"平常心"，其实并不平常。

下篇

做事一定要多争气

每个人都希望自己做得很优秀，过得很顺利。可是当遇到生活中的烦恼与挫折时，有的人心气浮躁，甚至火上心头，成天处于悲愤与怒火中，结果什么事情都搞得一团糟。而有的人却能心平气和地坦然面对一切，并积极地使自己做得更好，用自己的成功化解烦恼和忧愁。这是因为他们真正懂得生气不如争气的道理，也只有这样，一个人才能积极进步，每一天都过得充足而快乐。

第一章 积怨气不如争运气

★☆★☆★☆★☆★☆★☆★☆★☆★☆★☆★☆★☆★☆★☆★☆★☆★

生气和抱怨并不能改变你面临的窘境，它只能使你更加的痛苦，更加的伤痕累累。但是当你抱怨遇到的烦恼和不愉快的时候，当你生气世界的不公平、周围人的不理解的时候，如果可以换一个角度思考问题，你就会发现，通过你的努力可以改变很多的东西。

★☆★☆★☆★☆★☆★☆★☆★☆★☆★☆★☆★☆★☆★☆★☆★☆★

第一节 平庸的人消极抱怨，成功的人积极改变

抱怨只会让人泄气

工作和生活中，我们常常会听到这样的抱怨:“每天累死累活，只能拿到这么点钱，这算是什么工作。”“老板太抠门，干得再好有什么用?”“公司领导一个比一个差劲，这根本就是一个烂摊子，在这干得再久也翻不了身。”

就这样，我们抱怨公司的老板抠门；抱怨工作时间过长；抱怨公司管

理制度严苛；甚至抱怨自己当初怎么会进这家公司。这些抱怨，有时在管理者和被管理者固有的矛盾之间会得到一些实据，因而也会受到一些善良之人的宽慰，使自己的内心压力暂时得到一定的缓解，并不能给公司造成损失而影响自己的发展。但是，持续的抱怨势必会使人的思想摇摆不定，进而不能专注地工作，甚至敷衍了事。久而久之，问题自然就出现了，到那时即使你不炒老板的鱿鱼，老板也已将你排在最应辞去的人之列。

在我们的一生之中，大部分的时间与精力都投入到了工作上。每份工作都有它的价值，我们在这个世界上找到什么样的工作，我们便会过着什么样的生活。工作是我们赖以生存的基础，是陪伴我们安然行走在人生大道上的重要保障。因此，对我们来说，一切合法的工作都值得我们去尊重，一切值得我们尊重的工作都有它不容轻视的价值。

现为通泰电子集团首席执行官的约翰·克林斯顿在向外界介绍他的成功秘诀时说:“我并不认为自己有多么优秀，我只是经常对自己的员工强调，在公司中无论你是什么身份，干着什么样的工作，不管是CEO，还是普通员工，都必须记住一点，否定自己的劳动是个巨大的错误，只有看重自己所从事的工作才会有发展。”

现在，有很多人认为自己所从事的工作只能勉强生活，在人生事业上无足轻重。正是这样的态度严重地限制了他们的人生价值，阻碍了他们事业的发展。他们置身于自己所从事的工作之中，虽然也将工作当成一种必需的，但却认识不到工作的真正价值，日复一日、年复一年地辛苦劳作不过是为了生计。他们轻视自己的工作，对工作敷衍了事，总把心思放在怎样才能干一件大事来摆脱自己的现状。

著名的管理咨询专家蒙迪·斯泰尔在为《洛杉矶时报》所撰写的专栏中曾经说道:“每个人都被赋予了工作权利，一个人对待工作的态度决定了这个人对待生命的态度，工作是人的天职，是人类共同拥有和崇尚的一种精神。当我们把工作当成一项使命时，就能从中学到更多的知识，积累更多的经验，就能从全身心投入工作的过程中找到快乐，发现机会，进而取得成功。当然，拥有这种工作态度或许不会有立竿见影的效果，但可以肯定的是，当‘轻视工作’成为一种习惯时，其结果可想而知。工作上的日渐平庸虽然表面上看起来只是损失了一些金钱和时间，但是对你的人生将留下无法挽回的遗憾。”

汤姆是一家汽车修理厂的修理工，从进厂第一天起，他就开始喋喋不休地抱怨：“修理这活太脏了，没本事的人才干这样的活。” “一天到晚累个半死，浑身上下没一处干净地方，真是丢死人了。”

汤姆每天都在这种抱怨和不满的心情中度过。他认为自己的工作是一份很低等的工作，只是日复一日地在为一点可怜的工资出卖苦力。因此，他便慢慢地开始消极怠工，当同他一起进厂的同事将眼光盯着师傅手上的“活”时，他却窥视着师傅的眼神和举动，稍有空隙便偷懒耍滑，应付手中的工作。

几年过去了，当时同他一起进厂的3个工友，各自凭着自己的手艺和工作的劲头，或升职做了他的上司，或另谋高就有了自己的事业，或被公司送进大学进修。只有他，仍旧在抱怨声中，做着他自己蔑视的修理工。

汤姆的行为所造成的结果难道是一种偶然吗？相反，这是一种必然。作为员工，你认为你对工作的轻视目光，会瞒得过老板的视线。老板们或许并不了解每个员工的具体表现，熟知每一项工作的细节，但他能作为你的老板，一定有他超出一般的能力和见识，或者因为经验，或者因为曾经在某方面卓有成效的努力。你轻视他给你的工作，他自然也会根据你对工作的态度，来设定你在公司的未来。

如果我们不尊重自己的工作，不将工作看成是创造人生事业的必由之路和发展人格的助力，而把它视作衣食住行的供给工具，认为工作是生活的代价，是无可奈何、不可避免的劳碌。这样的错误观念将会使我们的人生和事业都定格在一种永远被动的生活方式里，使我们不愿意奋力崛起，努力改善自己的生存环境。我们不能认为只有体面的工作才是真正的工作，只有从事有高薪的工作才能使自己致富。任何伟大的工程都始于一砖一瓦的堆积，任何耀眼的成功也都是从一点一滴中开始的。

这一砖一瓦、一点一滴的累积，都需要我们在工作中以尽职尽责的精神去完成。

抱怨不会改变不幸

成功人士不会对环境大发牢骚、抱怨不停、烦躁不安，尽管他可能克服了天大的障碍才有他的成功。相对的，我们却常常见到有人不断地抱怨环境恶劣、社会不公。其实，你的环境本来就如此，从来就没变。你被欺骗了，被占了便宜，或遇上破产——这些因素都无法改变。如果你的父母无法送你上大学，如果你必须半工半读，或者走十公里去上学——这些都是你的过去。抱怨是没有用的，现在该是忘记它们，继续前进的时候了。

当你决定抛开抱怨时，你会发现人生变得更顺利、有趣了。抱怨只会让你可怜自己——悲伤、愤怒、受害、多疑或者自以为是。当你为你的局限辩论时，你的想法和话语只会伤害你，大大干扰你的迸发能力。把抱怨扫除，你就可以创造出创造力和容许聪明才智爆发的空间。你将可以更专注地活在当下。不要专注在问题上，你就会开始看见解决之道。

不要抱怨“我不行”，你就会对自己有一个比较正面的看法。

有一天，格纳先生从他的办公楼走出来，刚走到街上，就听见身后传来“嗒嗒嗒”的声音，那是盲人用竹竿敲打地面发出的声响。格纳先生愣了一下，缓缓地转过身。

那盲人感觉到前面有人，连忙打起精神，上前说道：“尊敬的先生，您一定发现我是一个可怜的盲人，能不能占用您一点点时间呢？”

格纳先生说：“我要去会见一个重要的客户，你要什么就快说吧。”

盲人在一个包里摸索了半天，掏出一个打火机，放到格纳先生的手里，说：“先生，这个打火机只卖一美元，这可是最好的打火机啊。”

格纳先生听了，叹口气，把手伸进西服口袋，掏出一张钞票递给盲人:“我不抽烟，但我愿意帮助你。这个打火机，也许我可以送给开电梯的小伙子。”

盲人用手摸了一下那张钞票，竟然是一百美元！他用颤抖的手反复抚摸这钱，嘴里连连感激着:“您是我遇见过的最慷慨的先生，仁慈的富人啊，我为您祈祷，上帝保佑您。”

格纳先生笑了笑，正准备走，盲人拉住他，又喋喋不休地说:“您不知道，我并不是一生下来就瞎的。都是23年前布尔顿的那次事故，太可怕了。”

格纳先生一震，问道:“你是在那次化工厂爆炸中失明的吗?”

盲人仿佛遇见了知音，兴奋得连连点头:“是啊是啊，您也知道？这也难怪，那次光炸死的人就有93个，伤的人有好几百，可是头条新闻。”

盲人想用自己的遭遇打动对方，争取多得到一些钱，他可怜巴巴地说了下来:“我真可怜啊。到处流浪、孤苦伶仃，吃了上顿没下顿，死了都没人知道。”

他越说越激动，“您不知道当时的情况，火一下子冒了出来。仿佛是从地狱中冒出来的，逃命的人群都挤在一起，我好不容易冲到门口，可一个大个子在我身后大喊：‘让我先出去，我还年轻，我不想死。’他把我推倒了，踩着我的身体跑了出去，我失去了知觉，等我醒来，就成了瞎子，命运真不公平啊。”

格纳先生冷冷地道:“事实恐怕不是这样吧，你说反了。”

盲人一惊，用空洞的眼睛呆呆地对着格纳先生。

格纳先生一字一顿地说:“我当时也在布尔顿化工厂当工人，是你从我的身上踏过去的，你长得比我高大，你说的那句话，我永远都忘不了。”

盲人站了好长时间，突然一把抓住格纳先生，爆发出一阵大笑：“这就是命运，不公平的命运。你在里面，现在出人头地了，我跑了出去，却成了一个没有用的瞎子。”

格纳先生用力推开盲人的手，举起了手中一根精致的棕榈手杖，平静地说:“你知道吗？我也是一个瞎子。你相信命运，可是我不信。”

同是不幸的遭遇或失败，失败的人只能以乞讨为生，成功的人却能出人头地，这绝非命运的安排，而在于个人奋斗。

面对自己的不幸，屈服于命运，自卑于命运，并企图以此博取别人的同情，这样的人只能永远躺在自己的不幸中哀鸣，不会有站起来的一天。失败并不意味着失去一切，只要靠自己的奋斗，一切都可以改变，重新开始。

不要活在抱怨之中

对生活怀有感恩之心的人即使遇到了灾难，他也能平安度过；而那些喜欢抱怨的人，即使遇上的是福也会变成祸。

在烦恼失意中抱怨，其实等于坐以待毙。聪明的人不会去抱怨，他选择的是行动。抱怨除了使嘴巴痛快一时之外，什么作用都不起，相反还会让人越来越消沉。

黑龙江一个农家子弟，患了严重的肌无力，只上过一天学，此后他就与病床为伍，抬一下头都困难。但是这个男孩儿并没有抱怨，他坚强地自学，最后写成了一部几十万字的书《假如让我行走三天》，在全国引起轰动。很多素不相识的人都向他伸出了援助之手，他更加坚定了自己的生命之路。

一个身处如此逆境之中的贫困少年，尚且不用抱怨去解答人生，何况是我们在生活中遇到的那一点点小小的挫折？

不抱怨的人，都是心胸开阔的人，他们始终对生活怀着一颗感恩的心，虽然有时候生活对他们并不公平。

我们活在世上，享受欢乐的同时，一定也会面对艰难困苦，很多人都和我们一样。当我们成年之后，可能在某一天忽然发现，曾经不如我们的同学过上了非常富裕的日子，这个时候，有的人可能就会抱怨命运的不公，没有给他机遇，其实，他只是看到了人家华美的表面。人家奋斗的时候，人家流汗的时候，他都没有看见。这样的抱怨毫无意义。不可能人人都比你弱，不可能人人都一成不变，不可能好事只让你一个人占了。想拥有比别人更多吗？自己去做好了，何必抱怨呢？

抱怨责怪徒劳无益。你可以尽情地抱怨别人，拼命地责怪他们，但对自己不会有任何帮助。抱怨的唯一作用是为自己开脱，把自己情绪的不快或消沉归咎于其他的人或事。然而，抱怨本身是一种愚蠢的行为。

其实，有的时候命运并不是厚待了谁、偏爱了谁，只不过有的人努力，所以他走在了前面，这个时候你去抱怨命运的不公，显然就有些幼稚。机会是均等的，你应该采取的态度只能是更好地去做，抱怨只是徒劳地浪费时间而已。

与其抱怨，不如改变

抱怨，是一件随时都会发生的事情。

早上起床晚了，抱怨的人会想“唉！又要扣工资了”，不抱怨的人会想“是不是我太累了，是该找个时间好好休息一下了”。

路上走路，与别人撞了一下，抱怨的人会想：“没长眼睛啊”？不抱怨的人可能根本就没意识到，最多会想：“他也不是故意的”。

到了公司，有个同事对面走过连个招呼也没打，抱怨的人会想：“对我有意见？我还懒得理你呢”，不抱怨的人可能想都没想，最多会想：“他也是想着做事，没留神”。

工作上辛辛苦苦完成了一个任务，自认为无可挑剔，哪知交上去了才发现还有个小错误，抱怨的人会想：“为什么事先没想到啊，真是白辛苦了”，不抱怨的人会想：“我这么小心还是有疏漏，下次要吸取教训，要更加小心了”。

喝口水呛着了，抱怨的人会想：“怎么这么倒霉，喝水都要找我麻烦”，不抱怨的人会想：“现在有点急躁了，沉稳一点”。

吃饭咬到沙子，抱怨的人会想：“谁洗的米，沙子都不去掉”，不抱怨的人会想“有沙子是正常的，怪我不小心没看到”。

下班了，领导说大家留一下，晚上要开会，抱怨的人会想：“又开会，怎么不在工作时间开啊？我女朋友的约会怎么办”，不抱怨的人会想：“原来这就是鱼与熊掌不可兼得也”。

晚上回到家，累得不行，抱怨的人会想：“为什么生活会这么累啊”，不抱怨的会想：“又过一天了，今天还真有不少收获，现在马上好好休息，明天还要好好工作。”

为什么抱怨的人会生活得这么累，因为他只看到了自己的付出，而没有看到自己的所得；而不抱怨的人即使真的很累，也不会埋怨生活，因为他知道，失与得总是同在的，一想到自己获得了那么多，他就会感到高兴。

没有一种生活是完美的，也没有一种生活会让一个人完全满意。如果抱怨成了做人的一个习惯，就像搬起石头砸自己的脚，于人无益，于己不利，生活就成了牢笼一般，处处不顺，处处不满；反之，则会明白，自由地生活着，本身就是最大的幸福，哪会有那么多的抱怨呢？

小王被董事长任命为销售经理，这个消息是同事们所没有意料到的，谁都知道，公司目前的境况不佳，迫切需要拓展业务以求生存，这个销售经理的位置更显得重要了，也正由于此，这个位置一直没有找到合适的人选。与其他几个较资深的同事相比，貌不惊人、言不出众的小王并无多少优势可言。

很快有好事者传言，小王的提升，得益于前些日子大厦电梯的突然停电。

那天晚上公司里加班，近10点时才结束，小王走得最迟，在电梯口遇到了董事长等人。电梯运行时突然因停电卡住了，四周顿时一片漆黑，时间一分一秒地过去，大家开始抱怨，两个不知名的女孩更显得局促不安。这时闪出了一小串火苗，是从打火机发出的，人们立刻安静下来。在近一个小时的时间里，小王的打火机忽亮忽灭，而他什么也没说。

有些人对小王的提升不服。不久后，董事长在公司员工的会议上说了这件事并解释道："因为在黑暗里，小王点燃手中所有的火种，而不像有些人那样在抱怨诅咒这不愉快的事件和黑暗，我们公司要走出低谷，不被一时的困难压倒，需要小王这样的人。"

越是在困境中，就越能考验一个人的能力与品格。抱怨是无济于事的，我们每个人应该利用手中的"火种"去战胜黑暗，创造一个光明的前程。

第二节 生气是愚蠢的体现，争气是智慧的象征

一定要为自己争口气

做人要一定懂得为自己争气，争气是为自己争气，最大的受益者其实还是自己。一个年轻人刚从军中退伍时，只有高中学历，没有什么技术特长，只好到一家印刷厂担任送货员的工作。一天，这位年轻人要将一整车的书，送到某大学的 7 楼办公室。当他先把两捆书扛到电梯口等候时，一位 50 多岁的警卫员走过来告诉他："这电梯是给教授、老师专门搭乘的，其他人一律不准搭，你必须走楼梯!"

于是年轻人向警卫员解释道："我不是学生，我是送货员，这是你们学校订的书，我要把整车的书送到 7 楼办公室。"可警卫员并不理睬他，而是毫无表情地说："不行就是不行，你不是教授，也不是老师，不准搭电梯!"于是两人就在电梯口一直吵，无论年轻人怎么说，警卫依然不予放行，年轻人心想，四五十捆书，要搬完至少要来回走 20 多趟，谁能受得了!最后，年轻人无法忍受这"无理的刁难"，就心一横，把这些书放在

了大厅角落，义无反顾地离开了那里。

回到工厂后，年轻人向老板解释了事情原委，并且也获得了谅解。虽说年轻人得到了谅解，但他依然向老板提出了辞职，并且立刻到书店购买了整套高中教材和参考书，发誓一定要奋发图强，考上大学，绝不再让别人瞧不起。正是人的天性使得他想要为自己争口气，不被别人看不起。

年轻人辞职后，天天闭门苦读十几个小时。因为他知道，时间不多了，高考快要到了，他已无退路可走。每当他偷懒、懈怠时，脑中就想起警卫不准他搭电梯时被羞辱、歧视的那一幕，从而就会打起精神，加倍努力学习。

终于，这年轻人考上了某大学医学院。20多年后，他成了一位非常有名的医生。试想，如果当初他没有一定的志气，他会成功吗？正是那种不服输的天性使得他有为自己争气的决心，从而才会给自己带来面子，才会出人头地。

一个人，无论穷与富，都应该做一个有志气的人；有志气才有体面与高尚，有体面和高尚才有真正的美丽。这种美是一种大美，仿佛是太阳、月亮、森林与鲜花，天然、大方、超凡脱俗……使自己怡然自得，让别人赏心悦目。一个人这么活一辈子，也就够了。

在印第安纳波里斯市北区一幢整洁的木屋里，住着一个头发花白但衣着很整齐的老人，他瘦小驼背，无亲无故，孤零零地住在那里。他叫华思，27年来他一直挨家挨户地兜售杂货，以此谋生。华思老人有三件事非常令人难忘：一是他从来不当自己是小贩，他总是对顾客说："我是推销员"；二是限定自己每年到每户人家的次数为三趟，说这样不至于讨人嫌，并以此说明他是一位懂规矩的推销员；三是他从不向邻居推销，每有邻居向他买东西，他就说："我是你的街坊嘛。希望你当我是街坊，而不是站在你门口的推销员。"

1971年2月的一天，华思老人离开了人世。次日，当地报纸上登出一篇有关华思老人的文章，其中透露了华思生前说过的一句话，就是"担心将来死了没人送终"。出乎意料的是，华思葬礼的那天，无论男女老少，无论穷人富人，凡是认识华思的人都来到墓地，为华思送行。

华思生前的活法，是最有尊严的活法。华思的尊严，来自于他懂得为自己争气，从不轻视自己。他努力做到，既要生存，又不至于让顾客讨厌自己，在邻居面前坚守“街坊”的角色不变。一个靠做小买卖为生的人，需要什么样的心境和修养，才会节制得如此完美，从而使自己活得这般有尊严!事实表明，华思老人生前那颇具尊严的活法，为他争了口气，也为他带来了面子。争气是智慧的象征，是人生的主旋律。会争气的人，说明这个人有志气；能争气的人，说明这个人很上进。

不和缺点生气

这个世界从来就不是完美的，缺点总是存在的。但如果我们偏偏要追求完美，那么只会让我们的心充满懊恼与生气。有一个人非常幸运地获得了一颗硕大而美丽的珍珠，然而他并不感到满足，因为那颗珍珠上面有一个小小的斑点。他想，若是能够将这个小小的斑点剔除，那么它肯定会成为世界上最最珍贵的宝物。于是，他就下狠心削去了珍珠的表层，可是斑点还在；他又削去第二层，原以为这下可以把斑点去掉了，然而它仍旧存在。他很生气，也很后悔，后悔自己不该削珍珠。但他控制不住自己，依然不断地削掉了一层又一层，直到最后，那个斑点没有了，而珍珠也不复存在了。后来，那个人心痛不已，并由此一病不起。临终前，他无比懊悔地对家人说：“如果当时我不去计较那一个斑点，现在我的手里还会攥着一颗美丽的珍珠啊!”

历史上，许多举世闻名的人物都漠视他们自己身体上的缺点。他们不以缺陷而自轻，不因缺陷而悲观。比如，拜伦爵士长有畸形足，尤利乌斯·恺撒患有癫痫症，贝多芬后来因病成了聋子，拿破仑则是有名的矮子，莫扎特患有肝病，富兰克林·罗斯福则是小儿麻痹症患者，而海伦·凯勒更是从小就又聋又瞎。还有女演员莎拉，她是个私生女，而且长得并不甜美，童年时代饱受折磨，生活似乎完全没有指望，但她克服重重困难，后来终于成为舞台上不朽的人物。

萧伯纳对那些时常抱怨环境不顺的人感到很不耐烦。他说："人们时常抱怨自己的环境不顺利，怨天尤人，使他们没有什么成就。我是不相信这种说法的。假如你得不到所要的环境，可以制造出一个来啊。"事实是，假如每个人整天都认为环境不好，当然就会把自己的过失归诸"缺陷"或其他种种的原因，因此产生了所谓的"悲观主义"。

假如别人有两条腿，而你只有一条腿；假如别人富有，而你比较贫穷；假如你长得胖、瘦、美、丑、金发、黑发、害羞或进取——无论哪一点使你与众不同，都很可能成为你的缺陷——只要你自己这么认为。不成熟的人随时可以把自己与众不同的地方看成是缺陷、是障碍，然后觉得自己什么都不如别人。成熟的人则不然，他先认清自己的不同之处，然后看是要接受它们，还是加以改进。

在量具世界里，生活着大大小小的量具，它们大多相处得很好，各司其职。但是也有个别的，老是觉得自己了不起，动不动就小看其他的，尺就是其中的一个。

有一天，尺骄傲地对寸说："你看看我，多么苗条，多么修长，人们就喜欢用我，李白还说过'飞流直下三千尺'呢，再看看你，矮矮胖胖的，就像个胖冬瓜，人们怎么说你呢， '鼠目寸光'！"

寸听了以后，羞红了脸，但它不想和尺争辩，于是就默默地走开了。

后来，主人听说了这件事，决定好好教育一下尺，便拿它去量一丈长的东西，尺不够长，只好弓着身子一段一段地量，好不容易量完了，却差了一大截，它量不准了。接着主人又派寸去量一厘米长的东西，寸很轻易就做到了。

主人就对尺说："现在你知道了吧!尺，你也有你的短处，有些事情你也同样办不到。寸呢，虽然长得小了点，可它也有它的长处，它同样可以量东西的，你可不能小看它!"尺听了以后，羞愧地低下了头。

生活在这个世界上的每一个人都有自己的长处和优点，也同样都有自己的短处和不足。有的人虽然在有些方面能力差一点，但他可能会做一些别人做不了的事，而有的人虽然看起来很聪明，但也不见得什么事都会做。所以，什么时候都不能小看人，要记住，尺有所短，寸有所长。

如果我们只看到了“尺”的长处，未发现其内在的短处，那么只能是有百害而无一利的。战国时期赵国的赵括，只知自己熟读父之兵书之长，却不知自己不知变通之短，才会有长平之战之祸。

食不愁在《泾野子内篇》一书中记载了一位西邻。此人有五子，但五子“各有千秋”：长子质朴，次子聪慧，三子目盲，四子背驼，五子脚跛。按照常理看，这家的当家人日子很难过。可是，西邻有方，日子过得还蛮不错哩，细一打听，原来他对自己的儿子各有安排：“老大质朴，正好让他务农；老二聪慧，正好让他经商；老三目盲，正好让他按摩；老四背驼，正好让他搓绳；老五足跛，正好让他纺线。”

你看，这一家子人，各展其长，各得其所，“不患于食焉”。转换一个思维角度，从用长避短出发，发现他们所具有的生理优势。这么一来，全家无一废人。可见，缺点也不是绝对的，如果利用得好，是优点也说不定。

面对屈辱不生气

大凡胸怀大志，打算干一番轰轰烈烈的事业的人，都能屈能伸。这就好比一个矮小的人，要登高墙，必须要寻找一个梯子作为登高的台阶，假如一时寻找不到梯子，那么，即使旁边有一个马桶，未尝不可利用作为进身的阶梯。假如嫌它臭，就爬不到高墙上去。当初，张良、韩信就是刘邦的梯子，韩林儿就是朱元璋的马桶。

韩信年少时曾受过胯下之辱，但他并不是懦夫。他之所以忍受这样大的屈辱，是因为他的人生抱负太大了，小不忍则乱大谋。后来跟随刘邦逐鹿中原，风云际会，先后作过齐王和楚王。在他与部下谈起这件事时说：难道当时我真没有胆量和力量杀那个羞辱我的人吗？而是如果杀了他，我的一生就完蛋了，我忍住了，才有今天这样的地位和成就。

制定了目标后，往往在实践过程中都会遇到这样那样的困难和挫折，致使你气愤、胆怯、自卑、情绪冲动、灰心丧气、意志动摇等，立志愈高，所遇到的困难就愈大，猝然临之而不惊，无故加之而不怒，这就是大丈夫能屈能伸、乐观坚毅精神的表现。

苦难是一种前兆，也是一种考验，它选择意志坚韧者，淘汰意志薄弱者。要达到奇伟的人生境界，要成就任重道远的伟业，必须具有远大的志向和极端坚韧的品质。

一场大雪过后，树林里出现了有趣的现象，只见榆树的很多枝条被厚厚的积雪压得折断了，而松树却生机盎然，一点儿也没有受到伤害。原来榆树的树枝不会变曲，结果冰雪在上面越积越厚，直到将其压断，实在是备受摧残。而松树却与之相反，在冰雪的负荷超过自己的承受能力时，便会把树枝垂下，积雪就掉落下来。松树树枝因能向下，使雪易滑落，所以枝干依旧挺拔，巍然屹立。能屈能伸，刚柔相济，正是这种气度和风范使松树经受了一场暴风雪的洗礼。

人世间的冷暖是变化无常的，人生的道路是变化无常的，当你在遇到困难走不通时，或许退一步就会海阔天空；当你在事业一帆风顺的时候，一定要有谦让三分的胸襟和美德，应该把功劳让与别人一些，不要居功自傲，更不要得意忘形。该进则进，该退则退，能屈能伸。

富兰克林小时候到一位长者家里去拜访，去聆听前辈的教诲。没料到，他一进门头就在门框上狠狠地撞了一下。身材高大的富兰克林疼痛难忍，不停地用手指揉着自己头上的大包，两眼瞪着那个低于正常标准的门框。出门迎接的长者看到他那副狼狈不堪的样子，忍不住笑起来："年轻人，很痛吧？"这位长者语重心长地说，"这可是你今天来这儿的最大的收获。"

一个人要想在世上有所作为，"低头"是少不了的。低头是为了把头抬得更高更有力。现实世界纷纭复杂，并非想像的那么一帆风顺，面对人生旅途中一个个低矮的“门框”，暂时的低头并非卑屈，而是为了长久的抬头；一时的退让绝非是丧失原则和失去自尊，而是为了更好的前进。缩回来的拳头，打起人来才有力。只有采取这种积极而且明智的方法，才能审时度势，通过迂回和缓而达到目的，实现超越。对这些厚重的“门框”视而不见，傲气不敛，硬碰硬撞，结果只能是头破血流，成为摆在风车面前的“唐诘诃德”。

富兰克林终身难忘前辈的忠告，将“学会低头，拥有谦逊”作为自己生活的准则和座右铭，并且身体力行，后来终成大器，卓有建树，被誉为“美国之父”。

有胸怀不生气

古希腊神话中有一位大英雄叫海格里斯。一天他走在坎坷不平的山路上，发现脚边有个袋子似的东西很碍脚，海格里斯踩了那东西一脚，谁知那东西不但没有被踩破，反而膨胀起来，加倍地扩大着。海格里斯恼羞成怒，操起一条碗口粗的木棒砸它，那东西竟然长大到把路堵死了。

正在这时，山中走出一位圣人，对海格里斯说：“朋友，快别动它，忘了它，离它远去吧！它叫仇恨袋，你不犯它，它便小如当初，你侵犯它，它就会膨胀起来，挡住你的路，与你敌对到底！”

我们生活中茫茫人世间，难免与别人产生误会、摩擦。如果不注意，在我们轻动仇恨之时，仇恨袋便会悄悄成长，最终会导致堵塞了通往成功之路。所以我们一定要记着在自己的仇恨袋里装满宽容，那样我们就会少一份烦恼，多一分机遇。宽容别人也就是宽容自己。

学会宽容，对于化解矛盾，赢得友谊，保持家庭和睦、婚姻美满，乃至事业的成功都是必要的。因此，在日常生活中，无论对子女、对配偶、对同事、对顾客等等都要有一颗宽容的爱心。

法国 19 世纪的文学大师雨果曾说过这样的一句话：“世界上最宽阔的

是海洋，比海洋宽阔的是天空，比天空更宽阔的是人的胸怀。”此句虽然很浪漫，但具有现实意义。

拿破仑在长期的军旅生涯中养成宽容他人的美德。作为全军统帅，批评士兵的事经常发生，但每次他都不是盛气凌人的，他能很好地照顾士兵的情绪。士兵往往对他的批评欣然接受，而且充满了对他的热爱与感激之情，这大大增强了他的军队的战斗力和凝聚力，成为欧洲大陆一支劲旅。

在征服意大利的一次战斗中，士兵们都很辛苦。拿破仑夜间巡岗查哨。在巡岗过程中，他发现一名巡岗士兵倚着大树睡着了。他没有喊醒士兵，而是拿起枪替他站起了岗，大约过了半个小时，哨兵从沉睡中醒来，他认出了自己的最高统帅，十分惶恐。

拿破仑却不恼怒，他和蔼地对他说："朋友，这是你的枪，你们艰苦作战，又走了那么长的路，你打瞌睡是可以谅解和宽容的，但是目前，一时的疏忽就可能断送全军。我正好不困，就替你站了一会，下次一定小心。"

拿破仑没有破口大骂，没有大声训斥士兵，没有摆出元帅的架子，而是语重心长、和风细雨地批评士兵的错误。有这样大度的元帅，士兵怎能不英勇作战呢？如果拿破仑不宽容士兵，那后果只能是增加士兵的反抗意识，丧失了他本人在士兵中的威信，削弱了军队的战斗力。

宽容是一种艺术，宽容别人不是懦弱，更不是无奈的举措。在短暂的生命里学会宽容别人，能使生活中平添许多快乐，使人生更有意义。正因为有了宽容，我们的胸怀才能比天空还宽阔，才能尽容天下难容之事。

学会咽下怨气

小 A 今年刚从大学毕业，他学的是英文，自认为无论听、说、读、写，对他来说都只是雕虫小技。由于他对自己的英文能力相当自信，因此寄了很多英文履历到一些外商公司去应征，他认为英文人才是就业市场中的绩优股，肯定人人抢着要。

一个礼拜接着一个礼拜过去了，小A投递出去的应征信函却杳无音讯，犹如石沉大海一般。小A的心情开始忐忑不安，此时，他收到了其中一家公司的来信，信里刻薄地提到："我们公司并不缺人，就算职位有缺，也不会雇用你，虽然你认为自己的英文程度不错，但是从你写的履历看来，你的英文写作能力很差，大概只有高中生的程度，连一些常用的文法也错误百出。"

小A看了这封信后，气得火冒三丈，好歹也是个大学毕业生，怎么可以任人将自己批评得一文不值。小A越想越气，于是提起笔来，打算写一封回信，把对方痛骂一番，以消除自己的怨气。

然而，当小A下笔之际，却忽然想到，别人不可能无缘无故写信批评他，也许自己真的太过自以为是，犯了一些自己没有察觉的错误。

因此，小A的怒气渐渐平息，自我反省了一番，并且写了一张感谢信给这家公司，谢谢他们举出了自己的不足之处，用字遣词诚恳真挚，把自己的感激之情表露无遗。

几天后，小A再次收到这家公司寄来的信函，他被这家公司录取了！

人往往只看得见别人的过错，看不见自己的缺失，面对别人的指责，也常不加自省，反倒以恶言相向来掩饰自己的心虚。

麦金莱任美国总统时，因一项人事调动而遭到许多议员政客的强烈指责。在接受代表质询时，一位国会议员脾气暴躁、粗声粗气地给总统一顿难堪的讥骂。但麦金莱却若无其事地一声不吭，听凭这位议员大放厥词，然后用极其委婉的口气说："你现在怒气该平和了吧？照理你是没有权力责问我的，但现在我仍愿意详细解释给你听……"说罢，那位气势汹汹的议员只得羞愧地低下了头。

的确，在生活中，遭到别人的指责和抱怨常可碰到。遭人指责抱怨，是件极不愉快的事，有时会使人觉得很尴尬，尤其是在大庭广众面前受到指责，更是不堪忍受。但从提高一个人的处世修养角度讲，无论你遇到哪种情况的指责，都应该从容不迫，对者有则改之，错者加以耐心解释，泰然处之。

为摆脱指责的尴尬局面，不妨采纳心理学家提出的以下几点建议：

1. 保持冷静

被人指责总是不愉快的，面对使你十分难堪的指责时，要保持冷静，最好能暂时忍耐住，并作出乐于倾听的表示，不管你是否赞同，都要待听完后再作辩解。因对方的一两句刺耳的话，就按捺不住，激动起来，硬碰硬，不仅解决不了问题，还易将问题搞僵，将主动变为被动。

2. 消除对方的怒气

受到指责，特别是在你确实有责任时，你不妨认真倾听或表示同意对方对你的看法，不要计较对方的态度好坏，这样，指责完毕，气也消了一半。即使当你确信对方的指责纯属无稽之谈时，也要对其表示赞同，或者暂时认为对方的指责是可以理解的。这会使对方无力再对你进行攻击，相反，你却可以获得更多的机会和时间进行解释，从而消释对方的怒气，使隔膜、猜疑、埋怨和互不信任的坚冰得以化解。

3. 让对方亮明观点

有些指责者在指责别人时，往往似是而非，含糊其辞，结果使人不知所云。这时，你可向对方提出讲清问题的要求，态度要和气，比如“你说我蠢，我究竟蠢在哪里？”或者“我到底干了什么傻事？”以便搞清对方究竟指责和抱怨你什么，让对方及时亮明自己的观点和看法。这一策略往往能有效地制止指责者对你的攻击，并能将原来的攻防关系转变为彼此合作、互相尊重的关系，使双方把注意力转向共同感兴趣的问题。

第二章 德高一点争正气

★☆★☆★☆★☆★☆★☆★☆★☆★☆★☆★☆★☆★☆★☆★☆★☆★

做人要讲究忠诚正直，忠诚正直意味着高标准地要求自己。在英语中，“正直”一词指的是完整。在数学中，整数的概念表示一个数不能分开。同样，一个正直的人也不能把自己分成两半，他不会心口不一，想一套，说一套——因为他不会撒谎；他也不会表里不一，说一套，干一套——这样他才不会违背自己的原则。

★☆★☆★☆★☆★☆★☆★☆★☆★☆★☆★☆★☆★☆★☆★☆★☆★

第一节 正直做人很重要，它是我们的立身之本

正直是立身之本

正直是立身之本。这是一句名言，孔子在《论语》中说过：“人之生也直，罔之生也幸而免。”意思是说，人的生存靠正直，不正直的人也能生存，但那不过是侥幸免于祸害罢了。简单的一句话，道出了深刻的哲理。

现实生活中，人自幼在家庭受到家里大人的熏陶，无一家庭不是教育自己的孩子做一个正直的人；到了学校不论是从小学、中学、大学，老师无一人不教育自己的学生成为一个正直的人；到了单位各级领导，也都是教育自己的部下堂堂正正地做人，兢兢业业地干事；到了社会，各级政府宣传、引导人们遵纪守法，正派做人，正当做事。这一切说明人是需要正直的，正直就是人的立身和处世之本。

从理论上讲，人人都希望做一个正直的人。正直的人，敢做敢当的人，讲信用的人，诚实的人，知道如何爱别人的人，襟怀坦荡，光明磊落，大公无私，为国家、事业、他人着想，从不计较个人的得失，受人爱戴和尊敬。但在实际生活中，要做一个真正的正直人也是很难的。正直和不正直是相对而言的，人在现实生活中需要正直，正直是一个人的品德的体现，但并不是所有的人都是正直。特别是人与人之间相处，在越来越复杂的环境下，富和贫之间、上下级之间，利益之争，情感之争太多，正直体现得越来越少，这不能不说明人的自私占了上风。

社会需要正直之人，但正直的人也并非是完美的人，一个社会、一个单位，到一个家庭，正直的人和不正直的人是很难区分的。正直的人是没有一个标准的，是表面上看不出来的，只能是听其言，观其行，从实际工作、事业和生活等诸多方面表现出来的，是心灵和道德品质的升华。

然而，在现实的社会中，尤其是在人际关系复杂的环境下，越来越多的人们想的都是自己，明哲保身，但求无过，对社会、对单位、对他人，遇事视而不见，漠不关心，事不关己，高高挂起，与人无争，求得一个平稳和安宁，这是人不正直的表现之一。另一种人不正直，其表现为，为人做事用心计，耍手腕，善于伪装，当面一套，背后里又是一套。这种人说话办事表里不一，对上级百依百顺，对下级非常严厉。台上讲话条条是道，说君子言；台下说话信口开河，行小人事。即使同学之间、朋友之间、战友之间、同事之间、亲戚之间，他们也同样如此。

现在的社会需要正直的人，需要更多的正直人关心这个社会，正直的人虚怀若谷，敢于面对现实，勇于向坏人坏事作斗争，这个社会就会稳定健康的发展。一个单位缺少了正直的人，这个单位就没有了正气，没有了约束，任其发展下去，久而久之，就会出现恶人，国家和集体的利益就会受到损害，群众的利益受到践踏；一些不正直的人就可以一时欺世盗名，侥幸生存，甚至可能福禄双至，但是到头来，吃大亏的还是自己，因为不正直给自己留下了祸根，这叫多行不义必自毙，不是不报，只是时辰没到而已。

正直是人的立身之本，人需要正直、正义，人活在世上，如果没有了正直，没有了正义，整天昏昏沉沉，任其别人摆布，听了不公道的话不敢语，看见了不公道的事不敢问，还何谈在社会上做人做事。人人都能正直了，那些不正直的人就没有了市场。只有人公平、公正了，这个社会才有公平、公正而言。

正直，是做人应该具有的优良品德，也是中华民族最为崇尚的传统美德之一，历来为人们所称道和赞誉。古代有个成语“刚正不阿”，就是赞扬正直的。人们常说的“人正不怕影斜，脚正不怕鞋歪”，也是赞扬正直的。一个人有了正直的品德，对自己要求严格，不谋私，不贪利，不文过饰非，不隐瞒自己的观点，不偷奸耍滑；对他人不阿谀奉承，不溜须拍马，不阳奉阴违，不包庇坏人坏事；处理事情，敢于主持公道，伸张正义，抨击邪恶，不怕打击报复，这就是一个正直人的真正体现。

从我做起，从现在做起，大家都做一个人正直的人，我们这个社会才能和谐，人与人之间才能和睦相处，这个世界才会更加美好，我们的生活才能有幸福美满。

正直做人很重要

做人要讲究忠诚正直，正直对于做人来说是相当重要的，正直意味着高标准地要求自己。在英语中，“正直”一词指的是完整。在数学中，整数的概念表示一个数不能分开。同样，一个正直的人也不能把自己分成两半，他不会心口不一，想一套，说一套——因为他不会撒谎；他也不会表里不一，说一套，干一套——这样他才不会违背自己的原则。

弗兰克劳埃德赖特说:“什么是一块砖头的名誉呢？那就是一块实实在在的砖头；什么是一块板材的名誉呢？那就是一块地地道道的、名副其实的板材；什么是人的名誉呢？这就是要做一个正直的人。”

马丁路德在他被判死刑的城市里面对着他的敌人说:“去做任何违背良知的事，既谈不上安全稳妥，也谈不上谨慎明智。我坚持自己的立场；上帝会帮助我，我不能作其他的选择。”

正直使人们具有坚持原则和正义的力量。这一点包括有能力去坚持你认为是正确的东西，在需要的时候义无反顾，并能公开反对你确认是错误的东西。

在一所大医院的手术室里，一位年轻护士第一次担任责任护士。“大夫，你取出了十一块纱布，”她对外科大夫说，“我们用的是十二块。”

“我已经都取出来了，”医生断言道:“我们现在就开始缝合伤口。”

“不行。”护士抗议说，“我们用了十二块。”

“由我负责好了!”外科大夫严厉地说，“缝合。”

“你不能这样做!”护士喊道，“你要为病人负责!”

大夫微微一笑，举起他的手让护士看了看这第十二块纱布:“你是一位合格的护士。”他说道。他在考验她是否正直——而她具备了这一点。

没有任何人能勉强你服从自己的良知。然而，不管怎样，一位正直的人是会做到这些的。正直使人具备了冒险的勇气和力量，他们欢迎生活的挑战，绝不会苟且偷生，畏缩不前，一个正直的人是有把握、并能相信自己的，因为他没有理由不信任自己。

正直表现为坚持不懈、一心一意地追求自己的目标，拒绝放弃自己的坚韧不拔的精神。“我们决不屈从！决不，决不！无论事物的大小巨细——永远不要屈从，唯有屈从于对荣誉和良知的信念。”温斯顿·丘吉尔是这样说的，也是这样做的。

正直的人能够平静地对待人生道路上的风风雨雨。亚伯拉罕·林肯在1858年参加议院竞选活动时，他的朋友警告他不要发表某一次演讲。但是林肯答道：“如果命里注定我会因为这次讲话而落选的话，那么就让我伴随着真理落选吧！”他是坦然的。他确实落选了，但是两年之后，他就任了美国的总统。

正直会给一个人带来许多：友谊、信任、钦佩和尊重。人类之所以充满希望，其原因之一就在于人们似乎对正直具有一种近于本能的识别能力——而且不可抗拒地被它所吸引。

做事要问心无愧

俗话说：“若要人不知，除非己莫为。”不能以为别人没看见，自己就可以去做一些违背原则的事情。汤姆斯麦考莱说：“在真相肯定无人知晓的情况下，一个人的所作所为，能显示他的品格。”我们当中需要决定别人怎样做事的人不多，但我们每人每天都必须作出许多个人的决定。在街上捡到一个钱包，该把钱私吞呢，还是送交警察呢？这笔交易本是别人的功劳，可以把它据为己有，列在自己的推销记录里吗？除你之外，没有人知道。但是你必须对得住自己，最好能问心无愧。

一个美国游客到泰国曼谷旅行，他在一个货摊上看见了十分可爱的小纪念品，他选中3件纪念品后就问价。女商贩回答是每个100铢。美国游客还价80铢，费尽口舌讲了半天，女商贩就是不同意降价，她说：

“我每卖出 100 铢，才能从老板那里得到 10 铢。如果价格降到 80 铢，我什么也得不到。”

美国游客眼珠一转，想出一个主意，他对女商贩说：“这样吧，你卖给我 60 铢一个，每件纪念品我额外给你 20 铢报酬，这样比老板给你的还多，而我也少花钱。你我双方都得到好处，行吗？”

美国游客以为这位泰国女商贩会马上答应，但只见她连连摇头。见此情景，美国游客又补充了一句：“别担心，你老板不会知道的。”

女商贩听了这话，看着美国游客，更加坚决地摇头说：“佛会知道。”

美国游客一时哑然。

这是一个值得深思的故事。美国游客为了达到自己的目的，就像钓鱼一样，设了一个诱饵，但女商贩并不上钩，拒绝了利益的诱惑。这其中的关键在于她懂得：商人必须讲究商业道德，正经钱可赚，昧心钱不可得；别人能瞒得住，但良心不可欺。

认认真真做事，清清白白做人。前一句话几乎包含了各种层面的人生活动，比如做官、种田、教书、打仗等等；后一句话则强调，无论做什么事，都要“对得起天地良心”，于人于己问心无愧。无论处于何种人生情境，无论是别人知道还是别人不知道，做人都要珍视“人”这个崇高的称号，必须保持个人品德的纯洁无瑕。

天下的坏人可以分为两种：一种是以为别人不知道所以干了坏事；另一种是知道别人知道，却仍然明目张胆、“无所畏惧”地干坏事。前者尚有良心未泯，后者就是肆无忌惮了。

《后汉书杨震传》中记载了一则“杨震四知”的故事。

东汉时期，杨震奉命出任东莱太守，中途经过昌邑。昌邑县令王密是由杨震推荐上来的，这天晚上，王密怀揣 10 斤黄金来拜见杨震，并献上黄金以感谢他往日的提拔。杨震坚决不收，王密说：“黑夜没有人知道。”杨震却说：“天知、地知、你知、我知，怎么说没有人知道呢？”

这则故事不仅涉及拒收贿赂的问题。在实际生活中，有多少的小人、奸人、恶人，不都是借着“黑夜没有人知道”的掩护，干下了大大小小的罪恶勾当？可是，那些在黑暗中干着不可告人勾当的人，不要以为自己在行动时，别人不知晓，其实，天上地下的神明正睁着大眼睛看着你呢！当然，对于那些干坏事肆无忌惮的人，等待他们的将是法律的制裁，冰冷的铁窗。

俗话说："为人不做亏心事，半夜不怕鬼敲门。"在一个人行动之前，良心起审查和指令作用；在行动中，良心起调整和监督作用；在行动后，良心对行动的后果进行评价和反省，或者满意或者自责，或者愉快或者惭愧。一个人做人能做到问心无愧，能在良心的引导下做事，大致上可以高枕无忧了。

做人不要过于贪婪

人们常说好人难做，但实践表明，做个好人既不那么容易，也不是那么高不可攀。俗话说：难难难，易易易，不难也不易。要说难，一片贪欲之云横眼前，就可能叫人钻入死胡同，直碰得头破血流甚至一命呜呼也闯不过去。要说易，放下屠刀，立地成佛，明心见性也只在刹那。关键看一个人有没有真诚的信念、坚强的决心、刚毅的意志和切实的躬行。

孔子说："好学近乎知，力行近乎仁。"可见一个人即使学富五车、著作等身，或宏论滔滔、口舌生花，如不能躬行实践，也不能算是真学问。

春秋时，鲁国相国公仪休喜欢吃鱼，全国各地很多人因此送鱼给他，但他都一一婉言谢绝了。

他的学生劝他说："先生，你这么喜欢吃鱼，别人把鱼送上门来，为何不要了呢？"

公仪休回答说："正因为我爱吃鱼，才不能随便收下别人所送的鱼。如果我经常收受别人送的鱼，就会背上徇私受贿之罪，说不定哪一天会免去我相国的职务，到那时，我这个喜欢吃鱼的人就不能常常有鱼吃了。

现在我廉洁奉公，不接受别人的贿赂，国君就不会随随便便免掉我相国的职务，只要不免掉我的职务，就能常常有鱼吃了。”

公仪休的想法是明智的。我们在生活和工作当中，心里总是充满了欲望和奢求，关键时刻一定要把握住自己，不要因贪小利而丢了大利。

古希腊一位公主的宠物——一只可爱的波斯猫走丢了，于是国王下令：谁要是能把猫给找回来奖 10 块金币，并叫宫廷画师画了数千幅猫的样照贴在全国各地。

送猫者络绎不绝，但都不是公主丢失的。公主于是就想：可能是捡到猫的人嫌钱少，那是一只纯正的波斯猫。公主把这一想法告诉国王，国王马上把奖金提高到 50 块金币。

一个流浪儿在宫廷花园外面的墙角边捡到了那只猫。

流浪儿看到了告示，第二天早上就抱着猫去领 50 块金币。当他经过一家货铺时，看到墙上贴的告示已变成 100 块金币，流浪儿又回到他的破茅屋，把猫重新藏好，他又跑去看告示时，奖金已涨到 150 块金币。

接下来的几天里，流浪儿一直留意着贴告示的墙壁。当奖金涨到使全国人民都感到惊讶时，流浪儿返回他的茅屋，准备带上猫去领奖，可猫已经死了。因为这只猫在公主身边吃的都是鲜鱼和鲜肉，对流浪儿从垃圾筒里捡来的东西根本消受不了。

人人都有欲望，都想过美满幸福的生活，都希望丰衣足食，这是人之常情。但是，如果把这种欲望变成不正当的欲求，变成无止境的贪婪，那我们就无形中成了欲望的奴仆了。在欲望的支配下，我们不得不为了权力，为了地位，为了金钱而削尖了脑袋向里钻。我们常常感到自己非常累，但是仍觉得不满足，因为在我们看来，很多人比自己的生活更富足，很多人的权力比自己大。所以我们别无出路，只能硬着头皮往前冲，在无奈中透支着体力、精力与生命。

扪心自问，这样的生活，能不累吗？被欲望沉沉地压着，能不筋疲力尽吗？静下心来想一想，有什么目标真的非让我们实现不可，又有什么东西值得我们用宝贵的生命去换取？斩除过多的欲望吧，将一切欲望减少再减少，从而让真实的欲求浮现，这样你才会发现真实的、平淡的生活才是最快乐的。拥有这种超然的心境，你就能做起事来，不慌不忙，不躁不乱，井然有序。面对外界的各种变化不惊不惧，不愠不怒，不暴不躁。而对物质引诱，心不动，手不痒。没有小肚鸡肠带来的烦恼，没有功名利禄的拖累。活得轻松，过得自在。白天知足常乐，夜里睡觉安宁，走路感觉踏实，蓦然回首时没有遗憾。

不做伤害别人的事情

做什么事情都要考虑清楚再做，大千世界中，有许多我们愿意，而且应该做的事。同时，在有些时候、某些情况下，许多事情是我们所必须做的。哪怕是一生只能做一次，哪怕因此而中断了自己生命的延续，我们都必须不顾一切地勇往直前。这些事大到国难当头为国捐躯，小到为朋友赴汤蹈火两肋插刀。

与此相反，在这个世界中，有许多我们不必，而且不该做的事。同时，在有些时候、有些情况下，有些事情即使刀架在脖子上也不能干。比如，出卖国家或朋友。

自然，在大千世界中，也有许多我们可求也该求的东西，有许多我们不可求也不该求的东西。因此，我们有必要在这里作出选择。

1948 年，朱自清的胃病越来越重。这天，朱自清正在家里躺着，吴晗来到他家，递给他一份抗议美国扶日政策并拒绝领取美援面粉的宣言书。朱自清看了，不说话，只是颤颤地提起笔，在宣言书上签上了自己的名字。不到两个月，朱自清便逝世了。朱自清的胃病，对食品是必须严格选择的，在那时候面粉是不可多得的好食品，如果他不签字，别人也能理解，但他还是签了，虽然他的死并不一定仅仅因为这些。我们可以想象，他忍受不了美国面粉的侮辱性，却忍受了病痛的剧烈折磨，这种选择显然是他自己的取向。

孟子曾说过，不要我所不要的东西，不干我所不干的事。求我所必求，为我所必为；当取则取，当舍则舍，如此而已。我所不要的东西，既包括我们不该要的东西，也包括我们不必要的东西。不该要的东西不要，比如，来路不明的不义之财；不必要的东西也不要，比如，脱离实际的浮名虚荣。不该要不必要的东西，如果要了，人就变成了外物的奴隶，本来受人驱遣被人役使的外物便转而控制了我们自己。更有甚者，贪小利而忘大义，派生出不满的欲壑，长成吞象的蛇心，最终会一个跟头栽进万劫不复的深渊。

相同的道理，不干我所不干的事。干不可以干的事，往往会损害别人，会被千夫所指，会受制裁。即使不受制裁，稍有良知，也会日不安夜不宁，问心有愧；良知即使全失，也免不了担惊受怕，饮食难甘，夜不成寐。干不愿干的事，就必须勉强自己，甚至要强迫自己，不能随心所欲，也无法尽心竭力，虽是举手之劳，也会觉得苦不堪言。事情干不好不说，严重的还会因此扭曲了自己、改变了自己，最终失去了精神的舒展和心灵的自由。

话又说回来，不要自己不要的东西，不干自己不干的事，说说容易，真正做起来其实很难。比如，现在有人正八经地送了礼来，要还是不要，就可能十分的伤神费心。这里，不但有关系自己切身利益的取舍，同时还有人情面子、人际关系的考虑。

说到底，我们都是凡人，是凡人就难以超凡入圣。这里的关键，只怕还在于我们自身。一句话，当取则取，当舍则舍。只要来得正，黄金美玉不嫌重；来路不正，一瓢一饮也不轻。只拿自己该拿的，绝不能做伤害别人的事情。

第二节　小赢靠才大赢靠德，先做一个有人品的人

好人品必不可少

许多企业都很注重员工的品行，并以此作为晋升、任用的标准。即使有些人工作经验丰富、技术熟练，如果不诚实也不会被任用。不为利动，没有私心，在任何情形下都言行诚实——这种美誉，其价值比靠欺骗得来的利益大过千倍。

事实上，对于一个职场中人而言，能力固然重要，但高尚的人品也同样不可或缺！因此，当你在职场拼搏，不断提高自身能力的同时，也要注意培养自己的好人品。品德高尚的员工是一笔宝贵的财富，他们除了能在生产、管理上起到积极的作用外，还能产生良好的榜样作用并带动其他员工，从而更好地促进组织的发展。

古往今来，许多具有优良品德的人都会受到人们的尊敬和推崇。社会需要优良品德，作为一个组织，作为一个员工，更是如此！

既要有才更要有德。一个人虽然具备高水平的工作能力，但是道德方面的水平不高，是不能成就大事的。

做事态度（人品）+工作能力=产品品质

从这个等式我们可以看出，人品始终在决定着产品质量的品位。无论什么产品，产品质量的实质就是人的良心、信誉、责任。只有人品高尚、良心纯洁，时刻为消费者着想，产品的质量才能提高。

人品在人所有素质中排在第一位。一个人的人品如果有了问题，这个人的价值就等于零。美国微软有一个员工，他盗用公司的软件。他在

公司内部购买一套软件，可能只要10美元，改了号码，到别的工厂做了一个新包装，出去卖几千美元，就这样他赚了200多万。他被公司起诉后，在出庭前羞愧地自杀了。

当然，我们不可能要求每一个人都做圣人，而是希望每一个人都有职业道德。一个公司对人品的要求不是为了道德，而是为了生产出高质量的产品，说到底也是为了公司自身的利益。

有些企业单纯追求效益，忽视产品质量而吃苦头的不计少数，在经过一番生意场上的曲折之后，他们开始认识到经营道德的重要性，由此确立了“做产品先做人，重质量先重德”的经营理念，并将讲良心、重信誉、负责任的思想落实到了经营销售的各个环节之中，扭转了经营销售中的被动局面。

具备了高尚的人格和道德，才能具有一流的产品和一流的服务。让顾客满意，就是赢得了市场。赢得了市场，就等实现了良好的经济效益。不讲经营道德，采用欺诈手段蒙骗顾客，尽管开始时也能赚到一些钱，但那只能是短暂的。

要想把生意做好做大，就必须具备良好的品格。只有做好人，才能生产出好产品，而有了好产品，自然就会有好销路，有了好销路就不愁有好效益。

人品，比财富更具威力，比其他任何东西都更显著地影响着别人对我们的信任，尊重乃至合作的成功。

在一次激烈的商业谈判中，双方的交锋异常尖锐。

A公司的谈判人员要想按照公司事先定好的计划来谈，恐怕会有一些问题，但是他们必须获得成功，因为这次交易的商业利润非常可观。B公司也有自己的底线，但是他们不能轻易地就亮出自己的底线，谈判一直在僵持中。

A公司一直摸不清B公司的谈判底线，经过几天的周旋，还是雾里看花。于是A公司的谈判助理说：“实在不行，我们就收买他们的谈判人员，答应谈判成功之后给他让他满意的回扣，这对我们来说，是舍小保大，从长远来看，是值得的。我听说C公司和D公司也已经介入了，如果不采取措施的话可能会失去这样的机会。”

谈判副主席对此不同意，认为这样做违背公平竞争的原则。

最后，谈判主席，也就是A公司的副总裁，认为可以试一下，他说："我想证明一个问题。"

A公司的谈判助理以为，没有人不喜欢钱，“重赏之下必有勇夫”，他制订好计划就开始了动作。然而，事情居然出乎他的意料，他以为自己的计划很周详，也很到位，给对方的回报也不低，没想到却遭到了他们的坚决拒绝。

A公司的谈判助理悻悻而归。当他把这个消息告诉A公司的谈判主席时，谈判主席却笑了，并且点点头，谈判助理不明白。

第二天谈判开始的时候，没有人说话。

这时A公司的谈判主席说话了:“我们同意贵公司提出的价钱，就按照你们说的价钱成交。”这是让A、B公司两家谈判成员都没有想到的。

接着，A公司的谈判主席继续说:“我的助理做的事情我是知道的，我当时没有反对，就是想证明一件事。最终证实我的猜想对了，贵公司的谈判人员不仅谈判技巧高，而且协作非常好，最关键的一点是，你们有良好的道德品格，为维护公司非常有责任感。这很令我敬佩。

“我们是对手，成交的价钱是我们分胜负的标准。但是，一个企业的生存并不是仅仅依靠钱的多少的。员工的责任感对于一个企业而言，就是命脉。你们的表现让我看到贵公司命脉坚实，和你们合作，我们放心。从价钱上来看，我们是亏了一些，但我认为我们会赚得更多。”

他的话没说完，全场就响起了热烈的掌声。

人做得怎么样决定生意的好坏，在生意场上，高尚的人品是制胜的法宝，在商场如战场的今天，在这看不见的战争中，一个企业要想全方位地争市场、争顾客、争知名度和美誉度，以建立自己忠实的客户群体，就须通过高尚的人品来实现。

品德胜于能力

品德胜于能力，这是没有任何疑问的。但是多数人看重的是能力，强调的也是能力，而把人品忽略在外。当然，能力的作用是不言而喻的，能力可以在战场上击败敌人，可以在商场上为企业创造效益。而一个人的人品与能力比起来，并没有显而易见的作用，并不能直接发挥产生效益，因而，人品被人们放在了次要位置。

“你有什么能力”、“你能胜任什么工作”、“你有什么特长”，这是每个机构、组织最关心的问题。他们过分强调下属“能够做什么”，而忽视了下属“愿意做什么”。

一个下属能力再强，如果他不愿意付出，他就不可能创造价值，而一个愿意全身心付出的员工，即使能力稍逊一筹，但他的敬业精神会将自己全部的智慧和精力贯注于工作中，使每一件事情都做得尽善尽美，从而在自己的普通岗位上发挥出最大能量并可获取利润最大化。

在现代社会，商业竞争非常激烈，每一个员工的敬业程度都影响着企业的发展规模和速度，从某种角度上讲，甚至决定着其生死存亡。为顾客提供优质的服务或创造出优秀的产品，正是员工忠于职守的具体体现。

一位顾客在大卖场的货架之间徘徊着，想挑选一种高蛋白质含量的洗发水，正好看到一位售货员在不远处整理货架。

“请问，在哪里可以找到高蛋白质含量的洗发水？”

这里，让我们假设一下售货员的服务态度可能会有以下几种表现：

第一种：理都不理顾客，继续整理眼前的货架。

第二种：瞄了顾客一眼，冷冷地丢出一句：“不知道”。

第三种：客气地回答顾客：“请您走到第六个货架，在左边那一排货架上，您就可以找到您要买的洗发水了。”

第四种：立即停下手头的工作，聆听客户描述产品，随即引领对方到洗发水货架，取下一瓶高蛋白质洗发水给顾客，同时说：“我想您挑选蛋白质含量高的产品，应该是对发质保养非常在意，我再给您推荐另外一种产品，它的效果也是很不错的。”

企业不能提供良好服务的原因是多种多样的，但其主要根源是道德的欠缺。企业利润的产生来源于真诚为客户服务，为客户创造价值过程中的客户回报。当更多的从客户利益甚至是客户的客户利益考虑真心诚意利用手中的资源为客户服务以赢得客户满足笑脸为企业目标时，必然产生很高的客户满足度。高的客户满足度会使客户重复购买企业产品和服务，企业只用较低成本便得到了很高的利润收入。企业整体服务水平的提高首先要提高所有员工的道德品质。

上述可见，企业很多的行为和能力都与企业包括治理者在内的全体员工品德有关。当企业的产品与竞争者的无太大差别时，从客户利益出发由高尚品德员工提供客户满足的服务将成为企业核心的竞争力。

在当今，一个人的社会公德和职业道德如何，以及如何做人和做事，已经成为人的事业成败的最为重要的因素。

人品决定工作质量，一个能全神贯注，忘我的工作的人，才能把工作做到极致。在一座名刹里，有一位新近剃度出家的小和尚，他被安排每天早晚各撞一次钟。小和尚认为，这样简单的工作，谁都能做，也没什么大的意义，只好“做一天和尚，撞一天钟”吧。就这样，百无聊赖中他已经撞了半年钟。

有一天，方丈宣布调小和尚到后院挑水劈柴，小和尚对方丈的安排很是不服气，难道自己每天撞的钟不是很准时，很响亮吗？

方丈好像看透小和尚的心思，微微一笑，告诉他说：“你撞的钟是很响亮，但是钟声空泛无力。这是因为你尚没有意识到‘撞钟’这项看似简单的工作所蕴含的深意。钟声不仅仅是寺院里的作息时间，更为重要的是要唤醒沉迷的众生。为此，钟声不仅要洪亮，还应该浑厚、圆润、深沉、悠远。心中无钟，即是无佛。不虔诚，不敬业，怎能担当好神圣的撞钟工作呢?”

实际上，对待撞钟的态度决定了钟声的质量。由此可见，能力与品德素质相比，素质更为根本。素质是能力的基础，能力是素质的表现，能力的大小是由素质的高低决定的。有了较高的素质，就会在认识世界和改造世界的活动中表现出较强的适应力和创造力。用人单位单纯强调能力是非常片面的做法。在社会上，个人能力超强而思想品德败坏的人不占少数，比如，某某公司的销售人员卷款潜逃，某某公司的技术开发人员把公司的技术秘密泄露给了竞争对手，某某公司的战略策划人员将公司的市场开发计划带到了另一家公司，某某公司的高层主管跳槽带走了公司一大批人才……这些事情之所以发生，就是因为事件的主角能力有余而忠诚不足。

素质内含着知识和能力，但知识、能力不等同于素质。古往今来，没有任何一个上司会喜欢一个有品德素质有问题的下属。无论你的能力多么优秀，无论你的智慧多么超群，如果你缺乏品德素质，没有任何人会放心地把最重要的事情交给你去做，没有任何人会让你成为这个组织的核心力量。

大多数人往往会有这样的成见：忠诚老实的人总是软弱无能和处处吃亏，而那些见异思迁、见风使舵之辈则风光无限，占尽先机。事实上，这种看法是片面的。因为人们往往只看到了事情的表面现象，却没有真正认识到事情的本质。

我们强调品德，但不是忽视能力。只有品德没有能力的人，也同样不被人看好。我们所提倡的是，既有才又德的人，一个德才兼备的人才是受欢迎的人。因此，品德比能力要更重要，作为员工，首先要修炼自己的品德，同时不断提高自己的能力，这样才能成为企业最受欢迎的人。

品德也能创造财富

一位哲学家带着一群学生去漫游世界，10 年间，他们游历了所有的国家，拜访了所有有学问的人，现在他们回来了，个个满腹经纶。

在进城之前，哲学家在郊外的一片草地上坐了下来，说："10 年游历，你们都已是饱学之士，现在学业就要结束了，我们上最后的一课吧！"

弟子们围着哲学家坐了下来。哲学家问："现在我们坐在什么地方？"弟子们答："现在我们坐在旷野里。"哲学家又问："旷野里长着什么？"弟子们说："杂草。"

哲学家说："对，旷野里长满杂草。现在我想知道的是如何除掉这些杂草。"弟子们非常惊愕，他们都没有想到，一直在探讨人生奥妙的哲学家，最后一课问的竟是这么简单的一个问题。

一个弟子首先开口，说："老师，只要有铲子就够了。"哲学家点点头。另一个弟子接着说："用火烧也是很好的一种办法。"哲学家微笑了一下，示意下一位。第三个弟子说："撒上石灰就会除掉所有的杂草。"接着讲的是第四个弟子，他说："斩草除根，只要把根挖出来就行了。"

等弟子们都讲完了，哲学家站了起来，说，"课就上到这里了，你们回去后，按照各自的方法去除掉杂草。一年后，再来相聚。"

一年后，他们都来了，不过原来相聚的地方已不再是杂草丛生，它变成了一片长满谷子的庄稼地。弟子们围着谷地坐下，等待哲学家的到来，可是哲学家始终没有来。

若干年后，哲学家去世了。弟子们在整理他的言论时，私自在最后补了一章：要想除掉旷野里的杂草，方法只有一种，那就是在上面种上庄稼。同样，要想让灵魂无纷扰，唯一的方法就是用美德去占据它。

试想那些学生们的人生如果缺了这最后一课，即使学富五车又有多少意义？

有个人想成为大富翁，便到上帝那里乞求。上帝一时心热，便给了他一篮子品德。那个人苦恼地说：上帝呀，我要的是金钱呀！上帝说：没错呀！我给你的是品德，因为品德能使你换来金钱呀！那个人不解地回到人间，广泛散布上帝给他的东西。

几年后，他果然成为一位大富翁。尽管这是人们杜撰的故事，但它也说明了一个道理，就是品德能够创造财富。

一家军工企业生产民用家具，在一批货发出后，发现有一张桌子少漆了一遍。经查找，这张桌子已经被顾客买走了。于是厂方便通过电台连续广播了半个月，寻找那位买主。没想到，此项举措虽然没找到买主，却引来了 12 家商场愿意包销该厂产品的好消息。这家军工企业的良好信誉使其得到了一个不小的意外收获。

几年前，某人的妻子听某个一知半解的人说 × × 牌 UPS 电源能够稳定电压、保护电器，就信以为真地来到电脑用品商店购买，想用作家里新买的电冰箱的电源保护器。这家电脑用品商店的老板详细问清这位妻子的来意后心想：卖还是不卖？卖，这种电源保护器对保护电冰箱毫无用处；不卖，到手的“肥肉”就会丢掉。犹豫再三，商店老板的良心战胜了贪欲。他向这位妻子仔细讲解了该电源的用途和电冰箱的耗电原理，劝她不要花几百元钱买一个对自己来说无用的东西。这位妻子先是不解，当明白商店老板确实是一片好心时，便由衷地感到敬佩。

第二天，某人和妻子从这家商店购买了一台价值不菲的电脑，因为某人和妻子都觉得从这里购买商品放心。并逢人便讲这家商店老板的良好品德，他们的几位亲戚、同学受到感染，也从他那里购买了不少东西。具有良好品德的人不仅能赢得对方的心，而且还能赢得周围人的心，凡是知道他具有良好品德的人都愿意与他交往。

林肯做律师时，有人找林肯为一件诉讼中明显理亏的一方作辩护。林肯回答说：“我不能这样做。如果我这样做了，那么出庭陈词时，我就会不知不觉地高声说，林肯，你是个说谎者，你是个说谎者。”

林肯为什么会成为美国历史上最伟大的人物之一，长久地受到人们的尊重呢？除去他成就的事业外，更缘于他那伟大的品德。

同样身为美国总统，比尔·克林顿在任期的业绩是世所瞩目，他执政的能力也是无可挑剔的。但一系列丑闻却令他终生蒙羞，尽管美国人民原谅了他。在世纪之交，他领导美国继续沿着繁荣的道路前行，但他同时也把他品德上的污点写进了美国历史。

在人的一生中，道德品格都会起作用，要么是你的宝库，要么是你前行的绊脚石。试想，如果你在二三十岁就被人给你贴上一个不道德的标签，往后经历的路怎么走呀？只有以一种好的品德待人方可终生受益。

人最值得尊重的，正是他在追求和奋斗过程中表现出的优秀的品格。真正的幸运属于拥有优秀品格的人。

人品是最好的品牌

有多高的品德，就会有多高的业绩。有人则不这样认为，他们认为做人和工作完全是两回事，其潜在的意思是说，一个人的品质不佳并不影响他在职场上的成功。其实，这是一种极其糟糕和错误的认识。要想成为一名优秀的员工，首先要做一名人品优秀的人。一个人如果在做人上很失败，那么他在职场中也不可能有大的成功。

能力固然重要，但高尚的人品也同样不可或缺！个人品牌是以道德为基础的。品牌即人品，远卓品牌机构提出的这个品牌观点在个人品牌上同样适合，而且更容易理解，即：一个人的人品，决定一个人的个人品牌。个人在树立自己的品牌时，应该努力除去自己身上的道德污点，逐步提高自己的道德水平，全面提高自己的综合素质。否则，再富有魅力的个人品牌也只是一层薄薄的窗户纸，一捅就破，随即“原形毕露”。

因此，当你在职场拼搏，不断提高自身能力的同时，也要注意培养自己的好人品。品德高尚的员工对于企业而言，无疑是一笔宝贵的财富，这样的员工除了能在企业的生产、管理上起到积极的作用外，还能产生良好的榜样作用并带动其他员工，从而更好地促进企业的发展。

古往今来，许多具有优良品德的人都会受到人们的尊敬和推崇。社会需要优良品德，作为一个组织，作为一个员工，更是如此！

曾任微软副总裁、现任 Google 中国区总裁的李开复说:“我把人品排在人才所有素质的第一，超过了智慧、创新、情商等，我认为一个人的人品如果有了问题，这个人就不值得一个公司去考虑雇用他。”

就像生产者都希望自己的产品是著名的品牌一样，作为造物主最优秀的“产品”——人，更要有强烈的个人品牌意识。那么，个人品牌的含义是什么?

第一，个人品牌最基本的特质是有可靠的质量保障。这一点跟产品品牌一样，它体现在两方面：一方面是个人在业务技能方面的高质量；另一方面是人品方面的高质量。也就是说，既要有才更要有德。一个人虽然具备高水平的工作能力，但是道德方面的水平不高，这样的人是很难建立起优异的个人品牌。

第二，个人一旦形成品牌后，他跟职场的关系就会发生根本性的变化。就像一个企业一样，如果有了品牌，它在对业务市场的拓展方面就会相对容易一些。同样对个人来讲，一旦建立了品牌，工作就会事半功倍。

第三，个人品牌讲究持久性和可靠性。建立了个人品牌，就说明你的做事态度和工作能力是有保证的，也一定会为企业创造较大的价值，企业使用这样的人是可以信任和放心的。

如果每个人都具有优良的品格，企业无形当中会形成很大的竞争力。大家会自觉地把所有可能的成本，包括讯息的成本、合约的成本、监督的成本、实施的成本，都可以大幅度地下降；还可以大幅度地提高一个人的潜能。

一名合格的员工就是拥有高尚品格的人，他们不仅让自己时刻与公司荣辱与共，更会认真地去做好每一件事情，去面对每一个客户。

第三章 积极一点争锐气

★☆★☆★☆★☆★☆★☆★☆★☆★☆★☆★☆★☆★☆★☆★☆★☆★

也许人生之路并不总是铺满鲜花，而是布满荆棘，把没有准备的我们刺得鲜血淋漓。这时，是停止不前或退缩逃避，还是用力拔去荆棘，种上芬芳的玫瑰，全在我们的选择。顺境时，让人创造新的高峰；逆境时，促使转机的到来。真正圆满的人生不是平淡单调的幸福，而是曾经英勇地面对过不幸。

★☆★☆★☆★☆★☆★☆★☆★☆★☆★☆★☆★☆★☆★☆★☆★☆★

第一节 只有不断追求卓越，才能变得更优秀

追求卓越，拒绝平庸

比尔·盖茨曾对他的员工说："工作本身就没有贵贱之分，对待工作的态度却有高低之别。"公司所有的员工都是从最基层的工作做起的，只有那些追求卓越，以积极态度对待工作的人，才能步步高升为公司的核心人物。

在人生历程中，每个人都迫切希望自己能成为众人中的焦点，成为聚光灯的中心，事实上，这并不是什么困难的事，只要你拥有一颗追求卓越的心。

推销员戴尔做了一年半的业务，看到许多比他后进公司的人都晋升了职位，而且薪水也比他高许多，他百思不得其解。想想自己来了这么长时间了，客户也没少联系，薪水也还凑合着能应付自己开支，可就是没有大的订单让他在业务上有所起色。

有一天，戴尔像往常一样下班就打开电视若无其事地看起来，突然有一个名为“如何使生命增值”的专家专题采访的栏目引起了他的关注。

心理学专家回答记者说：“我们无法控制生命的长度，但我们完全可以把握生命的深度！其实每个人都拥有超出自己想象10倍以上的力量。要使生命增值，唯一的方法就是在职业领域中努力地追求卓越！”

戴尔听完这段话后，信心大增，他立即关掉电视，拿出纸和笔，严格地制定了半年内的工作计划，并落实到每一天的工作中……

两个月后，戴尔的业绩大幅增加；9个月后，他已为公司赚取了2500万美元的利润；年底他就当上了公司的销售总监。

如今戴尔已拥有了自己的公司。他每次培训员工时，都不忘记说：“我相信你们会一天比一天更优秀，因为你们拥有这样的能力！”于是员工们信心倍增，公司的利润也飞速递增。

戴尔的事例说明了这样一个道理：追求卓越是每个人的生命要求，追求卓越也是每个人改变自己命运的基本要素。

追求卓越、取得成功是每个人的愿望。在人类文明的发展过程中，追求卓越始终是人们持久的动力和永恒的目标。

有什么样的目标，就有什么样的人生：有什么样的追求，就能达到什么样的人生高度。勤奋地工作，超越平庸，主动进取，才能取得职场上的成功，才会拥有精彩卓越的人生。

有一个人在19岁那年，独自一人带着6个窝窝头，骑着一辆破自行车，从小山村到离家80千米外的城里去谋生。

他好不容易在建筑工地上找到了一份打杂的活。一天的工钱是 17 元，这对他而言只够吃饭，但他还是想尽办法每天省下 1 元钱接济家人。

尽管生活十分艰难，但他还是不断地鼓励自己，为此他付出了比别人更多的努力。两个月后，他被提升为材料员，每天的工资加了 1 元钱。

靠比别人多付出，他初步站稳了脚跟。之后，他想继续寻求新的发展。他认为：要在新单位站稳脚跟，就得更多地得到大家的认可，甚至成为单位不可缺少的人。那么，怎样才能做到这点呢？

冥思苦想之后，他终于想到了一个小点子：工地的生活十分枯燥，他想，能不能让大家的业余生活过得丰富一点呢？想到这儿，他拿出自己省下来的一点钱，买了《三国演义》、《水浒传》等名著，将故事背下来，讲给大家听。这样一来，晚饭后的时间，总是大家最开心的时候，每天，工地上都洋溢着工友们欢快的笑声。

一天，老板来工地检查工作，发现他有非常好的口才，于是决定将他提升为公关业务员。

一个小点子付诸实践后就能有这样的效果，他极受鼓舞。于是，他便将自己的特长运用到工作的各个方面。对工地上的所有问题，他都抱着一种是自己的事的心态去处理。夜班工友有随地小便的习惯，怎么说都没有用，他想尽办法让大家文明如厕；一个工友性格暴躁，喝酒后要与承包方拼命，他想办法平息矛盾，做到使双方都满意……

别看这些都是小事，但领导都看在眼里。慢慢地，他成了领导的左膀右臂。

由于他经常主动思考，终于等来了一个创业的良机。有一天，工地领导告诉他，公司本来承包了一个工程，但由于某些原因，决定放弃。

作为一个凡事都爱想办法的人，他力劝领导别放弃。领导看着他充满热情，突然说了一句话“这个项目我没有把握做好，如果你看得准，可以由你牵头来做，我可以为你提供帮助。”

他几乎不敢相信自己的耳朵：这不是给自己提供了一个可以自行创业的绝好机会吗？他毫不犹豫地接下了这个项目，然后信心百倍地干了起来。

这位年轻人用不懈的进取精神不断地想办法解决难题，终于出色地完成了这个项目。他现在不仅拥有当地最大的建筑队，还是内蒙古最大的草业经营者之一，每年有 1 万多户农民给他的企业提供玉米、草等饲料。拥有了巨额财富的他，在贫困的家乡建起了一个全世界最大的金霉素生产厂，其生产量占全球的 1/4，很多父老乡亲跟着他走上了脱贫致富的道路。

这位创造了奇迹的人叫王东晓，是内蒙古金河集团的董事长。

追求卓越、拒绝平庸是每个人必备的品质之一。不要满足于一般的工作表现，要做就做最好，要成为老板不可缺少的人物。拿破仑曾鼓励士兵："不想当将军的士兵不是好士兵。"

为什么我们可以选择更好生活的时候，却总是选择了平庸呢？为什么我们可在职场中纵横驰骋的时候，却总是原地踏步、徘徊不前呢？

因为追求卓越的理念还没有深入我们的内心，只有将追求的理念时刻放在心头，你才能披荆斩棘，走向成功的殿堂。

漫无目的是虚度光阴

做人不能迷迷糊糊地生活，做一天和尚撞一天钟，否则生命就在这样的日出日落中慢慢消逝，想要自己的人生有所改变，就不能再这样迷迷糊糊过下去了。

很多人在临终前回顾自己的一生时，多半都会深感遗憾。假设你对现状不满，想必能够体会梦想无法实现的痛苦，那是最难忍受的体验。

有人曾用老鼠做过一个实验：先架一排通道，每次都把一块奶酪放在三号通道，测试老鼠的反应。结果老鼠发现奶酪总是出现在三号通道，因此不必多看其他通道一眼，就知道直接往那儿爬。这时再把奶酪换个位置，摆在六号通道，起先老鼠还是照样朝三号通道走，但经过一段时间后，终于发现那儿没有奶酪了，于是转往其他通道寻找，直到在六号通道瞧见奶酪为止，从此又继续不断地出现在摆着奶酪的通道。

老鼠与人类的区别在于：大多数人依然会待在没有奶酪的通道，落入永远无法逃脱的陷阱。当一个人掉进半块奶酪也不剩的陷阱后（有时根本没人把奶酪放进去过），便再也拿不到奶酪了。这里所说的“奶酪”，象征人类在追求、实现梦想以后所得到的快乐、充实与满足。

不少智力高、学历好、训练精、能力强的人一生从未尝过成功的滋味，为此他们感到郁郁寡欢、灰心丧气。他们既不追求理想，也不完成计划，而是选择现成的工作，终生窝在自己不喜欢的行业里。问题是，做了四五十年无聊差事的他们依旧待在那个没有奶酪的通道，却还在心里纳闷：自己要到哪年哪月才能享受丰富的人生？

因此，要想有所改变，就不能再像原来那样迷迷糊糊、漫无目的地生活了。

大学毕业后，小A的一位同学分到某县政府机关工作。一年夏天，10多年没音讯的他突然打电话给小A，要小A帮他找个工作，因为他所在的单位突然裁员，他是第一批被裁的人员之一。

给他找工作，总得知道他的情况啊，小A问他：“过去10多年里，你取得过什么突出的业绩吗？”

“没有什么业绩，平平淡淡地过来了。”他说。

“那么，你进修过新的知识吗？比如考取过什么资格，拿到过什么新的学位？”

“没有。大学毕业后，我一直没有学习过，现在还是一个会计员，连助理会计师职称都没拿到。”

小A非常失望地说：“那么……你参加过什么可以助长你的技能的项目吗？”

“没有。”

小A失望之极：“那么，你这10多年都做什么去了呢？”

“开始几年谈恋爱，婚后几年打麻将，近几年在玩网络游戏。当时的想法是，在政府机关工作清闲，没什么压力，而且失业的可能性几乎为零，所以就安于现状，虚度了光阴，实在惭愧。”他说。

他知道惭愧了，但小 A 还是明确表示帮不了他。

世上还有许许多多和他一样的人，但上天是公平的，唯有心无旁骛、身体力行者才能过上充实的人生，必须拥有值得追求的理想。巴赫在《幻觉》里写道：“少了实现愿望的能力，就不可能许下愿望，但无论如何，还是要这么做。”徒有梦想，永远无法获得满足感。无论追求名利、爱情或事业，都要付诸行动。如果你对现状不满，就调整自己的生活，否则就无法摆脱原有的生活状态。

你最想成就什么样的丰功伟业？也许你有若干雄心大志，那就不妨把这些天马行空的美梦当作线索，仔细想想自己应该追求什么样的人生目标。先要认清哪些事情是你认为最有意义的，先把这些重要的事情完成。

重新开始人生

俗话说：“浪子回头金不换。”不管你的过去有多么失败，只要你有一颗追求卓越的心，你的人生随时都能重新开始。

这个世界上不会有人一生都毫无转机，穷人可能会腾达为富人，富人也可能沦落为穷人。很多事情都是发生在一瞬间。富有或贫穷，胜利或失败，光荣或耻辱，所有的改变都会在一瞬间发生。

比如，一个人要戒烟，如果他总认为戒烟是一个渐进的、缓慢的过程，要逐渐地戒，那他永远也戒不了烟，他只有在某天突然感觉到再抽下去会得癌症，肺会完全烂掉，才会痛下决断，马上采取戒烟措施，才有可能戒掉烟。

CNN 的老板特德·特纳，年轻时是一个典型的花花公子，从不安分守己，他的父亲也拿他没办法。他曾两次被布朗大学除名。不久，他的父亲因企业债务问题而自杀，他因此受到了很大的触动。他想到父亲含辛茹苦地为家庭打拼，他却在胡作非为，不仅不能帮助父亲，反而为父亲添了无数麻烦。他决定改变自己的行为，要把父亲留给自己的公司打理好。从此他像变了一个人，成了一个工作狂，而且不断寻找机会，壮大父亲遗留的企业，最终将 CNN 从一个小企业变成了世界级的大公司。

其实，人的改变就在一瞬间，只要我们思想上有了一种强烈的要改变的意识，并下定决心，改变就会出现。一瞬间的改变可以成就一个人的一生，也可以毁灭一个人的一生，所以，我们不能忽视一瞬间的力量。

鲁迅认为中国落后是因为中国人的体格不行，被称作“东亚病夫”，于是他去日本学习医学。但一次在课间看电影的时候，他看到日本军人挥刀砍杀中国人，而围观的中国人却一脸的麻木，当时其他的日本同学大声地议论:“只要看中国人的样子，就可以断定中国必然灭亡。”鲁迅思想上突然发生了改变，他说:“因此我觉得医学并非一件紧要事，凡是愚弱的国民，即使体格如何健全，如何茁壮，也只能做毫无意义的示众的材料和看客，病死多少是不必以为不幸的，所以我的第一要素是改变他们的精神，而善于改变精神的，我那时以为当然要推文艺，于是想提倡文艺运动了。”从此，鲁迅决定弃医从文，以笔为枪，去唤醒沉睡中的中国，中国也多了一位伟大的思想家和文学家。

禅宗讲求顿悟，认为人的得道在于顿悟，在于一刹那的开悟。其实人生也是这样，人思想的改变就在一瞬间。当我们顿悟后，我们就能洞察生命的本性，从被奴役的生活而走向自由的道路，将蕴藏在内心中的仁慈和潜能都充分地发挥出来。

一个人想要达到成功的巅峰，也需要顿悟，从你的内心深处升起的那份对卓越的渴望，将会改变你以后的人生。

定位决定成就

每个人都应该给自己准确定位，在心中你给自己定位什么，你就是什么，因为定位能决定人生，定位能改变人生。

条条大路通罗马，但你只能选择一条。人生亦如此，成功的路有很多条，但你需要做的是选择最适合自己的那一条路，然后坚定不移地走下去。

一个人怎样给自己定位，将决定其一生成就的大小。志在顶峰的人不会落在平地，甘心做奴隶的人永远也不会成为主人。

你可以长时间卖力工作，创意十足、聪明睿智、才华横溢、屡有洞见，甚至好运连连，可是，如果你无法在创造过程中给自己正确定位，不知道自己的方向是什么，一切都会徒劳无功。

所以说，你给自己定位是什么，你就是什么，定位能改变人生。

一个乞丐站在路旁卖橘子，一名商人路过，向乞丐面前的纸盒里投入几枚硬币后，就匆匆忙忙地赶路了。

过了一会儿后，商人回来取橘子，说："对不起，我忘了拿橘子，因为你我毕竟都是商人。"

几年后，这位商人参加一次高级酒会，遇见了一位衣冠楚楚的先生向他敬酒致谢，并告知说：他就是当初卖橘子的乞丐。而他生活的改变，完全得益于商人的那句话——你我都是商人。

这个故事告诉我们：你定位于乞丐，你就是乞丐，当你定位于商人，你就是商人。

定位决定人生，定位改变人生。

汽车大王福特从小就在头脑中构想能够在路上行走的机器，用来代替牲口和人力，而全家人都要他在农场做助手，但福特坚信自己可以成为一名机械师。于是他用一年的时间完成了别人要3年才能完成的机械师培训，随后他花两年多时间研究蒸汽机，试图实现自己的梦想，但没有成功。随后他又投入到汽油机研究上来，每天都梦想制造一部汽车。他的创意被发明家爱迪生所赏识，邀请他到底特律公司担任工程师。经过10年努力，他成功地制造了第一部汽车引擎。福特的成功，完全归功于他的正确定位和不懈努力。

迈克尔在从商以前，曾是一家酒店的服务生，替客人搬行李、擦车。有一天，一辆豪华的劳斯莱斯轿车停在酒店门口，车主吩咐道："把车洗洗。"迈克尔那时刚刚中学毕业，从未见过这么漂亮的车子，不免有几分惊喜。他边洗边欣赏这辆车，擦完后，忍不住拉开车门，想上去享受一番。这时，正巧领班走了出来。"你在干什么?"领班训斥道，"你不知道自己的身份和地位吗？你这种人一辈子也不配坐劳斯莱斯!"受辱的迈克尔从此发誓:"我不但要坐上劳斯莱斯，还要拥有自己的劳斯莱斯!"这成了他人生的奋斗目标。许多年以后，当他事业有成时，就为自己买了一部劳斯莱斯轿车。如果迈克尔也像领班一样认定自己的命运，那么，也许今天他还在替人擦车、搬行李，最多做一个领班。人生的目标对一个人是何等重要啊!

在现实中，总有这样一些人：他们或因受宿命论的影响，凡事听天由命：或因性格懦弱，习惯依赖他人；或因责任心太差，不敢承担责任；或因惰性太强，好逸恶劳；或因缺乏理想，混日为生……总之，他们做事低调，遇事逃避，不敢为人之先，不敢转变思路，而被一种消极心态所支配，甚至走向极端。也许，成功的含义对每个人都有所不同，但无论你怎样看待成功，你必须有自己的定位，定位决定你的人生。

有决心就会有力量

人们做事有时会觉得力量不够，无法做到。但有时人不能获得成功的原因，是因为他们没有下定决心。如果你能够下定决心，并努力去做，再大的困难也阻挡不了你前进的脚步。

当今成功学界流行一个著名观点：成功来源于你是想要，还是一定要。如果仅仅是想要，可能我们什么都得不到：如果是一定要，那就一定有方法可以得到。成功来源于“我要”。我要，我就能；我一定要，我就一定能。

100%的意愿，决定我们一定能找到100%的方法，因为成功一定有方法。

100%的意愿，决定我们一定会采取100%的行动，因为第九十九步放弃，恰恰反证我们仅仅是想要，我们不是一定要，即不是真正的100%的意愿。

100%的意愿，100%的期望强度，强烈的成功欲望，这一切都在向我们证明：是决心，而不是环境在决定我们的命运；只有决心，才最终决定成功。

下定决心去做伟大的事业，你才能成就伟大。

17岁的休斯做推销员时，他所有的亲戚朋友，都非常反对他做推销员，所以，他只好做陌生拜访。可是休斯又不大敢做陌生拜访，因为他害怕敲别人家门或跟陌生人谈论产品的时候，会被他们拒绝，因此业绩一直无法突破。

直到有一天，休斯的经理跑来找他，对他说：“你今天跟我去拜访。”

那天，他就跟经理一起下楼走到马路上，经理看到对面走来一个小女孩，就告诉休斯：“假如我现在走过这条马路没有办法向她推销产品的话，我走回马路时就让车撞死。”当时休斯听后吓了一大跳，心想经理怎么说出这种话。

只看到经理走过马路，开始向这位小女孩推销产品，经过了15分钟之后，他终于把产品卖出去了。

休斯看到之后，大为惊奇。于是，第二天他也想如法炮制，他就走下楼，开始向陌生人推销。可是，当他向陌生人开口的时候，头脑里马上想到万一被拒绝怎么办？于是又打退堂鼓了。

后来休斯回公司里面，找了一位同事并带他下楼，休斯对同事说："你看着，假如我无法向对面那个陌生人推销产品的话，我走回马路时就让车撞死。"

当休斯说完这句话的时候，他脑海里一片空白，根本不知道自己即将如何推销。他硬着头皮走过去，开始与陌生人交谈，他根本不知道自己要说什么，但是又不能走回头路，因为，他刚刚做过承诺、发过誓了，于是他使出浑身解数向这位陌生人推销产品，经过了30分钟之后，不可思议的事情发生了：那个陌生人终于买了他的产品。

休斯发现，原来决心的力量这么大。

其实在人生的道路上何尝不是如此。在失意的时候，只要给自己加点劲，加点自信，咬咬牙，也许就能挺过去：也可能在徘徊与犹豫不决中一不小心跌了下去，再无心继续；也有可能在接近成功时，过早惊喜，让唾手可得的成功因一时大意离自己而去。有时候也不是不能成功，只是我们心有杂念，前怕狼，后怕虎，想得太多，分散了精力，让成功与自己擦肩而过。

挫折是锻炼意志的试金石，一生中有许多的坎坷需要走过，许多的挫折失意需要面对。坚定信心，下定决心，就成功了一半，相信自己：我行！我行！我一定能行！什么事都是人做的，别人能做的，我也一定能做，就算不能做得最好，至少我可以做得更好。不在乎别人的眼光，不和别人攀比，自己尽力，自己满意就行。

飞过高山、大海的小鸟，翅膀才会更强硬。只要你能够下定决心，再大的困难也不能阻挡你。在走过风风雨雨后，你会发现，曾经认为天大的难事，现在看来也不过是小菜一碟。

再遇挫折时，就当是又一次考验；再需要下决心时，不要想着下一次。现在就说：我行！我行！我一定能行！而不是也许能行。给自己一个成功的暗示，你就会充满力量地前行。

第二节 生活没有捷径，不能知难而退

遇到困难不轻易放弃

做事遇到困难，是再平常不过的事情了，战胜困难的人，就是强者！

人生如战场，试想一下，如果你身临战场，当你遇到困难和敌人时就赶紧后退，其后果如何？

把事情做好，把困难解决掉，这不也是一种“作战”吗？因此，当你在自己的生活和事业中碰到困难时，应遵循一个原则——发挥自己的优势，绝不言退。

古印度莫卧尔皇帝在一生中经历过许多次失败。

有一次，他被对手打败，情急之下，不得不藏在一个马厩里躲避。作为一国之统帅，躲在马槽里听着对手在外面耀武扬威，肆意辱骂他，越想越来气，他忍不住要冲出去跟对手拼命。

就在这时他看到马槽里有一只蚂蚁在艰难地拖着一颗玉米粒，试着爬过一道看来它不可能过去的坎。已经是第六次了，蚂蚁从坎上翻滚下来，但小小的蚂蚁似乎没有意识到困难的巨大，它又一次衔起玉米粒爬上去，终于成功地翻了过去。

莫卧尔从中受到了巨大的鼓舞，再也不想什么对手的辱骂，安心躲在马槽里。脱险后，他再一次招集军队，不屈不挠地与敌人斗争，最后他建立了中世纪最后一个横跨欧亚非的帝国。

要做出来给别人看。要让别人知道你并不是一个懦弱之人、一个胆小鬼。即使你做事失败了，你不怕困难的精神和勇气也会得到他人的赞赏；如果你顺利地克服了困难，这就更加向他人证实了你的能力！如果有人出于对你的不服、怀疑、中伤、嫉妒而故意给你出些难题，当你一一解决时，你不仅清除了他人的不良心理，而且还提高了自己的地位。

要做出来给自己看。一个人一生中不可能一帆风顺，事事顺心如意。碰到点困难，这并不可怕，应把困难当成是对自己的一种考验与磨炼。也许你不一定能克服所有的困难，但在克服这些困难的过程中，你在智慧、经验、心志、胸怀等各方面都会有所成长，所谓“不经一事，不长一智”，说的就是这一道理。这对你日后面对困难有很大的帮助，因为你至少学会了该怎样应付它。如果你顺利地克服了困难，那么在这一过程中你所累积的经验和信心将是你一生当中最可贵的财富。可见，“绝不言退”并不只是单纯地勉励自己的话，实际上，它具有很大的价值。

如果你不相信，那就想象一下“遇难即退”的后果吧。这种人首先就会被人认为是一种唯唯诺诺之人，没有人认为他能成就大事；而事实上也是如此，因为他闪躲、逃避，无法克服困难、提升自己，自然也只能做一些无关紧要的小事情了。

当然，克服困难也要讲究方式方法，有些困难确实很大，你肯定不可能马上解决。在这种情况下，你只有采取其他更聪明的方法来解决，不能硬战死战，否则会让自己碰得头破血流。也许你会认为这是一种退却，但这种解决办法与退却完全不同！

因为你并未放弃克服这一困难，只是采取了一种灵活的方式。在你的心里，时时还想着这一困难，并且正想着用各种办法去加以解决，所以这不算退却。当你碰到困难时，可以首先评估一下：这一困难的难度有多大？自己的能力如何？有无外力可以援助？如果万一失败，自己对失败的承受力如何？这一困难值不值得自己去克服？

“留得青山在，不怕没柴烧”，如果你评估的结果对自己不利，那就完全可以采取缓兵之计。如果有机会获胜，而且你也应该去克服这种困难，那就要竭尽全力了。

机会稍纵即逝，如果你轻易放弃，也许会形成一种习惯，而一个人一旦养成稍微遇到点难处就放弃的习惯，那一辈子恐怕做不成什么大事。

跌倒一定要爬起来

一个人要成就事业，其意志相当重要。意志可以改变一切，跌倒之后忍痛爬起，这是对自己意志的磨炼，有了如钢的意志，便不怕下次“可能”还会跌倒了。因此，为了以后漫长的人生道路，你一定要爬起来。

张国荣不是横空出世、一夜成名的泡沫明星，他是踩着荆棘丛生的坎坷道路，一步一个脚印走到后来的巨星宝座上的。

不是谁都有登台的权利，不是谁都有站在舞台中央接受鲜花、掌声、艳羡与崇拜的权利的。这个权利，需要自己争取。

从1977年出道开始，张国荣慢慢知道了这个道理。可是，这个过程太艰苦。张国荣在十多年后的一次歌曲奖颁奖的时候笑谈那时候的情况，简单得归为一首他唱过的歌的名字：《有谁共鸣？》

一个孤独的少年奋斗着，月薪1000港币起，除了500元要用来交房租外，一日三餐全部在公司解决，这样才有车钱。经济的压力、感情的挫折、观众的倒彩，都是他早年生活的家常饭。生活从来不给人捷径。

张国荣一直都记得当年他在台上演出的时候，为了调节气氛，把帽子扔到了观众席中，而那个观众又给他扔了回来，让在台上本来就紧张不自信的他更加无地自容，那种被侮辱的感觉后来一直鞭策着他。

不知道在祭奠张国荣的队伍中，还有没有那个当年把帽子扔回给他的观众。有的话，张国荣的在天之灵也一定会谢谢他当年无意或者有意的举动，成就了张国荣的事业。

当然，艰苦的生活可以回头笑看，过的时候却并不轻松。当年那帽子被扔回台上，在一片哄笑声中，他坚持唱完了这首歌，然后冲回后台。当时他脸色发青，眼睛都直了，一位女歌手刚拍了拍他肩，他突然崩溃扑到对方怀里，像小孩一样痛哭。但是第二天他依然会按时到后台化妆。

张国荣 1977 年参加丽的电视台“亚洲业余歌唱比赛”，凭一曲 AMERICANPIN 获得香港地区亚军，同年他发行首张个人唱片 ILike-Dreaming。这张唱片鲜有人听过，即使是张国荣最铁杆的歌迷，也未必保有这张唱片。

张国荣坚持着，倒彩终于变成了真心的喝彩。1983 年，张国荣凭着《风继续吹》成名，次年再凭 MONICA 赢得超过 20 万张销量的佳绩。MONICA 还入选香港电台第 7 届“十大中文金曲”及无线电视第 2 届“十大劲歌金曲”，张国荣初尝走红滋味。

MONICA 大概也是很多内地歌迷接触到的第一首张国荣的歌，“Thanks thanks thanks thanks Monica，谁能代替你地位”，强劲的节拍、热辣的演唱，倾倒无数歌迷，今天我们再听看到它的 MV 时，尽管你会觉得有点傻气，但是你依然会喜欢它，喜欢当年张国荣青涩的样子，喜欢在当年很时髦但是现在看起来已经土气的造型和舞蹈。

自从以 MONICA 走红之后，张国荣的音乐成绩开始一发不可收拾。香港歌坛有史以来最狂热的歌迷之争——“谭张大战”也开始了。1986 年，张国荣以《当年情》、《有谁共鸣》入选“十大中文金曲”、“十大劲歌金曲”等奖项，1987 年，他更是凭借《无心睡眠》入选“双十大”，他的专辑 SUMMERROMANCE 还荣获香港电台第 10 届十大中文金曲“全年销量冠军大碟奖”。从此他开始横扫香港歌坛各大颁奖礼，到了 1988 年，张国荣除了以《沉默是金》等歌入选金曲之外，还开始囊括各类“最受欢迎男歌手奖”。

香港作家李碧华在她的专栏里这样记述:“张国荣先生的告别演唱会是我岁晚的必然节目。其实已改过两次期，都因为人回不来，长途电话知会吾友顺延 7 天，7 天后又 7 天。——幸好他开 33 场，终于赶上最后一场。当然我并无他歌迷那么伟大，但不想错过。对一位艺人至为尊重的，是在场、欣赏、鼓掌，有点不舍。当他唱《风继续吹》时，泣不成声，大家都为他精致的一张脸感动。”她曾经说张国荣是最生不逢时的艺人，演戏有周润发在前，唱歌有谭咏麟在前，但在残忍的娱乐竞争中，他能始终保持自己的笑脸。

好在张国荣不是一个喜欢膨胀的人，他的敏感和细腻让他在工作中始终非常用功。张国荣在专辑中曾说过："几个不能安睡的夜晚，我开始为这一张唱片作筹备工作！一直以来都有一种强烈的感觉，而这感觉亦极可能潜伏在每一个歌者的心底深处，就是希望能够有机会去演绎一些其他歌手的精彩作品！为了能够将自己一直以来喜欢的作品演绎出来，我唯有尽心地去将每一首作品努力地唱好！"

"在哪里跌倒，就在哪里爬起来。"这是不逃避失败的一种态度。在跌倒后又爬起来的一刹那，已经证明你具备了成功的最重要的条件——承受任何打击的决心。

不管跌得是轻还是重，只要你不愿爬起来，那你就会丧失机会，被人看不起，这是人性的现实，没什么道理好说。所以你一定要爬起来，就算爬起来又倒了下去，至少你也是个勇者，不会被人当成弱者。人们对于跌倒的人总会说："在哪里跌倒，就在哪里爬起来。"这是不逃避失败的一种态度，同时也可让同行的人了解"我最终还是站起来了"。

懒惰让人一事无成

林语堂曾说："如果你有伟大的才干，勤勉将会增进它。如果你只有平凡的才能，勤勉也可以补足它。"也许你听说过有些聪明的人很懒惰，但你却不会听说伟人很懒惰。

工作上的懒惰，将一事无成；家庭的懒惰，必将家不像家；自身的懒惰，必使自己污垢满面；生意上的懒惰，将是空空如也。

懒惰的伤害是全面的，它所招致的愤慨、谴责和悔恨是毁灭性的，更是无法逃避的。懒惰没有理由，没有借口。它永远是世界上最大的奢侈，诱惑的温床，时间的浪费者，幸福的蚕食者，愚蠢的孪生兄弟。

从前有一个年轻人非常懒惰，可是他的父母又不能天天在他身边照顾他，给他送吃送喝；即便是给他送吃送喝，他都懒得动手去拿。于是聪明的妈妈就想了一个办法，给她的儿子做了一张很大的饼，把饼的中间挖了一个洞正好可以让她儿子套到脖子上，这样当他饿了的时候，既可以不用自己做，也可以不用自己动手拿，只要一低头就可以啃到饼。聪明的妈妈满以为从此就可以高枕无忧了，所以过了很久才过来看她儿子，没想到自己的儿子居然死了。原来他只把自己嘴边的那一块给啃完了，都懒得再转到别的地方，结果就这样被活活的饿死了。

勤快的人，家庭和睦。勤快的人，工作积极。勤快的人，财源滚滚。许多本来可以做到的事，都因为一次又一次的懒惰拖延，而蹉跎了成功的机会。因为懒惰，与成功的机会擦肩而过。之后，就是失望，就是自责。恶性循环的结果，以至于养成一种可怕的习性，形成一种萎靡的思想，如果不能根除，不能克服，留下的只会是遗憾。

勤与惰，并不是距离遥远的两极，而只是薄薄的剃刀的两面，其间只有一刃之隔。翻过这一刃，便是勤奋与清醒。留在那边，便是懒惰与沉迷。

懒汉们常常抱怨，自己竟然没有能力让自己和家人衣食无忧；勤奋的人会说:“我也许没有什么特别的才能，但我能够拼命干活以挣取面包。”

勤奋代表一个人肯为自己的生活负责，是一位不敷衍塞责的务实者，他们肯在失败中寻找教训和经验，肯在顺境中打下更广的根基，更重要的是他们有一种锲而不舍的乐观和冲劲。当别人笑他们不懂得享受时，他们却暗暗地告诉自己：劳动本身就是一种享受。勤奋肯吃苦的人，不但精神生活充沛，回报也多。勤奋的人健康有活力，前程乐观；反之，好逸恶劳的人，会逐渐消沉、堕落。

在一个团体里，一个始终做到“勤勉”的人会为自己带来很多好处，如：

给自己塑造一种敬业的形象——其他人在混日子而你却在兢兢业业地勤奋工作，这种敬业精神就会成为他人眼里的焦点，大家都认为你的这种精神值得敬佩。

容易获得别人的谅解——当工作出错时，有些上司喜欢找个替罪羊，如果你很“勤”，别人不大会找到你头上，因为人们一般不会找一个勤于工作的人来替罪；如果你确实做错了事，一般人也不忍心指责你，他们总是认为，人家已经那么认真了，出了点错，下次再改吧！

容易获得主管的信任——当主管的喜欢启用勤奋的人，因为这样他比较放心，如果你真的能力不足，但因为勤奋，主管还是会给你合适的机会。当主管的都喜欢鼓励肯干上进的人，此理古今中外皆同。

克服懒惰思想，改正懒惰习惯，不必等待，毋庸拖延，脚踏实地做好每一件事情，去做一个勤勉的人。当懒惰毁掉你之前，先去毁掉懒惰，这才是给予人生最好的交代和答复。

不能只靠天分

没有人能只依靠天分成功。上苍给了天分，勤奋将天分变为天才。一位大学校长在给学生做演讲时说:“天才就是不断努力的人。”纯粹靠勤奋和毅力也能产生让人惊讶的成果。即使你的智力比别人稍微差一些，你的实干也会在日积月累中弥补这个弱势。

婷今年 35 岁，因为所在公司经营能力每况愈下，开始裁员。因为婷很努力，业务能力强，所以被留了下来。但工作强度的明显加大，整天从早忙到晚，少有休息。爱人有个非常稳定的工作，且收入不菲。他心疼妻子，劝她干脆下岗回家，按理说在家“相夫教女”也是种人生。不过婷并没有接受爱人的好意，更没有因为繁重的工作压力而停步不前，她觉得如今社会，凭一张本科学历是远远不够的，于是开始考虑充电。

30 几岁的人重新拾起书本是需要很大毅力的，而她却选择报考中国会计界公认高难度的注册会计师（CPA）考试，这其实就是对自己的一种挑战。这种考试共五门课程，由于难度大，通过率非常低，所以国家规定在连续的五年内全科通过即为合格。白天在厂里忙工作，晚上回家忙家务。一天的时间只有二十四小时，婷只有牺牲睡眠的时间勤奋学习。

婷说那是她一生中最苦的岁月，一天只能睡 3、4 个小时，放弃了休息、放弃了所有的娱乐。每天“两点一线”，一空下来就啃书。终于“功夫不付有心人”，第一年她一举通过四门。她的同事、朋友们都感到吃惊，都夸她聪明绝顶。其实这是她勤奋耕耘的结果，而且这种辛苦不是人人都能做到的，何况对于一位被工作和家务缠扰的女人而言，需要付出多少努力呀！第二年一举攻克仅剩的一门。顺利取得 CPA 证书。而这时公司里已经完全瘫痪了，而婷还有 20 多年才能退休，总不能在家休息啊！恰好有了这本 CPA 在手，她的人生从此有了重大转机。

她去一家新成立的会计师事务所应聘，所长问她除了 CPA 证书，有没有其他证书，她说：“其他证书没有，我可以去考。”所长说：“等你考取从业资格证书和会计师证书再来吧”。婷觉得找一份好工作不容易，与所长商量：“请您先录取我，我保证一年之内考取您所需要的证书。假如我考不取，您再辞退我也不迟。”如此恳切的话语最终让会计师事务所录用了她。在所里她仍然是最有效率的一位，同时也是最刻苦的一位。同仁们都劝她：“你有一本 CPA 证书到哪都能谋得一份好工作了，还学什么哟。”因为她没忘记自己的诺言，一年内考取从业资格证书和会计师证书。后来又陆续考取了证券评估师、资产评估师等多项资格证书。她的月薪在所里也逐步增加，同仁们都非常羡慕她，这真是验证了“知识就是财富”的名言。

现在，她跳槽到当地最大的会计师事务所，薪水自然更加高了，工作也更繁忙了。现在别人请她出具审计报告，至少要提前一周与她预约。婷现在购了房、买了车，成了真正的白领人士，照一般人想，已经拥有这份体面又高薪的职业，应当非常满足现状了。可是她说“为什么不继续学习”，人生短短几十年，就是向自己挑战的过程，况且自己还能学，自己还想学。现在，她又开始了职场生涯的下一学习目标——ACCA（国际特许公认会计师）。此证书目前在中国的年薪行情：一年最低收入 50

万元人民币。

我们不难看出，勤奋是一所成功之人必须进入学习的高贵的学校。在这里你可以学到有用的知识，独立的意识得到培养，坚忍不拔的意识也会得以养成。勤奋本身就是财富。你是一个勤奋、肯干、刻苦的员工，就能像蜜蜂一样，采的花越多，酿的蜜也越多，你享受到的甜美也越多。

无论是对个人还是对一个民族而言，懒惰都是一种堕落的、具有毁灭性威力的东西。懒惰、懈怠从来没有使人在世界历史上留下好名声，也永远不会留下好名声。懒惰是一种精神腐蚀剂，因为懒惰，人们不愿意爬过一个小山岗去观赏那一边的风景；因为懒惰，人们不愿意去战胜那些完全可以战胜的困难。因此，那些生性懒惰的人永远不可能在社会生活中成功。成功是那些辛勤劳动的人们头上的花环，懒惰是恶劣而卑鄙的精神重负。做人一旦与这个词语相连，就只会整天怨天尤人，精神沮丧，无所事事，而且对社会无用对别人无益。

实干并且坚持下去是对勤奋刻苦的最好注解。要做一个好的员工，你就要像那些石匠一样。他们一次次地挥舞铁锤，试图把石头劈开。也许 100 次的努力和辛勤都不会有什么结果，但最后的一击石头会裂开的，那就是你成功的时候，这种成功正是你勤劳刻苦的结果。

对于勤奋的人来说，上天总是会给他最高的荣誉和奖赏。为了达到更好的更大的工作成就，加薪也好，提升也好，你必须不断地奋斗。刻苦地训练专业技能尤其必要。勤奋的敬业精神更像一个助力器，把你自己推到上司的面前。

第四章 勤奋一点争志气

人生就是一场竞技赛，生命就是赛程，能在这场竞技赛上获取金牌的人，都是永远勤奋的斗士，因为他们知道任何的成功都源于自身的勤奋和努力。事实也的确如此。许多人都想拥有一段不同凡响的经历，一个非凡的人生，要想获得这种经历和人生，最好的办法就是勤奋。

第一节 想成为卓越者，勤奋是必不可少的

成就和勤奋成正比

一个人想成为一个卓越者，除了工作质量和拥有胜出意识外，还要有辛苦打拼的心理准备。工作事半功倍的人运气似乎总是特别好，因为他们特别容易遇到更多有价值、报酬高的工作机会，胜出的可能性也就更大。

在公司中，晋升到重要职位的人，通常都是最努力工作、最投入的人。他们会不断物色公司里像自己这样的人，所谓物以类聚。所以，想得到胜出的机会，除了为自己建立好的自我意识外，最快、最有效的做法莫过于勤奋工作。

不幸的是，生活中，很多人都好逸恶劳，只求做好分内的工作，不被开除就好。

根据罗伯哈福国际公司调查，一般人拿了薪水，却只花了50%的时间在工作。管理阶层的人甚至在私下接受访问时也承认，大概有整整50%的上班时间，根本是在处理与工作、甚至与公司完全无关的私事。根据调查，上班族每天有37%的上班时间浪费在和同事无聊的闲聊上；另外22%则是浪费在迟到，早退上，有些则是浪费在休息和延长午餐时间上；又有些时间是因为私事和打私人电话而消耗掉了。

如果这些被浪费的时间能够被利用到工作中去，那么一个人的工作效率和工作成果会有多大的提升，其结果就可想而知了。

美国著名作家杰克·伦敦在19岁以前，还从来没有进过中学，但他非常勤奋，通过不懈的努力，使自己从小混混成为了一个文学巨匠。

杰克·伦敦的童年生活充满了贫困与艰难，他整天像发了疯一样跟着一群恶棍在旧金山海湾附近游荡。说起学校，他不屑一顾，并把大部分的时间都花在偷盗等勾当上。不过有一天，他漫不经心地走进一家公共图书馆内开始读起名著《鲁滨逊漂流记》时，他看得如痴如醉，被深深地感动了。在看这本书时，饥肠辘辘的他竟然舍不得中途停下来回家吃饭。第二天，他又跑到图书馆去看别的，另一个新的世界展现在他的面前——一个如同《天方夜谭》中巴格达一样奇异美妙的世界。从这以后，一种酷爱读书的情绪便不可抑制地左右了他。一天中，他读书的时间达到了10至15小时，从荷马到莎士比亚，从赫伯特·斯宾基到马克思等人的所有著作，他都如饥似渴地读着。19岁时，他决定停止以前靠体力劳动吃饭的生涯，改成以脑力谋生。他厌倦了流浪的生活，他不愿再挨警察无情的拳头，他也不甘心让铁路的工头用灯按自己的脑袋。

于是，就在他 19 岁时，他进入加利福尼亚州的奥克德中学。他不分昼夜地用功，从来就没有好好地睡过一觉。天道酬勤，他也因此有了显著的进步，他只用了 3 个月的时间就把 4 年的课程念完了，通过考试后，他进入了加州大学。

他渴望成为一名伟大的作家，在这一雄心的驱使下，他一遍又一遍地读《金银岛》、《基督山恩仇记》、《双城记》等书，之后就拼命地写作。他每天写 5000 字，这也就是说，他可以用 20 天的时间完成一部长篇小说。他有时会一口气给编辑们寄出 30 篇小说，但它们统统被退了回来。

后来，他写了一篇名为《海岸外的飓风》的小说，这篇小说获得了一家杂志社所举办的征文比赛一等奖，但他只得到了 20 美元的稿费。5 年后的 1903 年，他有 6 部长篇以及 125 篇短篇小说问世，他成了美国文艺界最为知名的人物之一。

杰克·伦敦的经历一点都不让我们感到惊讶，一个人的成就和他的勤奋程度永远是成正比的。试想，如果杰克·伦敦不是那么勤奋，对写作那样如饥似渴，他绝对不会取得日后的成就。勤奋是到达卓越的阶梯，如果你是想成为卓越者，那么就一定要付出勤奋的努力才行。

态度决定是否认真

一位伟人曾说过："你的心态就是你真正的主人"。你的态度如何，在一定程度上已决定你是失败还是成功。要改变现状、克服困难，首先要做的就是要端正态度，没有正确的态度，一切就无从谈起。

端正工作态度，要求我们合理定位，把心沉下来，兢兢业业做好本职工作。不论工作水平高低，都要以爱岗敬业为前提，干一行，爱一行，全身心投入工作，这样才能安于工作，有所作为。

米勒很不满意自己的工作，他忿忿地对朋友说："我的老板一点不把我放在眼里，改天我要对他拍桌子，然后辞职不干。"

朋友问他："你对公司贸易情况熟悉吗？对他们做国际贸易的窍门完全搞通了吗？"

米勒漫不经心地回答他的朋友："没有。我懒得去钻研那些东西。"

朋友说："我建议你先静下心来，抱着积极的态度，认认真真地对待自己的工作，好好地把他们的贸易技巧、商业文书和公司组织完全搞通，甚至包括签订合同，都弄通以后再作决定，这样，你可能会有更多的收获。"

米勒听了朋友的建议，一改往日散漫的习惯，开始积极地投入到工作中，甚至下班之后，还留在办公室研究写商业文书的方法。

半年之后，那位朋友偶然遇到米勒，问道："你现在大概多半都学会了，准备拍桌子不干了吧？"

"可是我发现近半年来，老板对我刮目相看，最近更是不断加薪，并委以重任，我已经成为公司的红人了！"

"这是我早就料到的！"他的朋友笑着说："当初你的老板不重视你，是因为你在工作中自由散漫，敷衍了事，能力不足，却又不努力学习。现在，你的工作态度这么积极，担当的任务多了，能力也加强了，当然会令他对你刮目相看了。"

积极主动与消极被动，这两者之间会有天壤之别，其关键在于对待生活和工作的态度上。我们每个人工作的目的和成果都是不一样的，存在差距的一个主要原因就是态度。良好的工作态度，是我们走向成功的一个前提。决定一个人的工资收入的深层因素，不再是知识和技能本身，而是生活与工作的态度。

前国足主教练米卢说：态度决定一切。态度就是竞争力，在单位里，员工与员工之间在竞争智慧和能力的同时，更在竞争态度。一个人能否脱颖而出，固然需要他的能力超越众人，更需要他的态度比别人更积极。不能说具有了某种态度就一定能成功，但是成功的人们都有着一些相同的态度。那些被解雇或者始终得不到提升的人，往往不是因为他们的能力不够，而是他们的态度不够端正。在风云变化的职场上，思维活跃、能力超强的新人或者经验丰富的业内资深人士不断地涌进我们所在的单位或行业，我们每天都在与人竞争，懒散地对待工作，只会导致竞争力减弱，最终被市场淘汰。

看看我们的周围，会发现我们中间的很多同事都是这样：只有在形势所迫时才去工作，对于自己身上的潜力无动于衷，遇到事情总是敷衍塞责，宁愿待在原地也不肯花点心思向上攀登。他们满足于混日子，敷衍了事，浑水摸鱼，过一天算一天，日复一日年复一年，却不知道这是在浪费自己宝贵的青春、生命、大好前程。

这种负面消极的工作态度会让我们心情越来越糟糕，工作越来越被动，收入越来越微薄，严重影响我们的工作、生活，甚至是健康。我们整天生活在负面情绪当中，完全享受不到工作的乐趣，而且还会将消极情绪不知不觉中传染给周围更多的人。

如果你只把目光停留在工作本身，那么即使从事你最喜欢的工作，你依然无法持久地保持对工作的热情，而如果在拟定合同时你想的是一个几百万的订单，搜集资料、撰写标书时你想到的是招标会上的夺冠，你还会认为自己的工作百无聊赖枯燥无味吗？工作满意的秘密之一就是能“看到超越日常工作的东西”。

心情愉快起来就会全身心投入，本来你觉得乏味无比的事情就会变得妙趣横生。这正是工作的本质所在。假使你决意做每一件事，并且竭尽全力，你对于工作就不致产生厌恶或痛苦的感觉。一切全看你的态度。充沛的精力可以使最艰难的工作变得趣味横生，颓废的样子可以使人对于最高尚的事务产生厌恶的感觉。

不重视自己工作的员工，他就不能尊敬自己；一个不认真对待工作的员工，他的工作肯定做不好。如果你轻视自己的工作，那么，老板也会因此而轻视你。有些工作只从表面看，也许索然无味，一旦深入其中，你就会认识到其不同凡响的意义。因此，当你面对一项差劲的工作时，你可试着从工作本身去理解它、认识它、看待它。当你从平凡表象中，洞悉其中不平凡的本质后，你就会从卑微的境况中解脱出来，厌恶感也会烟消云散。

你对工作没有热情，表现得很消极，那你就不可能在工作上取得任何成就。如果你认为你很虚弱，你的条件不足，会失败，是二流货色等等，这些想法就注定会使你平平庸庸地度过一辈子。反过来，你如果认为自己很重要，有足够的条件，是第一流的人才，自己的工作也确实很重要，那么你很快就会迈上成功之路。

缺什么不能缺热情

一个人要想在众多的同事里脱颖而出，必须用高于他人的业绩来证明你的能力，只有能力出众，才能引起领导的重视。能力需要行动力，即使你才华横溢，但缺乏工作热情，不积极地将你的能力转换成行动，你永远也不会创造出骄人的业绩，因而也得到提拔和重用。

很多人在选择工作时，往往由于种种现实的局限，很难兼顾到自己的兴趣爱好。正因为不是自己的所爱，所以工作起来就会感觉动力不足；有一些人虽然当初是根据兴趣所选，但长时间重复同样的事情也难免令人感觉厌烦。因此，人们对待自己的工作不再像当初那样满心热情，几乎可以说有点麻木了。

“湿柴点不着火。”没有热情的工作状态不利于更好地工作。

缺乏热情，不是工作的问题，而是你的“易燃指数”不够高，还没有达到能燃烧起来的程度。我们不妨尝试着去热爱自己的工作。即使这份工作你不太喜欢，也要尽一切能力去热爱它，并凭借这种热爱去发掘自己内心蕴藏着的活力和巨大的创造力。一个内心充满热情的人，无论做什么，不管是保管员，或者是总经理，不论工作有多少困难，他都愿意付出自己最大的努力。

用你的所有换取你工作上的满腔热情。卡耐基认为：一个人成功的因素很多，而属于这些因素之首的就是热情。没有它，不论你有多大的能力，都发挥不出来。

一个人即使再有才干，如果缺乏热情，那他什么事都干不好、干不成；而一个充满热情的人，却能干好他力所能及的每一件事！

凡是有成就的人，几乎都有一个共同的特质：无论从事哪一种职业，也无论这些人的才智高低，他们都对自己所从事的工作抱有极大的热情，这是促成他们取得不凡成就的主要因素之一。

雅诗·兰黛创办了著名的雅诗·兰黛化妆品公司，被誉为当代“化妆品工业皇后”，并多次荣登《财富》与《福布斯》杂志的富豪榜。她正是凭着自己的聪颖和对事业的高度热情，才创造出如此辉煌的成就。直到80岁，她还坚持每天工作十几个小时，她这种对待工作的激情和旺盛的精力实在令人惊讶。

微软的招聘官说：“从人力资源的角度讲，我们愿意招的‘微软人’，他首先应该是一个非常有激情的人：对公司有激情、对技术有激情、对工作有激情，他们可能给你带来许多意想不到的成果。”

日本本身没有什么资源，在第二次世界大战后却能够迅速崛起。经过几十年的发展，如今，日本的汽车业已经严重威胁到欧美的汽车业；光学仪器和照相机威胁到德国；制表业威胁到瑞士；动画和游戏机更是席卷世界市场。这主要归功于日本人对工作认真，而且多数人会在工作中自寻趣味，对工作抱高度热情的态度，因此生产出来的产品得到世界消费者广泛地认可。

一个人要有所成就，除了客观条件与能力外，更需要正确的态度。事情的结果往往跟我们的热情程度成正比。只有在工作中投入热情，才能激发出灵感和创意，主动做事，力求完美。

如果一个人不懂得热爱自己的工作，那他注定难成大事。我们很难想象，一个对于自己手头正在做的某件事情没有一点热情的人，能把这件事情做好。

被称作“经营之神”的松下幸之助十分重视热情的作用。他认为，热情胜过才干！不论你有多高的才能，有多丰富的知识，如果缺乏“热情”，那就等于纸上谈兵，一事无成。相反的，如果智力稍差，才能平庸，但是却认真奋斗、满腔热情，所谓“勤能补拙”，一定能产生很好的业绩！

有些人并非缺少才华，他们在某一领域里的丰富知识甚至令其他的人望尘莫及，但他们的事业并不见有什么起色。有些人不一定具备渊博的专业知识，但由于充满了热情，反而创造出了显著的业绩。

纽约中央铁路公司前总经理佛瑞德瑞克·魏廉生曾发表过这样一番谈话：“我愈老愈更加确认，热情是成功的秘诀。如果两个人在技术、能力和智慧上的差别不是很大时，对工作怀有更多热情的人将会拥有更多发展的机会。虽然一个人的能力不是很强，但是热情具有一种可贵的能量，因此反而会胜过能力比自己强却缺乏热情的人。”

工作热情是工作能力的前提和基础。一个人如果没有了工作热情，那么他的价值就是零。有了工作热情，才能使工作能力在最大程度上发挥作用。因此，一些知名企业在招聘人才时，他们并不十分看好在业务技能上拔尖的人员，而是把应聘者对工作是否有热忱，作为企业是否录用他们的一个重要衡量标准。

热情的心态是做任何事情都必须的条件。有史以来没有任何一项伟大的事业不是因为热情而成功的。

一个人的工作态度折射出人生态度，而人生态度决定一个人一生的成就。一个对工作充满热忱的人，无论他眼下是在洗马桶、挖土方，或者是在经营着一家大公司，都一样对工作充满激情。一个对工作充满激情的人，无论面对什么困难，无论前途看起来是多么的暗淡，他们总是有足够的信心把心目中的愿景变成现实。

全力以赴是成功的保障

一个猎人带着他的猎狗去打猎，途经猎场一只野兔跑过，猎人一箭射去，受伤的野兔惊魂未定落荒而逃，猎人随即命令猎狗马上追，猎狗奉命下去，一会儿，猎狗两手空空而归，猎人责备道："怎么搞的？连一只受伤的野兔都追不到？"猎狗一脸委曲地说："没办法，我已经尽力了，怪只怪野兔跑得太快"。猎人看了看气喘吁吁的猎狗，心想也是啊，算了！花开两朵各表一支，那边猎狗受到两句批评怏怏不乐地离去。这边野兔的同伴见身受重伤的野兔居然能死里逃生，都过来祝贺："老兄，你可真行啊！你伤成这个样子，竟然能在强大的猎狗面前逃生，好了不起啊"，野兔见状回答："非也、非也，我与猎狗怎么能比呢！猎狗追不上我，最多只被批评几句，我要是被猎狗追到，命就没有了，他只是尽力而为，而我却在竭尽全力呀！

从这则故事中我们可以看出，做事情起决定作用的并非是能力，而是态度。不管一个人的能力如何，都要做到全心全意，全力以赴，否则，天才也会怀有遗憾。

在工作中，不乏能力出众的人，他们有些人则认为，单位的事情应该领导去操心，一个小职员管那么多干嘛，纯粹是没事找事，而且，你用了心、费了力，领导也不一定知道。一个没有高度责任心的人，是不会全力以赴工作的，明明能够做到，却有所保留，不能付出100%的努力。天天把能力挂在嘴上，却不能全力以赴的员工，工作只开花不结果。

把时间花在什么地方，就会在那里看到成绩。做好自己所做的每一项工作，即便是普通的工作，也值得你全力以赴，尽职尽责，认真地完成。

全心全意将自己的智慧和精力贯注于工作中去，让每一件事情都做得尽善尽美，从而在自己所在的岗位上发挥出最大能量，是自身得到提升的最快捷的渠道。

工作一定要竭尽全力，因为它决定一个人日后事业上的成败。一个人一旦领悟了全力以赴地工作能消除工作辛劳这一秘诀，他就掌握了打开成功之门的钥匙了。能处处以主动尽职的态度工作，即使从事最平庸的职业也能增添个人的荣耀。

世上没有不可能的事，关键是我们有没有竭尽全力，往往成功就差一步，那就看你有没有竭尽全力。对于工作，仅有努力还是不够的，只有倾全力才能成功。全力以赴地工作，意味着挖掘潜能的极限，是挑战一个人能力的极限，是挑战生命的极限，而不是简单地完成任务。

做工作，就要使出自己全部力量，毫无保留，有多少力使出多少力。不能满足于一般的工作表现，才能做到最好。

不管你的工作报酬是高是低，你都应该保持这种良好的工作作风。虽然人类永远不能做到完美无缺，但是在我们不断增强自己的力量、不断提升自己的时候，我们对自己要求的标准会越来越高，我们也会因此离完美越来越近。

常听有些人慨叹着说:“我的一生一无所获，事业一无所成。”人生最大的遗憾与折磨，莫过于此。由于疏懒懈怠造成的巨大缺憾，连自己也无法向自己交代。

不要抱怨说自己在工作上尽心尽力了，但还是没有得到领导的重视与重用。一个被重用的员工，除了具有人品和才华外，对工作是不是100%的投入，也是一个重要的条件。

不要以为把工作尽力完成就足够了，实际上还有更大的空间和潜力，你完全可以干得更出色。有十分才能，就不要出九分。只有全力以赴，你才能超越你的能力，达到更高的业绩线。

全力以赴的工作态度，是职场人士所应当而且必须具备的品质，它是创立最佳工作业绩的有力保障。

如果你的能力一般，全力以赴可以让你走向更好；如果你十分优秀，全力以赴将把你带向更成功的领域。

不要过分计较一时的利益得失，保持平和的心态，把自己岗位上的职责做到最好，才能在自己的领域里出类拔萃，才能实现自己的人生价值。一个人工作时所具有的精神，不但会影响工作效率和质量，而且对其品格的形成也大有影响。

在现实的工作中，有的员工只知道一味地抱怨单位、抱怨上司，却从不反省自己的工作态度，他们根本意识不到被单位重用是建立在认真完成工作的基础上的。

要尊重自己所做的每一项工作，即便是普通的工作，每一件事都值得你去做，值得你全力以赴，尽职尽责，认真地完成。小任务顺利完成，有利于你对大任务的成功把握。一步一个脚印地向上攀登，便不会轻易跌落，而获得成功的的秘诀就蕴藏在其中。

第二节 多努力一分，就多一分成绩

以努力提升能力

很多人在埋怨自己的工作：没前途、没意思、不能实现自身的价值……其实，任何一个人的成功，哪个不是在平凡的岗位上迎来机遇而改变命运的？多负一点责任，会让你有更多的机会。

每一份工作，不管是喜欢还是不喜欢，都要认真对待，努力做好。多做一些事情，多动一点脑，多想一些事情，你并没有损失什么。相反，你还可能比别人多一点机会，多一点收获。让我们看看奥地利青年葛朗华是怎样从一个小送稿生走上总编高位的。

奥地利青年葛朗华在二战时逃离了希特勒统治下的祖国，历尽艰辛来到了美国。人地两生，他费尽了许多努力，才在当时美国的《时代》杂志的外国新闻部找到了一份送稿生的工作。他的工作很简单，就是把作家们的稿件油印，然后送到另一栋大楼的外国新闻编辑部去。

面对单调的工作，葛朗华很是珍惜，他从不偷懒，但送稿的速度却总比别人慢。因为他一边走一边读这些文章，为这些文章编分章节、插做标题等。当他来到外国编辑部交稿时已拟就了一份让文章更出色的编辑建议。葛朗华的工作精神、才华和为工作着想的工作态度很快就引起了编辑部的注意。多年后，葛朗华成为《时代》杂志的总编。

按理说，葛朗华只要把稿件按时送到，工作就算完成了，他完全不用边走边琢磨边拟定建议，但如果他每天就只是送他的稿件，多年后他可能连个送稿生也当不成了，更不用说当总编了。

不管你做什么工作，不管你的职位多么卑微，既然你选择了这个职业和岗位，就要为之付出十二分的热忱，要相信，没有卑微的工作，只有卑微的工作态度。一分付出一分收获。轻视自己的工作，就很难把工作做好，也无法发挥内在特长，一辈子也体会不到什么是真正的成功。

不要抱怨你的工作，好运气是靠努力和耐心的蛰伏换来的。工作上再努力一点，标准高出别人一点，你就能取很大的收获。凡是有所成就的人，他们比别人更为“精心”，标准高出别人一点，工作成效自然就凸显出来了。

精心一点并不难，既然已付出了99%的努力，完成了绝大部分的工作量，再加上一点努力又有什么困难呢？但是，很多人往往缺少的就是“再努力点”所需要的一点点责任、一点点决心、一点点敬业的态度和自发精神。

多加一点敬业精神，你将收到数倍于那一点点付出的收获和回报。要勇于负责，不断自我鞭策，自我栽培，自我锤炼，这样才能让能力不断得到提升。

少点怨言，多些努力

取得突出成就的人与取得中等成就的人几乎做了同样多的工作，前者仅仅是多做了一分努力，却取得了与后者有天壤之别的成就。

萍在一家化妆品公司做营业员，做了5年连个店长也没当上，为此事她一直向朋友抱怨，说老板不具慧眼，又说同事挤兑她。对此朋友半信半疑。

一次，朋友去萍所在的店里看望她。萍不停地和朋友说话，手里还拿着游戏机在玩，顾客进来时她连理都不理。顾客本来想向萍询问一些问题，但看到她的情景便欲言又止，一连来了五个顾客她都没有理会，只向第六个顾客说了一句“买不起就别看”，结果第六个顾客满脸通红摔门而出。

几个月后，朋友再去店里找萍时，一位同事说她已经被解雇了。我们总能听到许多人抱怨他们的工作不顺利，但事实上，他们的不顺利都是他们亲手造成的。但遗憾的是，很多人总是在受到惩罚之后才会恍然醒悟；在失去工作的时候，才懂得付出努力的重要。

很多人都埋怨自己的运气不好，别人那么容易成功，而自己却总是在成功的边缘打转。其实，他们不知道，失败的原因正是他们自己。他们不肯在工作上集中全部心思和智力，做起事来无精打采、萎靡不振；他们没有远大的抱负，在事业发展过程中也没有排除障碍的决心。这样怎么能成功呢？

一个人要想适应未来社会的发展并走向成功，就要扮演好自己的工作角色。无论担任何种职务，做什么样的工作，都负有相应的责任，这是社会法则，这是道德法则，这还是心灵法则。公司不是慈善机构，既然支付薪金聘请你，就自然认为你所承担的工作别人无法替代，你的劳动成果的重要性是毋庸置疑的。

有一位大学生毕业后在一家科研单位上班，工作很长一段时间后还是个小小的助手。每天守着那些瓶瓶罐罐，干些洗洗涮涮、扫地倒水的简单体力劳动。“大学生”怎么也想不通，逐渐就有些自暴自弃了：凑合干下去吧，等合同期一满，我就走人，这破地方不可久留。

但此后不久，一件意外的小事刺激了他：和他同学校毕业比他早两年来的师兄因为平时工作勤奋认真，被任命为课题组长。“大学生”平时和他关系不错，那位师兄从来不像“大学生”那样抱怨，相反总是安慰他要把目光放长远一些，不要只看眼前利益。

“大学生”平时总对师兄的劝告不以为然，现在似乎有点明白了：我以前怎么老有那么多不切实际的幻想呢？一个刚毕业的学生，没有任何社会经验，没有参加过多少实践活动，单位凭什么信任我、对我委以重任？他平时还总是自诩有远大的抱负，其实在别人眼里只是个既不踏实又很幼稚的牢骚鬼罢了。

“大学生”终于回到了现实之中，不再总是抱怨怀才不遇了。他逐渐发现，自己平日看不起的简单工作，实际也能使自己学到很多东西：工作时经常与老板见面，很多时候能亲眼看见他们是怎么做工作的，好像并没有自己当初想象的那么复杂。他感到自己真的有了进步，并且这种进步是踏实的。在职业生涯中，努力工作是最基本的要求。每个人不仅要做好本职工作，更应该努力多做一点。西方有句名言：机会总是偏爱那些有准备的头脑，付出多少，就会回报多少。尽自己所能多做一点工作，相对来说，具有以下两个方面的优势：

第一，这会为我们带来更多的成功机会。如果不是自己的分内之事，而我们也做了，这就是机会。因为这会使别人更多地注意到你，进而关注你，信赖你，再交给你更多的工作，这样你的能力、你的才华才会逐步显露出来，如果你连机会都没有，那么就是再有能力也体现不出来了。

第二，这会使我们迅速地熟悉环境，掌握工作技能。刚参加工作的时候，大家都是处在同一个起跑线上，为什么以后的发展却会大大不同呢？主要还是在于学习的程度不一样，对待的态度也不一样。我们已经具有了一定的专业知识，可是要成为业务骨干，还必须不断拓宽自己其他相关方面的知识，一些看似无关的知识往往会对你将要担负的工作起到巨大的作用。而“每天多做一点”则能给我们提供这样的学习机会。

著名投资专家约翰·坦普尔顿通过大量的观察研究，得出了一条很重要的结论:“取得突出成就的人与取得中等成就的人几乎做了同样多的工作，前者仅仅是多做了一分努力，却取得了与后者有天壤之别的成就。”尽职尽责完成自己的工作，最多只能算是称职的人；如果在自己的工作中“每天多做一点”，就可能成为优秀的人。

不管是在商业界还是在艺术界或体育界，在所有的领域，那些知名的、出类拔萃的人与其他人的区别在哪里呢？回答是“就多那么一点点努力”。虽然只是多了一点点的努力，但是这一点点，可不是每个人都能做到的。

很多人把工作与酬劳计算得清清楚楚，多一分的努力都不愿意去做，或者说做了就得有回报。他们不认为多做这些工作还会为自己带来什么。不要以为领导整天什么都没看见，领导的眼睛长在你的脑后，你做什么他都看得清清楚楚。

对待工作，如果你付出的越多，你得到的就越多。所以，工作中不要有“做一天和尚撞一天钟”，“拿多少钱，做多少事”的想法。如果你每天多做一点，初衷虽然不是为了报酬，但往往获得的更多。

一个人能够从平凡的工作中脱颖而出，一方面由个人的才能决定，另一方面则取决于个人的进取心。要知道，这个世界为那些努力工作的人大开绿灯。

培养主动执行的精神

一个优秀的员工必须要主动承担责任，做到自动自发的工作，千万不要让你的上司总是提醒你该做什么，而是自己要知道该做些什么。

大多数老板不喜欢让自己总是操心的员工，他们更欣赏那些积极、主动、知道自己该做什么的员工。所以我们每个人都应该学会在工作中“自动自发”。

什么是自动自发？即没有人要求强迫你做事，而你也能自觉、出色地做好自己的事情。这句话说简单些就是积极主动地做事。主动地要求承担更多更大的责任，并为之努力，胸怀满腔热忱，积极地去思考，去解决问题，去圆满完成分内、分外的工作，在不断增加自己的工作经验和阅历的同时，我们的能力就会不断增强。当你在考虑一项困难的决策时，当你所采取的行动不仅是为了满足生存的需要，同时也是实现个人人生价值的需要时，你就会摆脱最初的平庸思想，站在一个新高度，用一种新的观念去看待周围的事物。相反，一味地逃避与推脱所造成的结果往往是把与责任一同而来的机遇和馈赠也拒之门外了，没有了机会，我们去哪里展现自我，去实现自己的人生价值，何谈出色与成功？

自动自发是高效工作的前提，特别是现今社会，商业环境的节奏正以令人炫目的速度快速运转着，大至企业，小至员工，要想立于不败之地，都必须奉行主动执行、自动自发的工作理念。作为一名老板，为了生存，他恨不能把一分钟掰成两分钟用。所以，如果你不能自动自发，凡事都让老板多替你操心，要老板多花时间等你的工作出成果，这比浪费金钱更叫他痛心。失去一分钟，他就有可能失去整个计划。没有哪个不讲效率者能成为老板，也没有哪个老板能长期容忍不能自动自发的员工。

想在职场中一路顺风，最实际的方法就是对老板交代的工作要在第一时间内处理掉，同时考虑到与自己工作相关的一些事情，以及公司的各方面利益点，争取让工作早日完成，把最完美的结果呈现给老板，让老板放心。

不能自动自发的员工迟早会被社会淘汰，优秀人才总是为社会所需要。

“适者生存”的法则并不是仅仅建立在残酷的优胜劣汰基础上，而是基于公平正义，是绝对公平原则的一部分。若非如此，美德如何能发扬光大？社会又如何能取得进步？许多老板费尽心机地寻找能够胜任工作的人，这些老板所从事的业务并不需要出众的技巧，而是需要谨慎、朝气蓬勃与自动自发，然而他们聘请的一个又一个员工却因为粗心、懒惰、没有做好分内之事而频繁遭到解雇，却还在抱怨现行的法律、社会福利和命运对自己的不公。

你不要这样想：我是一名不需要当“将军”的“士兵”，所以我在最低限度内完成工作就可以了，无论公司怎样，我的利益都是有保障的。这种想法是错误的，无论什么公司，无论什么工作，都需要具有主动执行精神、全身心地投入到公司生存发展、与公司荣辱与共的人。

成功也是一个长期努力积累的过程，没有谁是一夜成名的。所谓的主动，指的是随时准备把握机会，展现超出他人要求的工作表现，以及拥有“为完成任务，必要时不惜打破常规”的智慧和判断力。知道自己工作的意义和责任，并永远保持这一种自动自发的工作态度，为自己的行为负责，是那些成就大业之人和凡事得过且过之人的根本区别。

以主动的态度来审视我们的工作，工作就不再成为一种负担，即使是最平凡的工作也会变得意义非凡。在各种各样的工作中，当我们发现那些需要做的事情，哪怕并不是份内事的时候，也就意味着我们发现了超越他人的机会。因为这自动自发地工作的背后，需要你付出的是比别人更多的热情、智慧、创造力和想象力。

努力改变人生

工作需要付出100%的热忱、100%的努力。能完成100%，就不完成99%，虽然仅有1%的差距，但正是这1%，不但会反映出你对工作的态度、作风，而且也会彻底改变你的人生。

微软曾经有一位跳槽过来的业务员，他一度认为自己非常优秀。有一个月，他拜访了10位顾客，最终成交了5位。这对于其他公司的业务单位来说，已经算是高效率。于是这个业务员找到比尔·盖茨说：“老板，我拜访10位顾客成交了5位，你是不是应该给我奖励一辆车或是增加一点奖金?”

比尔·盖茨却一点也没有表现出兴奋，耸了一下肩膀说：“10位顾客成交了5位，另外5位被竞争对手给抢跑了。你居然还敢跟我来要奖金！”于是这位业务员马上去找那5位顾客，说服他们也成为微软的客户。

10位顾客都被自己拿下，这时业务员又去找比尔·盖茨说：“报告老板，拜访10位顾客成交10位，这真是完美无缺的演出。”

比尔·盖茨还是不满意：“你还是在浪费时间，你的业绩对于公司的整体发展没有任何帮助。我问你，第11位顾客在哪里？”

业务员一听傻眼了，在其他公司他都是顶尖的，可到了微软公司，竟然被臭骂两次。下一个月他更加努力，一共拜访了11位顾客，又全都成交了。于是他又找到比尔·盖茨说：“老板，你看，我拜访了11位成交了11位，成功率还是100%。”

比尔·盖茨却说：“你已经被开除了，因为其他业务员都拜访并且成交了12位以上，你是公司的最后一名。”微软公司之所以雄冠全球，靠的是公司全体员工的努力。比尔·盖茨就曾经多次告诫自己的员工：“要么努力，要么走人。”“工作需要付出100%的热忱、100%的努力。能完成100%，就不完成99%，虽然仅有1%的差距，但正是这1%，不但会反映出你对工作的态度、作风，而且也会彻底改变你的人生。”比尔·盖茨要求不论哪级工作人员，都必须要在其位，谋其事，努力工作，不断进取。

不仅是比尔·盖茨，所有大公司的管理者都不愿意看到员工在工作中悠然自得，更容不得员工在他的面前显露出一副洋洋得意、满足现状的样子。一个员工，不管他曾经取得多么大的成绩，一旦丧失进取心，不再努力工作，那他只有走人。

想在工作中表现得更出色，办法只有一个，那就是全力以赴地投入工作。但遗憾的是，很多员工的想法恰恰与此相反，他们认为公司是老板的，自己只是给老板打工，没必要累死累活地替别人工作。

有些人不把工作当一回事，不但表现不积极，连犯错也不在乎，他心里总是想“反正混一口饭吃”，总是采取一种应变的态度：“此处不留人，自有留人处”。这种人很让人看不惯，可是他每天准时上下班，对人又客气得要命，让你抓不到他的小辫子。这种人自己好像过得很舒服，其实周围的人早在心里把他看轻。

在工作中，我们必须一直保持一种最佳状态，让激情永续，只有这样，才能不断提高我们的工作业绩，不断品尝成功的喜悦。《瓦尔登湖》的作者亨利·戴维·梭罗就曾经说过：“一个人如果充满激情地沿着自己理想的方向前进，并努力按照自己的设想去生活，他就会获得平常情况下料想不到的成功。”比利时有一出著名的基督受难舞台剧，这出舞台剧自公演后引起了极大反响，尤其是扮演受难耶稣的演员辛齐格，他高超的演技与忘我的境界常常让观众不觉得是在看演出，而似乎像真的看到了再生的耶稣。

一天，一对远道而来的夫妇在演出结束之后来到后台，他们想见一下辛齐格，并合影留念。合影之后，丈夫回头看见了靠在旁边的巨大的木头十字架，这正是辛齐格在舞台上背负的道具。

丈夫一时兴起，对妻子说：“你帮我照一张我背负十字架的相吧。”于是他走过去，想把十字架放到自己背上去，但他费尽了全力十字架仍纹丝未动，这时他才发现那个十字架根本不是道具，而是一个真正用橡木做成的沉重的十字架。

那位先生不得不气喘吁吁地站起身，一边抹去额头的汗水，一边对辛齐格说：“道具不是假的吗？你为什么要每天都扛着这么重的东西演出呢？”辛齐格说：“如果感觉不到十字架的重量，我就演不好这个角色。在舞台上扮演耶稣是我的职业，和道具没有关系。”我们也可以这样说：职场中没有道具，你要做好你的工作，就必须付出百分百的努力。

工作就是你的责任，当你确实需要帮助时，公司会为你提供必要的人力和财力的资助，这对你来说已经足够了。一个员工的任何懈怠、拖延、不负责任都会给公司造成损失，如果每一位员工都想着回报，而不能在一些具有挑战性的工作上有所奉献，公司的业绩就不会有突破，个人的利益也会受到损害。有一位员工在工作中遇到了一件非常棘手的事，他虽然尽力了，但是事情还是没有得到解决。于是他找到了公司的总裁说：“老板，我真的是尽力了，但是我真的办不到。”

总裁也是从普通员工走过来的，他非常理解员工的这种心理，于是对他说:“你真的尽力了吗?公司需要的是员工的努力，你可以找个理由骗得过我，但是你会骗得过你的良心吗?”后来，这位员工还是咬了咬牙，按时将问题解决了。其实这位员工不是“办不到”，而是他不愿为工作牺牲许多个人的利益。

如果你只会平庸地、机械式地重复着同一件近乎麻木的工作，而缺少接受新任务，迎接新挑战的勇气，那么，这对你、对公司又有什么意义可言呢?所以，“要么努力，要么走人”是许多公司对待不积极、不负责任的员工提出的最多的警告。

工作不努力的员工或许就在你的身边，或许正在你的对面。他们的差劲表现以及自食其果，对你来说，应该能起到警示的作用。

第五章 勇猛一点争霸气

★☆★☆★☆★☆★☆★☆★☆★☆★☆★☆★☆★☆★☆★☆★☆★☆★

无论你活得充实还是平淡，无论你将变得杰出还是平庸，这很大程度取决于你是否拥有强大的精神力量。一个锐意进取的人，必须具备无坚不摧的霸气。一个有霸气的人即使不幸失败了，呈现给我们的场景也只是悲壮中的波澜壮阔，而不会是凄凉中的黯然神伤。

★☆★☆★☆★☆★☆★☆★☆★☆★☆★☆★☆★☆★☆★☆★☆★☆★

第一节 做人不但应该有正气，也应该有一点霸气

做人要有霸气

做人就要有点霸气，但是霸气绝对不是傲气！当面对强势的对象和局面时，不应该退缩，需要的是观察对方，寻找对方破绽和弱点，以平静的心态来有理有节去应对，所谓“遇强更强”。

霸气就是强势而不张扬，内敛而不猥琐，是能出奇制敌。最重要的一点就是，霸气是修炼而来的，需要的是磨砺和修养的提高。做人就应

该霸气一点，在现代，做人不但应该具有一身的正气，还应该有一点霸气的，有霸气才不会被一些小人欺负，有霸气才能震慑住坏人做坏事的贼胆。

拥有霸气，并不是一定就要成为第一。成功就是要成为最好的你自己。

美国作家威廉福克纳说过，不要竭尽全力去和你的同僚竞争，你应该在乎的是，你要比现在的你强。的确，能成为第一固然很好，但是，不能成为第一也不要灰心。不能成为第一，说明和第一还存在一定的差距，在某些方面还做的不够，自身还存在许多不足。但是，找出不足，克服缺点，和第一的差距就缩小了，自身就又有了新的进步，你又向着成为最好的自己迈进了一步。

拥有霸气，是一种精神，是一种气质。拥有霸气，就是永不言败，跌到一百次而敢于第一百零一次站起来；拥有霸气，就是戒骄戒躁，决不“得志”便轻狂，而视荣誉成功若平常；拥有霸气，就是认清自我；拥有霸气，就是“胜者不争”，真正的成功不是打败对手，而是战胜自己；拥有霸气，就能活出自信，活出自制，活出自尊，活出自我。

霸气是人生的哲学，也是生命美的诠释！从自觉中拥有自信，活出霸气，做一个成功的自己。

以霸气激励自己

一个人要有霸气，懂得用霸气激励自己。霸气是一种气势，一种力量，有了霸气，才敢在高手云集的赛场上登台亮相；才敢在商海的浪潮中扬起风帆；才敢在暴风雨中奋勇前行：才敢在激烈的竞争中大显身手。没有霸气，你将成为众人之中的可怜虫；你就会错过许多可以尝试的机会；你的公司或企业就在竞争中被淘汰……

成功者们都有一个共同的特性，那就是有勇气去做别人不敢做的事情。

他们敢在没有把握的赌局中下赌注；敢在别人想不到的领域标新立异。

他们不怕破釜沉舟，不怕重头再来，即使跌倒成百上千次，但成功的欲望不灭，心中的霸气不泯。他们把人生看作是一次冒险的历程，不像常人那样对困难望而却步，而是乐于投入逆境的洪流之中，积极与大风大浪搏击，即使百转千回，也要到达成功的彼岸！

纵观商界，比尔·盖茨可称得上是位地地道道的霸者。在他的身上常常流露出好战的本性和咄咄逼人的气势。他总是说："任何会动的东西，都将是我的猎物。"据微软公司的一位项目经理说："他向对手发动进攻，目的就是要压制对手，让对手承认自己的错误。尽管如此，对手却心服口服"。公司里还有这样的说法：与旁人谈话就像从泉眼里饮水，可是跟盖茨谈话就像在救火的龙头里饮水一样。还有，他驾车的时候总是习惯性地看着你，让你感到局促不安；但说话的时候却从来不看你，让你感到慌张。

正由于心中装满了霸气，成功者们才敢于尝试，敢于冒险，最终才得到了所要追求的东西。

拥有霸气，就不会裹足不前，而是敢于大刀阔斧地进行改革；拥有霸气，就不会骄傲自满，而是永不停止前进的脚步；拥有霸气，就不会匆忙地"见好就收"，而是敢于"放长线钓大鱼"；拥有霸气，就能抵制各种诱惑，一心致力于自己的理想和追求。

霸者只享用自己创造出的果实，从来不吃天上掉下的"馅饼"。他们从不坐等机遇来敲门，而是积极主动地去争取和创造。他们敢于面对现实，从不逃避责任和义务。

一名推销员要想创造良好的业绩，就得勇敢地去敲客户的大门，大胆地与客户进行谈话。否则，连客户大门都不敢敲的推销员，他的成绩单上永远都写着"零"。

一个人的资质与天分有多高并不重要，对于创业者来说，只有具备一身成功的霸气，才能战胜一切困难，创造辉煌的成功。霸气是成就一切事业的关键。如果没有霸气支撑你站起来，坚持下去，一切都是白费心思。

腰缠万贯也没什么了不起，如果你是个胆小怕事的家伙，前怕狼，后怕虎，不敢去拼去闯，只是长年累月地从你的“金库”支出，那么你的“资源”总有一天会枯竭。

暂时取得了成就也没什么值得夸耀的，因为人生没有永远的成功，任何人都只是眼前的胜利者。也许你暂时成功了，但你没有勇气再向前迈进一步，于是从此安于现状、不思进取，这样的话，你最终还将沦为一个失败者。

因此，要想活得充实，活得辉煌，活得轰轰烈烈，我们就要努力培养出一身霸气！霸气是每个人一生的动力，它提醒我们“人活一世，不可与草木同腐”；它激励我们来世一遭，应“与天公试比高”；它犹如一阵好风，可以“送我上青云”；它恰似一把利剑，可以伴你走南闯北，过五关斩六将，直抵成功的彼岸，实现心中的理想。

培养自身的霸气

霸气，是一种品质，本无褒贬之义，只有霸气而无正气之人实为“恶霸”，有霸气又有正气之人才能谓之为“侠士”。正态的“霸气”，很多时候其实就是才气、锐气、志气、豪气……

“人善被人欺，马善被人骑。”做人不但应该具有一身的正气，还应该有一点霸气的，有霸气才不会被一些小人欺负。有正气而同时又有霸气的人往往是受人尊敬和让人喜欢的。比如《水浒传》里的鲁智深。当善遇到恶时，就应该表现出一种霸气，像鲁智深那样：让恶跪地求饶，自己打自己耳光。这样善才能发扬光大，恶才能销声匿迹啊。

要想真正成为出类拔萃的人物，只靠幻想与希望是没有用的，还需要我们练就一身过硬的本领，具备良好的心理素质。

要想创建霸业，首先要在心中装满霸气，刻苦修炼“内功”，相信自己能够成为众人之中的佼佼者。相信自己能成事，你才可能真的成事。

如果连想都不敢想，那你永远无法取得成就。从这个角度来说，我们可以想象到霸气的重要性。因为有霸气的人才敢“异想天开”，才敢放开手脚去拼搏闯荡，才能创造出惊人的成绩来。

霸气既然如此重要，那么如何才能培养出一身霸气，或是成为霸者呢？从以下几点做起，你将变得霸气十足，而你筑起的精神大厦也将坚不可摧。

建立自信心。这是成为霸者所应具备的最基本的品质之一。它需要我们充分认识自己的长处和优势，并使它得到充分发挥，同时相信自己有足够的能力可以克服面对的一切困难。还要经常鼓励自己：别人能做到的，我也有能力做到；别人做不到的，我也要尽力做到。

不怕失败，大胆实践。这是胸怀霸气者最显著的一个特征。不怕失败，就是侧重于奋斗的过程，而不去过多地考虑其结果会对自己造成多大影响。即使造成了很大影响，也承受得起，而且仍会像以前一样积极乐观地生存与活动。只有这样，你的头脑和双手才不会被紧紧地束缚起来，才能去大胆地实践。

锤炼意志。霸气之人都有顽强的意志。一个拥有顽强意志的人，在面对困难或突发事件时常表现得镇定自若、异常冷静，这样才能发挥内在的潜能，找到解决问题的办法。至于如何增强意志，只有在一次次经历中培养与磨炼。

积极地进行自我暗示。霸者遭遇挫折时，常常不需要他人安慰。而总想得到他人安慰的那些人，都是生活中的弱者。当遇到某些特殊情况而感到紧张或困难时，可对自己说:“这没什么大不了，一定能做好的。”“不要自己吓唬自己，其实它并不可怕。”……这样的自我暗示能引起第二信号系统的活动来调节中枢神经系统的兴奋性，从而能改善交感神经和副交感神经的机能，有助于消除或减轻心理紧张状态。

学会自我调节。当自身状况发生一些问题时，霸者常常不用他人安抚或指导，自己就能作出调节。比如心理有些慌张的时候，常人往往会表现出呼吸加快、额头冒汗、手忙脚乱等情形，在别人看来，这显得很可笑或是很可怜。但霸者身上不会出现这些情形，他会用调整呼吸的方法来缓解心理紧张的局面。他会先做几次深呼吸，双眼看着某一固定的目标，并把注意力集中在上面，同时继续深缓而均匀地呼吸，如此可迅速稳定情绪。这就避免了尴尬场面的出现。

专心致志，有所为而有所不为。要成为霸者，对每件事都必须一心一意地去做，集中精力，全身心投入，把要做的事做到最好。在纷繁复杂的社会与人际关系中，霸者不必混得八面玲珑，因为一个人的生命和精力都是有限的，而事情都有轻重缓急，因此在为人处世过程中不必面面俱到，应该侧重于有益事业的发展，专心致志地“有所为”。

抵制厌倦和惰性。在霸者的人生字典里，永远找不到这两个消极的词语。对于大多数人而言，如果在同一个环境中呆久了，就会产生厌倦感，影响学习与工作的正常进行。同时，由于感到生活单调枯燥或一时看不到希望，惰性也会伴随厌倦感一起产生。厌倦和惰性是自我发展的大敌，如果不加以有效抵制，原本才华横溢的人也可能变得无所作为，甚至沉沦堕落。要想抵制这两种不良情绪的产生，就该不断地激励自己，并设法在心中保持好奇心和新鲜感。

第二节　舍我其谁，霸气是一种力量

战胜别人先要战胜自己

常言道：欲霸人，先霸己。也就是说，要想战胜他人，首先要战胜自己，让自己成为自己的主人。只有这样，才能实现个人的远大理想和目标。那么，怎样才能战胜自己，成为自己的主人呢？

1. 打破畏惧心理

如果没有勇敢的行动，世间一切美好的事物将不会产生。惧怕失败，就不会有发明创造；怕人拒绝，就得不到理想的伴侣；不敢拼搏，就干不成辉煌的事业；怕丢脸就体会不到游戏中的乐趣……不去做事，自然不会遭受挫折、遭遇失败，但也永远别想取得成功。

要打破畏惧心理，你可以鼓励自己去做那些你认为害怕的事，做得多了，渐渐就能增长胆量。你应该明白，即使失败了，也不要把它当作心理负担，它是成功之前的投资。

2. 尽量减少不必要的担心

担心同懊悔一样无用，它无力改变将要发生的事情，反而白白地浪费了现在。不采取积极有效的行动去改变将要发生的事实，却一个劲地担心发生意外的人，是最可悲的。

我们应该尽量减少毫无意义的担心，你不妨这样去想：曾经担心过的事，有多少因为担心而避免意外发生了呢？又有多少事，虽然担心过，却没发生意外呢？想通之后，你就能减少一些担心，而多一些行动。

3. 摆脱对他人的依赖

有些人从小受到父母溺爱，依赖性很强，甚至连最简单的小事都要父母来包办代替，致使生活不能自理，成了不会动手的“废物”。如今生活水平提高了，许多孩子的地位也随之提高，成了家中的“小皇帝”、“小公主”，衣来伸手，饭来张口，过着养尊处优的生活，等到上中学或高中的时候，竟然天天让父母来回接送。更可笑的是，某高校一名大学生竟然不会洗衣服，把积攒了一星期的脏衣服带回家，让母亲去洗。这些人令人担忧，令人悲哀！他们也许会成为学习生活中的“尖子”，但一旦步入社会，他们“高分低能”的弱点将暴露无遗。在激烈的社会竞争中，这种人莫说想要占有一席之地，恐怕连立足都很困难。

在日常生活中，我们常会遇到这样或那样的问题，很多时候，我们不想全凭自己的能力去解决，而总是希望借助他人的力量来完成。的确，这样会节省你许多精力、物力、财力，但事事都靠别人帮忙，你收获的就不单单是成功了，还有一些负面影响含在其中。如造成不爱动脑、不爱动手的习惯，或不能充分调动自己的思维和双手想问题、做事情。这样，时间一长，一个弱者便诞生了。

人是有骨架的，不该像一根藤条，依附外界力量才能生存。外界力量常常像一包毒品，你得到了就变得精神抖擞，动力十足；得不到就被折磨得萎靡不振，意志消沉。因此，我们应该自立，应在胸中充满霸气，炼就一身铮铮铁骨，这样才能在风雨人生路上一往无前！

4. 不要被他人所左右

当你向理想中的目标迈进时，别人可能会向你泼冷水，以打消你的积极性。这时，你要坚定信心，排除外界带来的干扰，集中精力致力于你的奋斗目标。要知道，不论在何种情况下，你都不能赢得所有人的赞同，总有些人会对你产生不满，这是生活的现实。你如果有思想准备，便不会因此而忧虑不安或不知所措，就能挣脱情感上的枷锁，坦然地去走自己的路。

5. 克服自卑心理

自卑是一种消极自我评价或自我意识，认为自己在某些方面不如他人而产生的消极情感。自卑感就是个体把自己的能力、品质评价偏低的一种消极的自我意识。具有自卑感的人总认为自己事事不如人，自惭形秽，丧失信心，进而悲观失望，不思进取。一个人若被自卑感控制，其精神将会受到严重的束缚，聪明才智和创造力也会因此受到影响而无法正常发挥作用。自卑是成功路上的绊脚石。走不出自卑怪圈的人，永远无法取得成功。

要克服自卑，不妨这样想，在这个世界上你是独一无二的，即使身边都是明星、富翁之类的人物，他们也不具备你的特点。也许你没有靓丽的外表，但有一颗真诚的心灵；也许你没有万贯家财，但有健康的身体；也许你没有很高的地位，但有平凡快乐的生活；也许你的个子很矮，但你能登上别人上不去的高山；也许你的双腿很短，但你能走出比别人更远的路；也许你的双手不好看，但你打字的速度丝毫不比别人慢；也许你的眼睛很小，但有犀利的目光，能发现别人察觉不到的东西……总之，要善于发现自己的优点，发挥自己的优势和长处，活出自己的特色，创造自己优势领域独特的成功。

奇迹都是创造出来的，不要总是长他人志气，灭自己威风；不要总是为自己开脱：我缺乏主见，我优柔寡断，我不善表达，我头脑不灵，我不能独立工作，我赶不上别人……接受任务时，不要总是说“我不行”。对于自卑的人来说，他决不敢有更高的期望，甚至本来能够达到的目标，也因为缺乏自信而错过了成功的机会。

机会要靠自己争取

成功的机会每个人都会有，但是面对成功机会的态度却不一样。第一种人是弱者，他们等待机会，如果机会不降临，就觉得寸步难行；第二种人是霸者，他们创造机会，即使机会没有来临，也觉得脚下有千万条路可走。

一位先哲曾经说过：“聪明的人不会坐等机会来敲门，而是积极主动地去寻找并抓住它，征服它，让它成为我们的奴仆。只有这样，我们的眼前才会出现一条又一条的光明大道。”

当觉得自己不够顺利时，软弱的人总是找借口说“因为我没有遇到好的机会”，而霸者则说“我只不过是暂没有找到机会”。其实，在整个人生中，时时处处都充满了机会，只不过有些人总是消极等待，因此感叹生不逢时或是怀才不遇。要想获得机会，取得成功，我们必须积极主动地去面对、去争取、去创造。请记住，霸者脚下才有路。

成功之门早已敞开了，成功正在向我们招手，然而我们与它还有很长一段距离，因此要想早日到达成功的终点，我们必须坚定信念，以坚实有力的步伐去走。等洒过汗水与泪水之后，迎接我们的必将是一片硕果累累、鸟语花香的美丽庄园！

人的一生是奋斗的一生，如果失去了奋斗，生命就失去了意义，人生也缺少了激情。古语有云："若非一番寒彻骨，哪得梅花扑鼻香。"因此，不经过一番傲霜立雪的艰苦奋斗，就无法开出娇艳的花朵，更结不出丰硕的果实。而不惧挑战勇于奋斗者，才能开辟出个人独具特色的道路，走向成功的殿堂！

西奥多·帕克是美国历史上颇具影响力的人物，为推动美国社会发展作出了巨大贡献。在美国，只要一提起"西奥多·帕克"这个名字，几乎是家喻户晓，妇孺皆知。然而，鲜为人知的是，他的奋斗历程比其他人都艰难。

西奥多·帕克是一边做农活，一边自学，最终考上哈佛大学的。由于家庭原因，在念大学的时候，他还得继续坚持自学。但是完成学业时，他的成绩比谁都出色。通过他的奋斗历程可以看出，他能够取得成功的一条重要原因，是因为他时刻争取机会。如果不是这样，他恐怕连书都读不到。

一个下午，西奥多·帕克与父亲一起在地里做农活。帕克突然说："爸爸，我想在明天参加哈佛大学一年一度的新生入学考试。"帕克的父亲是莱克星顿一位没多大本事的水车木匠，由于家里穷，他没能供儿子上学读书。为此，他感到十分惭愧。他知道，儿子虽然没能进学校读书，却一直在自学，而且非常用心，梦想有一天能考入一所名牌大学。一直以来，他很佩服也非常支持儿子的做法，但在经济上无法给予援助，于是答应这个要求。

第二天，帕克起得很早，风尘仆仆地走了 10 英里路，赶到了哈佛学院。一路走来，他回想着从小到大的读书经历。从 8 岁那年开始，他就因为家里穷失去了上学的机会。但是，他想方设法赚钱买书，或者借小伙伴的，抓紧时间来读。

他特别懂得珍惜时间，无论是在做活儿、玩耍，还是在走路，甚至睡觉的时候，他都一遍一遍地在脑海里默默地回忆和背诵学过的知识。最后，学过的所有知识都被他背得滚瓜烂熟，同时也十分透彻地理解了它们。

有一次，他在书店里看到一本好书。他非常渴望拥有它，于是在夏天的一个早上，背着箩筐来到原野里采摘浆果。然后，他把这些浆果送到波士顿去卖，用换来的钱买到了那本渴望已久的书。还有……

想到这些，帕克告诉自己：这次考试，只许成功，不准失败！后来揭榜那天，他果然名列前茅。当天回家，帕克把好消息告诉了父亲。“我的孩子，你真是好样的！”水车木匠拍手叫道，“可是，我没有钱供你到哈佛读书啊！”帕克笑着说：“爸爸，您不用担心。我不会搬到学校去住，只要利用家里的空闲时间来自学就够了。只要通过考试，我就能拿到一张学位证书。那样，什么都好办了！”

后来，帕克成功地做到了这一点，以优异的成绩回报了自己和支持他的亲人。

日月如梭，时光飞逝，当年读不起书的那个小男孩如今成为了一代风云人物。作为著名的废奴运动倡导者和社会改革家，作为国务卿西沃德、首席大法官蔡斯、著名参议员萨姆纳、著名教育家贺拉斯·曼、废奴协会主席温德尔·菲利普斯等人的密友和事业顾问，西奥多·帕克如今在整个美国的影响力是不可估量的。

直至今天，帕克回忆起童年在莱克星顿的岩石上和灌木丛中争分夺秒地刻苦学习的情景，仍会感到无限的温馨与快乐，同时也觉得无比的充实。

西奥多·帕克虽然家境贫寒、出身卑微，但他时刻不忘努力学习、开拓进取，利用一切机会进行创造，因此，他最终踏上了成功之路。

面对困难，我们不能轻言放弃，要有一种舍我其谁的气势，这样才能抓住属于自己的机会，争取属于自己的成功。

与困难较量不服输

人生总是要遭遇各种困难。面对困难，弱者与强者的态度截然不同。弱者面对挫折与逆境，就像遇到了拦路虎，望而却步、畏缩不前；不小心跌了一跤，从此便一蹶不振、意志消沉。而强者胸怀霸气，向来藐视挫折与逆境，并用自己的力量征服它们，把它们当作垫脚石，当作登天梯，步入辉煌的殿堂，登上理想的峰巅。

弱者害怕摔跤，没有勇气和自信；而强者不怕摔跟头，有勇气而且有霸气，相信自己能够到达辉煌的顶点，理想的彼岸！人生路千万条，弱者常常选择那些一马平川的坦途，而强者往往选择布满荆棘的崎岖坎坷之路。

在人生的岔路口上，立着两块路标。一块上写着“舒适安稳之路”，那是一条你走惯了的老路，虽然有些厌倦，但对它的地形等情况已经很熟悉，走起来没有危险，所以你选择了，但最终没有收获。这就是弱者选择的路。另一块路标上写着“艰难困苦之路”，这是完全陌生的路，选择了它就要接受挫折与困难的挑战，但走到尽头之后你可能会发现，那里遍地是黄金。胸怀霸气者会选择这条路，尽管尽头不一定是黄金。

在一条陌生而又艰难的道路上行走时，你可能会感到不安、恐惧，出现心跳加快、手心冒汗等现象。这是正常人身上都可能发生的。但是“胆小鬼”遇到这种情况，就可能被吓得浑身发抖，甚至昏迷、休克。而胸怀霸气者会利用它们来督促自己，激励自己。他们会在心里告诉自己：“困难并不可怕，与它较量是种乐趣。”“再努力一把，你将彻底摆脱恐惧，获得永久的解脱！”其实，事实并没有我们想象的那样可怕，只不过有些时候人们总爱自己吓唬自己。

一个人在倒车时，不小心轧到了孩子。他没有惊慌，没有恐惧，而是用尽全身力气去抬车子，结果用一只手就把车子抬起，救出了孩子。

一个女人特别怕狗，但当一群凶猛的恶狗扑向她的孩子时，她想都没想就冲上去和那些恶狗勇敢地搏斗，最终将它们赶跑。他们都是勇敢者，都是胸怀霸气者，不怕危险，不惧挑战，面对困难时沉着冷静，挺身而出，勇于拼搏。

但是，许多人在危险面前常常变得呆若木鸡，认为没有能力解救自己，反倒把采取行动和保护自己的责任寄托在别人身上。你可能见过一个站在马路上的人，对着迎面疾驶而来的汽车，吓得目瞪口呆，像尊雕像似的站在原地一动不动。他以为，仅凭自己的两只腿无法从死亡线上逃脱，便不再挣扎，闭上眼睛，站着等死！

不论在哪种情形下，你都应在心中装满勇气，装满霸气，积极勇敢地与困难作顽强的斗争，而且把挑战困难当作一种乐趣。在进行一种新的尝试或感到忧虑恐惧时，你就应该想：这又是我生活中的一个转折点，不管怎样，都要坚持下去，勇敢地面对这一切！

第二次世界大战中屡立功勋的四星上将乔治·巴顿说过："战胜困难的最好方法，就是尽量让自己再多坚持一分钟。"

强者共有的一个重要的品质就是心中有股霸气，永远相信自己的能力。当遭到旁人的阻挠或被泼冷水的时候，他们的斗志显得更顽强，坚决按照自己的想法干下去，最终取得了巨大成功。

伍迪·艾伦，在大学里学动画制片，考试常常不及格。但他没有灰心丧气，始终相信自己能够成功，并付出比他人多出好几倍的努力，最后终于成为奥斯卡最佳编剧、最佳制片人，最佳导演、最佳男演员金像奖获得者。

马尔科姆·福布斯当初没能当上普林斯顿大学校刊编辑，但经过一番刻苦努力，后来成为《福布斯》杂志一世界最大的商业出版物之一的主编。

利文，尤里曼当年报考戏剧学院时没能入选，主考人认为她的表演才能很差劲。然而她没有放弃自己热爱的事业，努力提高自己的演技，后来两次被提名为奥斯卡金像奖最佳女演员候选人。

成功者和失败者都喜欢做“白日梦”，但失败者总是沉浸在想入非非中，却从不真正为此做任何事情。而成功者则注重实效，他们决心把自己的希望和抱负变成现实，于是勉励自己采取行动，向着目标奋勇攀登，最终摘取成功的桂冠。

成功者心中有股势不可挡、坚不可摧的霸气，由于这种非凡力量的支撑，他们敢在惊涛骇浪中扬帆起航，敢在狂暴风雨中昂首前行，于是他们能在“沙场”上所向披靡，在“江湖”中持续叱咤风云，在竞争中脱颖而出并连连创造佳绩！

只有置身于一个完全陌生的环境时，一个人才能真正认清自己。只有被逼上绝路的时候，一个人才能发挥所有的内在潜力！

经济窘迫、事业惨淡、生活艰难，这是人生中的不幸，但善于挑战的霸气主人认为，这恰恰是可以获得最大长进的时候！

外界的助力，在当时看来似乎是一种幸福，但最终它是一种“祸害”，因为它会阻止你上进。常常支援你金钱或给你安慰的人，并不是你的好朋友；能够督促你，激励你去自立自助的，才是你的真朋友。

外界的压力，在当时看来似乎是一种灾难，但最终它是一种“营养”，因为它能激励你进取。总是生活在舒适、安逸的环境中，并不是最理想的人生归宿，因为它将消磨你的斗志，使你日渐堕落；生活在逆境中并不是坏事，它能让你产生忧患意识，激发你不断进取向上。

平淡的人生，犹如一汪平静的湖水，死气沉沉，没有激情。如果让湖面时常激起浪花，那不显得更加富有情趣吗？人生需要激情，激情从挫折和逆境中来，那湖面的浪花便是我们所需要的。霸气主人向往激情的人生，乐于在前进路上披荆斩棘，乐于在航海途中披波斩浪。他们知道，即使不成功，人生也是充实的，等到暮年回忆往事时，便不会伤感，也不会空留遗憾！

只有波涛澎湃的大海，才能创造出沙滩的光洁与柔美；而平静的湖边，只会让污泥环绕。在人生的旅程中，不会永远都是阳光明媚的日子，乌云常常布满天空，狂风暴雨也常不期而至，这就需要我们时刻做好迎击困难的准备，以无所畏惧的勇气面对一切，以咄咄逼人的霸气战胜一切，霸气是我们战胜困难的最好法宝。

以信念激发霸气

作为一个霸者，最重要的是要有信念的力量。大多数人都有很大的梦想，也为梦想设定了目标和计划，同时也做了大量的行动，但是太多人遇到困难、挫折和打击而放弃了当初的梦想、目标和行动，最后成为平凡人或失败者。这是因为没有坚定的信念，坚定的信念可以改变我们自己的人生，甚至改变整个世界。

从前，有一群青蛙组织了一场攀爬比赛。比赛的终点是一个非常高的铁塔的塔顶。一大群青蛙围着铁塔看比赛，给它们加油。

比赛开始了。老实说群蛙中没有谁相信这些小小的青蛙会到达塔顶，他们都在议论:“这太难了!！它们肯定到不了塔顶！他们绝不可能成功的，塔太高了!”听到这些，一只接一只的青蛙开始泄气了，只有那些情绪高涨的几只还在往上爬。

群蛙继续议论着:“这太难了!！没有谁能爬上顶的!”越来越多的青蛙累坏了，退出了比赛。但是有一只却还在越爬越高，一点没有放弃的意思。

这只青蛙费了很大的劲，终于成为唯一一只到达塔顶的胜利者。其他所有的青蛙都想知道它是怎么成功的。有一只青蛙跑上前去问那只胜利者:“你哪来那么大的力气跑完全程?”它却发现这只青蛙是个聋子!

这个故事告诉我们：永远不要听信那些习惯消极悲观看问题的人，因为他们只会粉碎你内心最美好的梦想与希望，让我们失去信念；总是记住你听到的充满力量的话语，因为所有你听到的或读到的话语会坚定我们信念会影响我们的行为。所以，总是要保持积极、乐观！而且，最重要的是：当有人告诉你你的梦想不可能成真时，你要变成“聋子”，对此充耳不闻！要总是相信：我一定能做到！信念这部机器很特别，它不需要昂贵的燃料，只需注入一种与众不同的气体——霸气。有了霸气，你的信念将更加坚定，你所取得的成就也将更加辉煌！

信念的作用是十分巨大的。有了它，各行各业的劳动者才积极发挥个人的最大潜能，忘我地工作，为社会做贡献。有了它，科学实验虽经历无数次失败，科学家们却毫不气馁，最终创造出高科技成果；有了它，“神舟五号”载人飞船才成功地飞向了太空：有了它，运动员们平时才不十白吃苦，不十白流汗，最后才能在赛场上一展雄风，为国争光；有了它，全国人民才手拉手，肩并肩，共同创造祖国美好的明天；有了它，国家才越来越强盛，并巍然屹立于世界民族之林。

没有信念就没有成功！看看各个领域的成功者，你就会发现，他们不一定是最英俊、最有才能、最有力量的，但是，他们肯定是有信念的，而且是有坚定信念的。

在美国，有位个子不高，弹跳也不好的篮球运动员。起初，他的成绩十分差劲，不被职业队看好。但他没有灰心丧气，而是相信自己能够发挥自己的特长，打出自己的特色。于是他刻苦训练，努力提高球技与身体素质。最终，他在赛场上几乎比任何人都能更淋漓尽致地发挥自己的技巧，为自己所在的球队赢得了荣誉。他就是著名篮球运动员拉里·伯德。

同样因为具备坚定的信念而取得事业成功的运动员，还有著名的高尔夫球手伍兹。伍兹并没有什么特别之处，他的身体条件还不如其他队员，但他在平时训练中十分卖力，比队友多花两倍的时间。他的教练曾感慨地说:“我还从来没见过比伍兹更卖力的队员。”其实，身体状况并不能决定运动员的能力，优秀的运动员往往是由于信念造就出来的。

不仅在体育界如此，在任何领域，信念都是成功的重要组成部分。

在歌坛中，迈克尔·杰克逊的大名可谓无人不知，无人不晓。他能够取得事业上的成功，与他极高的天赋不无关系，还源于他有个十分优越的生活环境，但这些都不是最主要的原因，真正令他取得辉煌成就的是坚定的信念。从 5 岁起，他就有了成为一位著名歌唱家的信念，并且始终为之奋斗。因此，他能在激烈的歌坛竞争中经久不衰，一直被歌迷们万分崇拜！

从这些例子中我们可以看出，对结果影响最大的是一个人坚定的信念。我们每个人都应把握以下几方面的信念：

1. 过去不代表未来。

2. 人生不输在起跑点上，而输在转折点上。

3. 老天爷没给我们想要的，将会给我们更好的。

4. 人生没有失败，只有暂时停止成功。

5. 如果你不能，你就一定要；如果你一定要，你就一定能。

第六章 大度一点争人气

★☆★☆★☆★☆★☆★☆★☆★☆★☆★☆★☆★☆★☆★☆★☆★

在漫长的人生道路上，谁也难免会遇到一些难处。只要我们肯伸出帮助之手，我们总会有所收获。在人生的道路上，搬开别人脚下的绊脚石，有时候恰恰是为自己铺路；帮助别人，有时候恰恰是帮助自己。用一句话说是“送人玫瑰，手有余香”。

★☆★☆★☆★☆★☆★☆★☆★☆★☆★☆★☆★☆★☆★☆★☆

第一节 多替他人着想，好人缘自然来

善待别人

若想被人爱，就要先去爱人；希望被人关心，就要先去关心别人；想要别人善待你，就要先善待别人。

生活就像一面镜子，你自己的表情和态度，可以从他人对你的表情和态度上看得清清楚楚。你若以诚待人，别人也会以诚待你；你若敌视

别人，别人也会敌视你。你种下什么，收获的就是什么。

有位同学问李开复博士："为什么我不受欢迎，同学看到我都不打招呼，不对我笑呢？"李博士反问他："你跟他们打招呼吗？对他们笑吗？"对人冷淡，别人也会回以冷漠；想要得到他人的友善，不妨先对他们表达自己的友善。

又有同学问李博士："为什么我总是认为同学对我不怀好意，想和我竞争？"李博士同样反问他："你对他们的态度又如何呢？你想和他们竞争吗？"这位同学被问得说不出来话来。想消除他人对自己的敌意，不妨先消除自己对他们的敌意。所以有人说："给别人的，其实就是给自己的。"

如果你对别人做出一个非善意的举动，结果将会使你自食其果。如果你不想让自己的牙齿被人拔掉，眼珠被人剜去，那么，你必须约束自己不要去拔掉别人的牙齿，约束自己不要去剜掉别人的眼睛。这样，你才能保证自己不会遭此一劫。再进一步，对别人采取一项友好的行为，或是提供有益的服务，那么，别人也将对你提供类似的友好服务。付出一分爱，就会收获一分温暖。

你所释放出来的每一种思想的后果，都会回报到你身上。因为你对其他人的所有行为，以及你对其他人的思想，都经由自我暗示的原则，而全部记录在你的潜意识中。这些行为和思想的性质会修正你自己的个性，而你的个性相当于是一个磁场，把和你个性相同的人或情况吸引到你身边。

正所谓，己所不欲勿施于人。就是要用自己的心推及别人：自己希望怎样生活，就想到别人也会希望这样生活；自己不愿意别人怎样对待自己，就不要那样对待别人；自己希望在社会上能站得住，就要帮助别人也站得住。

生活中，只有善待别人愿意体察他人意愿的人，才最容易得到他人的信任与欢迎。不要羡慕别人的好人缘，很简单，好人缘就是这样培养起来的。

送人玫瑰，手有余香

在我们漫长的人生道路上，谁也难免会遇到一些难处。只要我们伸出帮助之手，我们总会有收获的。在人生的道路上，搬开别人脚下的绊脚石，有时候恰恰是为自己铺路；帮助别人，有时候恰恰是帮助自己。用一句话说是“送人玫瑰，手有余香”。

你在关键时刻帮人一把，别人也会在重要时段助你一臂之力！当你把帮助的手热情地伸给别人，别人就给了我们成为天使的机会。

在一次激烈的战斗中，一名战士发现一架敌机向阵地俯冲下来。按理，他应该立即卧倒，但他发现离他四五米远处的一个小战友还站在那儿。他没有多想，一个箭步冲过去把小战士紧紧地压在了身下。此时，一声巨响，炸起的泥土纷纷落在他们的身上。这名战士爬起来拍拍身上的尘土，回头一看，顿时惊呆了：刚才他所站的位置被炸出了两个大坑。那名战士为了救自己的战友而奋不顾身，结果恰恰是救了自己。

上海的一个冬夜，一名出租车司机送一位客人从浦东大道到浦西的海鸥饭店，当车子进入一条隧道时，客人突然要求掉头，原因是他出门的时候换了衣服，忘了带钱。看到客人的窘态，这位出租车司机倒是反过来宽慰起客人。等把客人送到目的地后，又送给客人 30 元返程的车票。回去后这位司机就忘记了这件事，因为这不是他第一次那样做。几天后，客人打电话给他，邀请他为他做专职司机。这个客人叫龚天益，纽约银行上海分行行长。那个司机叫孙宝清，上海一个普通的打工仔。孙宝清真心诚意地帮助一个素不相识的陌生人，最终使自己找到一个了更好的工作。

某一个雨天的下午，有位老妇人走进匹兹堡的一家百货公司，漫无目的地在公司内闲逛，很显然是一副不打算买东西的态度。大多数的售货员只对她瞧上一眼，然后就自顾自地忙着整理货架上的商品，以避免这位老太太去麻烦他们。

其中一位年轻的男店员看到了这位老太太，立刻主动地向她打招呼，很有礼貌地问她，是否有需要他服务的地方。这位老太太对他说，她只是进来躲雨罢了，并不打算买任何东西。这位年轻人安慰她说，即使如此，她仍然很受欢迎，随后搬了把椅子请她坐下休息，并且主动和她聊天，以显示他确实欢迎她。当她离去时，这名年轻人还陪她到街上，替她把伞撑开，这位老太太向这名年轻人要了一张名片，然后径自走开了。

后来，这位年轻人完全忘了这件事情。但是有一天，他突然被公司老板召到办公室去。老板向他出示一封信，是位老太太写来的。这位老太太要求这家百货公司派一名销售员前往苏格兰，代表该公司接下装潢一所豪华住宅的工作。

这位老太太就是美国钢铁大王卡内基的母亲，也就是这位年轻店员在几个月前很有礼貌地护送到街上的那位老太太。

在这封信中，卡内基夫人特别指定这名年轻人代表公司去接受这项工作。这项工作的交易金额数目巨大。这名年轻人如果不是好心地招待这位不想买东西的老太太，那么，他将永远不会获得这个极佳的晋升机会。

一泓清潭慷慨给予了农田一脉清水，它自己就得到了注入一脉新水的机会，于是这泓清潭不腐，始终荡漾着澄澈和鲜活。一个树根慷慨给予了叶子以养分，而叶子却给了它阳光和氧气，于是这个树根越来越壮，越扎越深。帮助别人，就是帮助自己。

君子应成人之美

君子完成自己有两种方式，一是修身治心，即“成已”；一是推己及人，即“成物”。

君子所“成”的别人之美好，其实也是他自己的美好。不仅是以文化的方式求得心灵相通，而且是以文化的方式求得心灵相融。

成人之美，是君子自己完成自己、自己实现自己的一种方式。

苏秦、张仪本是要好同学，苏秦深知张仪的学问在己之上。但苏秦却先成功了，做了六国的宰相。当落魄的张仪前来投靠苏秦时，谁知竟遭到他无数的奚落，愤怒的张仪决计只身赴秦，自找出路。苏秦却暗中派人沿途照料，补给张仪所需。直到张仪高就宰相，才明白这是苏秦为不埋没他的才干，不使张仪依赖他所想出的办法。可谓用心良苦，张仪自然感激不尽。

在汉语中，称最好的朋友为“管鲍之交”。管仲是政治奇才，但是如果没有鲍叔牙的推荐，他很可能早就被无情地埋没了。因为他的才能与智能，一直是潜藏的，不仅没有机会表现出来，而且还显得很无能的样子。只有鲍叔牙知道他欣赏他。如果不是鲍叔牙的成人之美，一心想着朋友的好，管仲早就被世人抛弃。鲍叔牙之所以能够不抛弃管仲，他知道他的朋友是一块真正的玉，一心努力要帮他完成这块美玉。所以，鲍叔牙不仅帮助了管仲，而且创造了中国文化史上不朽的道义:朋友之道的美好与高贵。

《霸王别姬》是一出有名的京剧。四面楚歌的时候，虞姬为什么还有心思为霸王舞剑呢？虞姬舞剑，非常含蓄，非常美，有一种中国式的悲剧精神，她最后的拔剑自刎身亡，不仅是免得自己成为霸王的累赘，而且也是完成一种生命的非常之美。因为楚霸王的生命是一种非常之美，她爱其所爱，拼将自己的生命，化而为最后的流星闪过夜空。这里有一种中国人蕴涵深情厚意的极致的表现，是一种高调的成人之美。

“充其忠爱之心于人之美，其乐之如在己也。”鲍叔牙之成全，补偿了自己想成为伟大政治家的夙愿。虞姬的舞剑自刎而死，增色了她与楚王共同生命之壮美。在这里，生命的美好，既是手段，也是目的。

“成人之美”的一大前提，是生命情调的认同、理解与知赏。生命情调的认知，造成了心灵相通的欢契与灵魂的相互成全。助人为乐，济人危难，这种成人之美是人类最美好的思想感情。在这个相互依存的人类社会，人与人之间必须互相关心、互相爱护、互相帮助。真正做到一方有难，八方支援。

成人之美是高尚的，当自己的幸福以别人的痛苦为前提时，成人之美的人都自愿地放弃自己的幸福，这就是他们的高尚精神所在。主动支援一时经济拮据的友人，使其免除后顾之忧；尽力帮助友人掌握知识，使其早日榜上有名等等，总而言之，凡是好事情，好愿望，你伸出热情之手，予以大力帮助，使之功成事就，都可以说是“成人之美”的“君子”行为，都是得人心、受欢迎的。

为别人开花留果

当我们每一个人都在为自己生活里的许多事情而忙碌的时候，是否也该想一下为别人而开一些嫣红的花，为别人而留下一些果实呢？能为别人开花的心是善良的心，能为别人缤纷的赞美是真诚的情，能为别人的生活绚丽而付出的人是不寻常的人。

种花老人桑迪巴雷特发现儿子脚下踩翻了一盆玫瑰。老人说：“你踩伤了玫瑰，玫瑰却给你的脚底留下了清香！”让自己的生命为他人开一朵花，为他人灿烂一片心地，增加一缕温馨，添一份生存下去的理由，多一点向上攀登的勇气，就是提高自己的生存质量。

有一个农村的男孩，他们的村子旁边有一个几万平方米的很美丽的天然水湖。一个春季里的某天，下了一场细雨后，到处一片水雾朦朦的，男孩看到水湖那边的景象很美，便常到那里去走走。

一天，他看到有一个六七岁的小女孩在水湖边上玩，觉得这样会很危险，便走过去想提醒她离水湖远一点。走上前去，他看到这个小女孩在用一个小棍子掘水湖边上的泥土，挖了一个不是很深大的坑后便把一株桃树苗种进去，把土掩上后又去挖另一个坑。他便过去帮这个小女孩，在和她的交谈中知道，这些桃树苗是她从路旁径边寻找来的，因为听妈妈说今天是植树节，便找了些树苗拿到这里来种了。

后来这个男孩到外地读书了，家也搬到外地去了。过了好多年后的一个春天，他回到老家，看到水湖边上连绵长有二十多棵桃树，开满了嫣红的花，把水湖衬得更加好看了。他想起它们是以前他和那个小女孩一起种的，想不到当初还不及一支筷子粗的桃树苗如今长这么高大了，还开了满树的花，还能看到一些花落去后露出的小小的果子。于是他的心中不禁有些激动，也想去找找那个小女孩，和她聊聊，看看她现在怎么样了。可结果很令他吃惊，那个小女孩居然死了好多年了，据说是有一回她从水湖里舀水去浇桃树苗的时候掉进湖里溺死了。

他看着这一片的桃花想，这个小女孩虽然死了，可她却给大家留下了一道美丽的风景，这些桃花绰约地盛开在水湖边，水湖看上去更美了，不像往昔那样，水湖岸边空无一物，美得太单调；她也只是在这个世界上匆匆地走了一遭，什么事也没做，可这些桃树帮她开出了嫣红的花结出了丰硕的果实，它们把她的生命长远的延续了下去，大家都说这个小女孩当初种下的桃树自从第一年开花结果后就年年都挂满了枝头，桃子又大又甜，味道好吃极了。

一次无偿献血是一朵花，一个受伤后的救助是一朵花，一次善意的批评是一朵花，一句关切的问候是一朵花，一次适时的看望是一朵花，一个及时的电话是一朵花，一个亲切的微笑是一朵花，一次碰撞后的忍让是一朵花，一次跌倒后的搀扶是一朵花，一次大度的让贤举荐是一朵花……让自己的生命为他人开一朵花，为他人灿烂一片心地，增加一缕温馨，添一份生存下去的理由，多一点活下去的借口，就是提高自己的生存质量。用自己的心为他人做圃，给他人吐一丝绿荫，染一片色彩，就是给自己的人生喝彩。

学会与他人分享荣誉

名利，可能是人最大的欲望。名利给人带来的好处实在是太多了，它的诱惑之大，足可以改变每个人的分子结构。

好人变坏人，正常人发疯，都少不了名利在其中所起的作用。

名利是如此美妙，自然有不少人对它极其热衷。但名利有好处，也有坏处。一方面，竞争规律决定了总会有失败的人，那种费尽心机，到头来却两手空空的人必然痛苦得要命。

佛曰人有八种苦，“求不得苦”就是特别苦的一种。另一方面，“木秀于林，风必摧之”。就算你名利双收了，也并不是万事如意，单是那些从背后射过来的暗箭就够受的了。如果你没有足够的能力来招架，避免这些暗箭，迟早会反受名利之害。正所谓“匹夫无罪，怀璧其罪”，名利正是这块“璧”。

请谨记淡泊名利。当一件事你能做，别人也能做的时候，你应该让给别人做；当一份荣誉，你能得，别人也能得的时候，你应该让给别人得；当一个职位，你能坐，别人也能坐的时候，你应该让给别人坐。

第一次登陆月球的宇航员，其实共有两位，除了大家所熟知的阿姆斯特朗外，还有一位是奥尔德林。当时阿姆斯特朗所说的一句话“我个人的一小步，是全人类的一大步”早已是全世界家喻户晓的名言。

在庆祝登陆月球成功的记者会中，有一个记者突然问奥尔德林一个很特别的问题:“阿姆斯特朗先下去，成为登陆月球的第一个人，你会不会觉得有点遗憾?”

在全场有些尴尬的气氛下，奥尔德林很有风度地回答:“各位，千万别忘了，回到地球时，我可是最先出太空舱的。”他环顾四周笑着说，“所以我是由别的星球来到地球的第一个人”。

大家在笑声中，给予了他最热烈的掌声——因为他对名利的豁达。

战国时期的吴起是一代名将，是一流的谋略家，更是最典型的名利狂。为了求名，他不择手段。为了赢得鲁国国君的信任，他竟然亲手杀了当初带着大量金银珠宝与他私奔的爱妻，就是因为妻子是鲁的敌国——齐国的女子。他终于名扬四海，然而每次名成利就，却又遭小人暗算，跌下神坛，三起三落。因求名而能名垂青史，是吴起的成功之处。因盛名之下不避收敛而丧失性命，又是他失败之处。

俄国寓言大师克雷洛夫曾对名利进行了精辟的阐述："这样的人更值得尊敬，他默默无闻地躲在暗地里，在漫长的辛苦的日子里无酬地劳动，得不到光荣也得不到表扬；只有一种思想鼓舞着他的辛勤劳动：他的工作对大众是有益的。"当你不需要让所有的注意力都集中在你身上，反而让别人享有荣耀时，你的精神就会发生某种奇特的改变，享受到一种宁静的感觉。

我们的内心需要得到他人关注时，它会想方设法地对他人说："看着我。我很特别。我的故事比你的有趣多了。"我们内心的声音虽然并未直接说出来，却相信"我的成就比你的重要一点"。这个自我是我们想要被看见、被听到、被尊敬、被认为特别的那个部分，通常就算牺牲别人也在所不惜。就是这个部分打断了别人的故事，或是不耐烦地等待轮到自己发言，以便将谈话的重心和注意力拉回到自己身上。大部分人或多或少都有这样的习惯，只是程度不同罢了。当你立刻跳出来将话题拉回自己身上时，你狡猾地将对方所分享的喜悦降到了最低限度，结果也拉开了你跟他人的距离。谁都没有得到好处。

不要脱口就说："我也做过同样的事。"或"猜猜我今天做了什么事。"忍一下，看看会发生什么事。只要说："太棒了！"或"继续说下去……"这样就好了。跟你说话的人会觉得有趣多了，因为你比较"投入"，因为你倾听得比较用心，他（她）不会感觉到需要跟你竞争，反而会感到跟你在一起很轻松。

尤其需要提及的是，不要独占荣誉，要立即转送出去，让那些默默无闻地帮过你的朋友或部属也分享这份荣誉。要知道，你现在的成就并不完全是由你一个人创造出来的，即使你不曾正视这个问题，但不可否认一定有人曾经帮助过你。当你能公开地对自己及他人承认，你并非独立达成这些成就，所以不能独享荣耀时，一种完美和谐的感觉会在你的内心和你的人际关系中逐渐浮现。如果你身边都是正直又有能力的人，而这些人又和你有相同的观念及类似的价值观，你会发觉慷慨地将功劳归于他人并不是件困难的事。

大多数时候，人们应适当地交换经验、分享荣耀与注意力，而非全部放弃。当然，不能从他人那儿刻意地抢夺荣誉。当你放弃贪得无厌的荣耀需求时，你以前需要从别人那儿得到的注意力也就被一种安静的内在自信所取代，而这个自信正是来自让他人享有荣耀。

有理也要让三分

有些人喜欢与人争辩，有理要争，没理也要争三分，即使是开玩笑也不肯以自己吃亏告终。一见对方有破绽，就死死抓住不放，非要让对方败下阵来不可。其实，得理让人三分是更加高超的竞争之术，退一步天高地阔，让三分心平气和。

无理让人难，得理也让人那就更难了，当和别人竞争之时，我们常会自恃有理，据理力争，决不罢休。殊不知，即使你有理，但是你的话可能已经伤害了对方，使他尴尬，下不了台，甚至恼羞成怒，这是人际交往的大忌。

有理也要让三分，对别人谦虚忍让的同时，也会给自己创造更多的机会。

克里斯托弗·雷恩爵士是英国17世纪著名的建筑大师，他一生设计了很多有名的建筑，西敏斯特市的市政大厅就是他的不朽杰作。1688年，雷恩爵士为西敏斯特市设计了这个富丽堂皇的市政厅。当时市长住在二楼，他不懂得建筑的原理，看了设计图之后，非常担心三楼会掉下来，压到他的办公室。

于是，他要求雷恩再加两根石柱作为支撑，加固房子的结构。雷恩很清楚市长的恐惧是杞人忧天，没有什么道理，但是他没有同市长争辩，也没有跟他解释其中的原理，而是按照市长的要求建造了两根石柱，市长为此感激万分，工程也得以顺利进行。

多年以后，人们才发现这些石柱其实根本没有顶到天花板。这位杰出的建筑师为了满足市长的要求，在他的设计中加了两个并不起实际作用的石柱。他没有跟市长争辩，因为他知道争辩是没有用的，有可能还会激怒市长，使得整个建筑工程无法进行，所有的设计都前功尽弃了。实际上多出来的两个石柱并没有影响到他的设计艺术，相反，当人们看到这两根柱子没有顶到天花板的时候，明白了他的苦心，更加赞赏他了。

有理也要让人三分，只要不是原则问题，凡事都要争个对错，比个高下，证明自己更聪明更正确，其实是没有任何意义的。话多无用，行动则更有力得多。在雷恩的设计中，石柱只是一个摆设，是虚假的，但是双方都从中得到了满足，市长可以松一口气，不用担心三楼掉下来砸到自己的办公室，而后世也将会了解雷恩的设计是成功的，加建石柱其实并没有必要。

在我们的生活中，矛盾无时不在，无处不有。但是，怎么解决矛盾？这是最关键的问题，也是最难办，最头痛的事情。在与他人的矛盾中，有些人总是得理不饶人，非要证明自己才

是对的，咄咄逼人，结果只能把事情越弄越大，越弄越僵，最后无法收场。而懂得做人的人，懂得凡事让三分，少说几句，少争无谓的"理"，再大的矛盾也能大事化小，小事化了，轻松解决。

1502年，伟大的艺术家米开朗其罗来到佛罗伦萨，他要用一块别人认为已经无法使用的石头雕出手持弓箭的年轻大卫。他的赞助人是当时

的执政官索德里尼。

工作进行了一段时间之后，雕像快要完成了，索德里尼进入了工作室。他自以为是行家，在仔细地“品鉴”这项作品后，开始对这座雕像品头论足。他站在这座大雕像的正下方说：“米开朗其罗，你的这个作品诚然是个杰作，很了不起，但它还是有一点缺陷，就是鼻子太大了。你来看看是不是？”

米开朗其罗知道索德里尼没有鉴赏水平，并且他得出这样的结论是因为观察的角度不正确。但是米开朗其罗什么都没有说，而是拿着工具，让索德里尼跟着他爬上支架。他在雕像鼻子的部位轻轻敲打，一边敲打一边让手里事先拿好的石屑一点一点掉下去，还不时问索德里尼的意见，表面上看起来他是按照索德里尼的意见在修改，但事实上他根本没有改动鼻子的任何地方。

经过几分钟后，他站到一边，问道：“现在怎么样？”

索德里尼端详了半天，得意地微笑着回答道：“我比较喜欢现在这个样子，更栩栩如生了，这才是最完美的艺术！”

很明显是索德里尼不对，但他是米开朗其罗的赞助人，米开朗其罗知道冒犯他没有任何意义。如果他看不起自己的赞助人，跟他争辩起来，最后可能会胜利。但结果是除了逞一时的口舌之快，不会有任何收获，并且还可能因此而得罪这个赞助人，使自己面临资金短缺的困境，最后可能连这个雕塑都无法完成。他在口头上忍让，没有据理力争，但是并不是因此而对索德里尼言听计从，因为如果改变鼻子的形状，很可能就毁了这件艺术品。对此，他的解决办法是让索德里尼在无意中调整自己的视野——让他靠近鼻子更近一点，而不是让他意识到自己的错误。

有理也要让三分，这是正确处理人际关系的一个好办法。遇到矛盾，首先想着有理也要让三分的道理，这就好办多了。对方本来无理，却要争个高下，占个便宜，如果你让人三分，他一拳打空，未免会有些心惊，细想起来也就不会如此计较了。

第二节　折磨是对人的历练，懂得感谢折磨你的人

感谢折磨你的人

我们总会经历这样那样的烦心事，这些事总是会折磨人的心，使人不得安稳。但是，生命是一次次的蜕变过程，唯有经历各种各样的折磨，才能拓展生命的厚度。通过一次又一次与各种折磨握手，历经反反复复几个回合的较量，人生的阅历就在这个过程中日积月累，不断丰富。

在人生的岔道口，若你选择了一条平坦的大道，你可能会有一个舒适而享乐的青春，但你就会失去一个很好的历练机会；若你选择了坎坷的小路，你的青春也许会充满痛苦，但人生的真谛也许就此被你打开。

蝴蝶的幼虫是在一个洞口极其狭小的茧中度过的。当它的生命要发生质的飞跃时，这个狭小的通道对它来讲无疑如同鬼门关，那娇嫩的身躯必须竭尽全力才可以破茧而出。许多幼虫在往外冲杀的时候力竭身亡，不幸成了飞翔的祭品。

有的人动了恻隐之心，企图将那幼虫的生命通道修得宽阔一些，他用剪刀把茧的洞口剪大。这样一来，所有受到帮助而见到天日的蝴蝶都不是真正的飞行精灵——它们无论如何也飞不起来，只能拖着丧失了飞翔功能的双翅在地上笨拙地爬行！原来，那“鬼门关”般的狭小茧洞恰恰是帮助蝴蝶幼虫两翼成长的关键所在，穿越的时候，通过用力挤压，血液才能被顺利输送到蝶翼的组织中去；唯有两翼充血，蝴蝶才能振翅

飞翔。人为地将茧洞剪大，蝴蝶的翼翅就没有了充血的机会，爬出来的蝴蝶便永远与飞翔绝缘。

成长的过程恰似蝴蝶的破茧过程，在痛苦的挣扎中，意志得到磨炼，力量得到加强，心智得到提高，生命在痛苦中得到升华。当你从痛苦中走出来时，就会发现，你已经拥有了飞翔的力量。如果没有挫折，也许就会像那些受到“帮助”的蝴蝶一样，萎缩了双翼，平庸一生。

有个渔夫有着一流的捕鱼技术，被人们尊称为“渔王”。依靠捕鱼所得的钱，“渔王”积累了一大笔财富。然而，年老的“渔王”却一点也不快活，因为他三个儿子的捕鱼技术都极其平庸。

于是他经常向人倾诉心中的苦恼:“我真想不明白，我捕鱼的技术这么好，我的儿子们为什么这么差？我从他们懂事起就传授捕鱼技术给他们，从最基本的东西教起，告诉他们怎样织网最容易捕捉到鱼，怎样划船最不会惊动鱼，怎样下网最容易请鱼入瓮。他们长大了，我又教他们怎样识潮汐，辨鱼汛……凡是我多年来辛辛苦苦总结出来的经验，我都毫无保留地传授给他们，可他们的捕鱼技术竟然赶不上技术比我差的其他渔民的儿子!”

一位路人听了他的诉说后，问:“你一直手把手地教他们吗?”

“是的，为了让他们学会一流的捕鱼技术，我教得很仔细、很耐心。”

“他们一直跟随着你吗?”

“是的，为了让他们少走弯路，我一直让他们跟着我学。”

路人说:“这样说来，你的错误就很明显了。你只是传授给了他们技术，却没有传授给他们教训，对于才能来说，没有教训与没有经验一样，都不能使人成大器。”

是啊，渔夫的儿子们从来都没有经受一点挫折的折磨，他们怎么会获得成长呢?

人生其实没有弯路，每一步都是必需的。所谓失败、挫折并不可怕，正是它们才教会我们如何寻找到经验与教训。如果一路都是坦途，那只能像渔夫的儿子那样，沦为平庸之辈。

没有经历过风霜雨雪的花朵，无论如何也结不出丰硕的果实。或许我们习惯羡慕他人的

成功，感叹他人得到的掌声，但是别忘了，温室的花朵注定要失败。正所谓“台上十分钟，台下十年功”，在他们光荣的背后一定有汗水与泪水共同浇铸的艰辛。

所以，一个成功的人，一个有眼光和思想的人，都要学会感谢折磨自己的人，唯有以这种态度面对人生，才能真正领悟成功的意义，真正理解人生的内涵。

经历苦痛才能重生

伏尔泰说:“不经历巨大的痛苦，不会有伟大的事业。”我们每做一件事，都会在自我心中形成一个障碍，直至完成，这些障碍都会一直存在，很多人因此而陷入失败。很多人花费许多力气去找寻“无法成功”的原因，其实他们不知道自我设限就是主要原因。因此，在面临生活中这样那样的不如意时，不妨将这些不如意当作一次突破自我的机会，勇敢地跨越自我的极限，生命就会更上一层楼。

禅宗典籍《五灯会元》上曾记载这样一则故事：德山禅师在尚未得道之时曾跟着龙潭大师学习，日复一日地诵经苦读让德山有些忍耐不住。一天，他跑来问师父:“我就是师父翼下正在孵化的一只小鸡，真希望师父能从外面尽快地啄破蛋壳，让我早日破壳而出啊!”

龙潭笑着说:“被别人剥开蛋壳而出的小鸡，没有一个能活下来的。母鸡的羽翼只能提供让小鸡成熟和有破壳力的环境，你突破不了自我，最后只能胎死腹中。不要指望师父能给你什么帮助。”

德山听后，满脸迷惑，还想开口说些什么，龙潭说:“天不早了，你

也该回去休息了。”德山撩开门帘走出去时，看到外面非常黑，就说：“师父，天太黑了。”龙潭便给了他一支点燃的蜡烛，他刚接过来，龙潭就把蜡烛熄灭，并对德山说：“如果你心头一片黑暗，那么，什么样的蜡烛也无法将其照亮啊！即使我不把蜡烛吹灭，说不定哪阵风也要将其吹灭！只有点亮心灯一盏，天地自然一片光明。”

德山听后，如醍醐灌顶，后来果然青出于蓝，成了一代大师。

鹰是世间寿命最长的鸟类，它一生的年龄可达 70 岁。在 40 岁时，它如果要继续活下去，必须经历一次痛苦的重生。

当鹰活到 40 岁时，它的爪子开始老化，不能有力地抓住猎物。它的喙开始变得又长又弯，几乎触到胸膛。它的翅膀也开始变得沉重，因为它的羽毛长得又密又厚，飞翔都显得有些吃力。

这时它只有两种选择：等死，或开始一次痛苦的重生——150 天漫长的折磨。它必须很卖力地飞到山顶，在悬崖上筑巢，停留在那里，不能飞翔。

鹰首先用它的喙击打岩石，直到喙完全脱落。然后静静地等待新的喙长出来。它会用新长出的喙把指甲一根一根地拔出来。当新的指甲长出来后，就再把羽毛一根一根地拔掉。5 个月以后，新的羽毛长出来了，鹰经历了一次再生。

如果 40 岁的鹰选择逃避，那么等待它的就是生命的枯萎，它唯有选择经历苦痛，生命才得以再生。重生与成功的道路上注定会荆棘密布。

人生道路上，每一次辉煌的背后肯定都有一个凤凰涅槃的故事，世上没有不弯的路，人间没有不谢的花。折磨原本就是生命旅途中一道不可或缺的风景，只有经历折磨，经历苦痛，才能让人生有一番新的收获。

奇迹多在厄运中出现

培根说："奇迹多是在厄运中出现的。"其实，我们不应该在逆境中抱怨，因为抱怨逆境无疑是在遗弃幸运。想成为一名生活中强者，就要勇敢地向逆境宣战，像一名真正的水手那样投入生命的浪潮。

酒井连自己的名字都不会写，却在大阪的一所中学当了几十年的校工。尽管工资不多，但他已经很满足命运为他所安排的一切。就在他快要退休时，新上任的校长以他"连字都不认识，却在校园工作，太不可思议了"为由，将他辞退了。

酒井恋恋不舍地离开了校园。像往常一样，他去为自己的晚餐买半磅香肠，但快到食品店门前时，他想起食品店已经关门多日了。而不巧的是，附近街区竟然没有第二家卖香肠的。忽然，一个念头在他脑海里闪过——为什么我不开一家专卖香肠的小店呢？他很快拿出自己仅有的一点积蓄开了一家食品店，专门卖起香肠来。

因为酒井灵活多变的经营，十年后，他成了一家熟食加工公司的总裁，他的香肠连锁店遍及了大阪的大街小巷，并且是产、供、销"一条龙"服务，颇有名气的酒井香肠制作技术学校也应运而生。

当年辞退他的校长早已忘了酒井这一位曾经的校工，当时的熟食加工公司得知著名的董事长识字不多时，便十分敬佩地称赞他："酒井先生，您没有受过正规的学校教育，却拥有如此成功的事业，实在是太不可思议了。"

酒井诚恳地回答："真感谢您当初辞退了我，让我摔了跟头，从那之后我才认识到自己还能干更多的事情。否则，我现在肯定还是一位靠一点退休金过日子的校工。"

正如酒井一样，成功者首先是从逆境中崛起的。逆境可以锻炼一个人的品格，也可以激发一个人向上发展的勇气和潜力。在逆境中，当被逼得退无可退、无路可走时，人们往往在最后的时刻想尽办法来自救，无形之中反而促成了人生的辉煌。所以，我们应该感谢逆境和难题，感谢其中所孕育的成功。

任何人都会或多或少遇到或大或小的坎坷颠簸，都有不顺的时候，这是很正常的，无须悲伤，无须抱怨，更不能绝望。世上没有绝望的处境，只有对处境绝望的人。只要勇敢面对，世界上没有过不去的坎。

在我们陷入逆境时，一味地埋怨和诅咒是无济于事的，那只会让我们变得更加沮丧而觉得无望。与其苦苦等待，不如点燃自己手中仅有的“火种”和希望，去战胜黑暗，摆脱困境，为自己创造一个光明的前程。

在灰色的逆境中，不要让冷酷的命运窃喜，命运既然来凌辱我们，就应该用处之泰然的态度予以报复。命运从来不相信抱怨，只相信抗争命运的人。强者的生活就是面对和克服那些像潮流一样涌来的困难，他们不会放过“往上爬”的机会，因为他们经历了太多的逆境。在现实中，我们看到许多成功者都来自于不利的环境，但他们总能够勇敢地走出来。

人在一生中，随时都会碰到困难和险境，如果我们仅仅盯着这些困难，看到的只会是绝望。在人生路途上，谁都会遭遇逆境，逆境是生活的一部分。逆境充满荆棘，却也蕴藏着成功的机遇。只要勇敢面对，就一定能从布满荆棘的路途中走出一条阳光大道。

感谢与每个人的相逢

一天，一个中年妇女见自己家门口站着三位老人，便上前对老人们说:“你们一定饿了，请进屋吃点东西吧！”

“我们不能一起进屋。”老人们说。

“为什么?”中年妇女不解。

一位老人指着同伴说:“他叫成功,他叫财富,我叫善良。你现在进屋和家人商量一下,看看需要我们当中哪一位?”

中年妇女进屋和家人商量后决定把善良请进屋。她出来对老人们说:“善良老人,请到我家来做客吧。”

善良老人起身向屋里走去,另两位叫成功和财富的老人也跟进来了。

中年妇女感到奇怪,问成功和财富:“你们怎么也进来了?”

“善良是我们的兄长,兄长在,我们也必须在,因为哪里有善良,哪里就有成功和财富。”老人们回答说。

其实就像这位老人说的那样,善良总是伴随着财富和地位一起而来,我们善待、珍惜生命中出现的每一个人,其实也是在善待我们自己。

在我们的生命中,不断地有人离开或进入,我们无法把握时间去改变这些,但是我们却可以用自己的心去珍惜于自己生命中存在过的人。

与每一个人的相遇都是一种机缘。当有一天,我们回首的时候,发现那些当初很要好的人已经是天各一方,每个人都开始了没有我们的日子,那些曾经大大咧咧地喊他昵称的日子似乎已经很遥远了,想念彼人,却发现你已经连他的电话也没有了,于是后悔当初只因为一句话的彼此伤害,后悔没有好好珍惜在一起的日子。

所以,无论是什么时候,每一个人的出现都是自己的福分,感激上天给予与每一个人的相逢,或许此刻你们亲近无比,但说不准哪一天你们从此分别,永远无法联系。为了我们的人生没有遗憾,善待我们生命中的每一位过客。

遇到你真正的爱人时,要努力争取和他相伴一生的机会,因为当他离去时,一切都来不及了;

遇到可相信的朋友时,要好好地和他相处下去,因为在人的一生中,能遇到一个知己真的不容易;

遇到人生中的贵人时,要记得好好感激,因为他是你人生的转折点;

遇到曾经爱过的人,记得微笑向他感激,因为他是让你更懂得爱的那个人;

遇到曾经恨过的人时，要微笑着向他打招呼，因为是他让你变得更加坚强；

遇到现在和你相伴一生的人，要百分百感谢他爱你，因为你们现在都得到幸福和真爱；

遇到背叛你的人时，要跟他好好聊一聊，因为若不是他，今天你不会懂得这个世界；

遇到曾经偷偷喜欢的人时，要祝他幸福！因为你喜欢他时，是希望他幸福快乐；

遇到匆匆离开你的人，要谢谢他走过你的人生，因为他是你精彩回忆的一部分。

善待生命中每一个与你擦身而过的朋友，你的人生将了无缺憾。

经过磨炼才坚强

或许，从我们出生，哭出了生命中的第一声时，我们就开始感受到，人生必定充满了泪水与艰辛。但是，也唯有这些艰难，才能突显出生命的可贵与不凡，让我们在撒手人寰的时候笑着离开。

其实，人的命运都要经历种种痛苦和磨难，但最后的结果会有所不同，因为每个人承担磨难的心境不同。

唯有经过磨炼的生命，才能累积出坚强的生命力；也唯有历经风风雨雨的人，才知道生命的难得与珍贵。

人生的转机无处不在，只是很多人陷入困境时只会呼天抢地，不愿试着靠自己的努力走过眼前这片泥沼。若是连自己都不愿主动积极地勇敢面对，就算有人愿意伸出援手，你也脱离不了困顿的日子。

如果，你害怕危险、担心受伤，那么你就不能真正享受美丽的人生。

生活的最大乐趣，就是能经历失败的痛苦与成功的喜悦，这些才是生命的真正意义，也是你我活着的重要目的。

我们真正有能力去做的，不是等待别人能为我们付出什么，而是要靠自己的双手，毫无遗漏地掌握一些事情。

人要勇敢地做自己，因为真正能主宰自己命运的人，不是别人而是我们自己。

当你相信自己能够改变命运时，步伐便会慢慢地移动，一步步地实现心中的愿望。你的潜能就在你的身上，你的未来也掌握在你的手中，一切都等待着你开始行动，实现每一项“不可能的任务”。

每一个困难与挫折，都只是生活中必然的跌跤动作，我们不必太过惊慌或难过，只要心里牢牢记得小时候那种不怕跌倒的勇敢精神，鼓励自己站起来，拍拍屁股，然后继续前进，下一步，我们就能踏着沉稳的步伐，朝着人生的新目标前进。

有耕耘就会有收获，想成功就一定要付出苦心。人生就像那些在冬天里绽放的花朵一样，经过冰雪冷风的磨炼，才能吐露迷人的芬芳。

每个人的命运都是公平的，只不过有的人先苦后乐，有的人先乐后苦。人生的机会也是均等的，即使含着金钥匙出生的人，如果不肯勤劳努力，嘴里的金钥匙也终究要失落。

未来就在你我的手中，不必担心目前的条件不如人，只要你愿意增强实力，努力把握机会，那么所有的磨难就会变成你人生成功的阶梯，踩着磨难的阶梯前行，你的生命就会变得坚强无比，让人生闪耀出耀眼的成功与辉煌。

第七章 常泄气不如多争气

★☆★☆★☆★☆★☆★☆★☆★☆★☆★☆★☆★☆★☆★☆★☆★

愚蠢的人只会生气，聪明的人懂得去争气。弱者只会生气，强者却会把生气化作锻打自己成材的炉火，锤炼自己成器的铁砧，砥砺自己坚忍性格的磨刀石。

★☆★☆★☆★☆★☆★☆★☆★☆★☆★☆★☆★☆★☆★☆★☆

第一节 把挫折当阶梯，要争气不要泄气

活着要争气，不要泄气

有一位青年画家，在还没成名前，住在一间狭隘的小房子里，靠画人像维生。一天，一个富人经过，看他的画工细致，很喜欢，便请他帮忙画一幅人像。双方约好酬劳是一万元。

一个星期后，人像完成了，富人依约前来拿画。这时富人心里起了歹念，欺他年轻又未成名，不肯按照原先的约定付给酬劳金。富人心中

想着：“画中的人像是我，这幅画如果我不买，那么，绝没有人会买。我又何必花那么多钱来买呢？”

于是富人赖账，他说只愿花三千元买这幅画。青年画家傻住了，他从来没碰过这种事，心里有点慌，花了许多唇舌，向富人据理力争，希望富人能遵守约定，做个有信用的人。“我只能花三千元买这幅画，你别再□嗦了。”富人认为他居上风：“最后，我问你一句：三千元，卖不卖？”

青年画家知道富人故意赖账，心中愤愤不平，他以坚定的语气说：“不卖。我宁可不卖这幅画，也不愿受你的屈辱。今天你失信毁约，将来一定要你付出二十倍的代价。”“笑话，二十倍，是二十万呐，我才不会笨得花二十万买这幅画。”“那么，我们等着瞧好了。”青年画家对悻悻然离去的富人说。

经过这一个事件的刺激后，画家搬离了这个伤心地，重新拜师学艺，日夜苦练。皇天不负苦心人，十几年后，他终于闯出了一片天地，在艺术界上，成为一位知名的人物。那个富人呢？自从离开画室后，第二天就把画家的画和话淡忘了。

直到那一天，富人的好几位朋友不约而同的来告诉他：“好友，有一件事好奇怪，这些天我们去参观一位成名艺术家的画展，其中有一幅画不二价，画中的人物跟你长得一模一样，标示价格二十万。好笑的是，这幅画的标题竟然是‘贼’。”

好象被人当头打了一棍，富人想起了十多年前画家的事。这件事对自己的伤害太大了，他立刻连夜赶去找青年画家，向他道歉，并且花了二十万买回那幅人像画。青年凭着一股不服输的志气，让富人低了头。

这给了我们一个启示：人活着要争气，不要泄气，把挫折当成阶梯，努力不懈，最后一定能达成理想，完成心愿。你相信吗？没有人能屈辱打败你，除了你自己。

“不可能”会泄气，“我能”才争气

一只母鸡在孵鸡蛋时孵了一只鹰蛋。小鹰自出壳之日起便跟小鸡一起长大，从没有认为跟小鸡有什么不同。有一天，仰天而望，小鹰看到有只鸟凌空翱翔，于是问：“那是什么？”有只小鸡答道：“噢，那是一只鹰，百鸟之王。”“哇!但愿我也能像它那样飞翔!”小鹰满怀敬畏地说。“别妄想了，”小鸡说，“你不过是只母鸡，母鸡是飞不起来的。”闻此言，小鹰甚感沮丧和气馁，于是继续啄食，过母鸡般的生活。

有人曾经做过一个实验：他往一个玻璃杯里放进一只跳蚤，发现跳蚤轻易地便可以跳出来。重复几遍，结果还是一样。根据测试，跳蚤跳的高度一般可达它身体的400倍左右，所以跳蚤称得上是动物界的跳高冠军。

接下来实验者再次把这只跳蚤放进杯子里，不过这次他立即在杯上加一个玻璃盖，“嘣”的一声，跳蚤重重地撞在玻璃盖上。跳蚤十分困惑，但是它不会停下来，因为跳蚤的生活方式就是“跳”。一次次被撞，跳蚤开始变得聪明起来了，它开始根据盖子的高度来调整自己所跳的高度。再过一阵子以后，发现这只跳蚤再也没有撞击到这个盖子，而是在盖子下面自由地跳动。

一天后，实验者开始把盖子轻轻拿掉，跳蚤不知道盖子已经除掉了，它还是在原来的那个高度继续地跳。三天以后，实验者发现那只跳蚤还在那里跳。一周以后发现，这只可怜的跳蚤还在这个玻璃杯里不停地跳着，而从未跳出过瓶口。

在现实生活中，是否有许多人也在过着这样的“跳蚤人生”？年轻时意气风发，屡屡去尝试成功，但是往往事与愿违，屡屡失败。几次失败以后，他们便开始不是抱怨这个世界的不公平，就是怀疑自己的能力，他们不是不惜一切代价去追求成功，而是一再地降低成功的标准，即使原有的限制已取消。

就像刚才的“玻璃盖”，虽然已被取掉，但他们早已经被撞怕了，不敢再跳，或者已习惯了，不想再跳了。人们往住因为害怕去追求成功，而甘愿忍受失败者的生活。难道跳蚤真的不能跳出这个杯子吗？绝对不是，只是它的心里面已经默认了这个杯子的高度是自己无法逾越的。

让这只跳蚤再次跳出这个玻璃杯的办法十分简单，只需拿一根小棒子重重地敲一下杯子；或者拿一盏酒精灯在杯底加热，当跳蚤热得受不了的时候，它就会“嘣”的一下跳了出去。人有些时候也是这样。很多人不敢去追求成功，不是追求不到成功，而是因为他们的心里面也默认了一个“高度”，这个高度常常暗示自己的潜意识：成功是不可能的，这个是没有办法做到的。

“心理高度”是人无法取得伟大成就的根本原因。我们要不要跳？能不能跳过这个高度？能不能成功？能有多大的成功？这一切问题都取决于自我设限和自我暗示!

杰出的权威科学家认为音障是不可能人为突破的。有些人甚至以为，在1马赫（飞行物在空气中移动的速度与音速之比）时飞行员与飞机将同时毁亡，或者飞行员将失声，或饱受摧残。但是1947年10月14日，美国飞行者查克. 叶慈驾着贝尔航空X-11飞机，达到每小时1. 06马赫（700英里）的速度，三天后提高到1. 35马赫，六天后更是高达当时不可思议的2. 44马赫，粉碎了人类无法突破音障这堵“看不见的墙”的神话。美利坚民族崇尚自由，富有冒险精神，强调自我奋斗，在任何时候，对任何问题，似乎从来没有统一过；但是美国人具有强烈的自尊心和自豪感，正如他们自己认为：American（美国人）一词最后四个字母拆开来便成为I Can（我能）！

我们必须不断战胜自己和超越自己，只有自己才是自己最可怕和最强大的敌人，很多事情并不是自己被别人打败了，而是自己被自己的失败心理打败了!我们要坚信自己的生活信念，不管遇到了多么严重的挫折，不论碰到了多么巨大的困难，都不会发生动摇。永不言败，不断拓展自己的生活空间。

只要你能不断地突破自己已知的范围，进入到未知的领域，不达目的誓不罢休，不断地去寻找新的解决方法。没有办法只是说我们已知范围内的方法已经用尽，只要我们能够不断地去尝试新的事物、新的机会、新的方法，不断地去突破自我、改变自我，永远都没有“不可能”。

把愤怒转变为争气的力量

汽车大王亨利·福特曾提到，自己之所以能有如此成就，是缘于在一家餐厅发生的一件小事。当亨利·福特还是一个修车工人的时候，有一次刚领了薪水，兴致勃勃地到一家他一直十分向往的高级餐厅吃饭。却不料，年轻的亨利·福特在餐厅里呆坐了差不多15分钟，居然没有一个服务生过来招呼他。

亨利·福特心里很不愉快。最后，还是餐厅中的一个服务生看到亨利·福特独自一人坐了那么久，才勉强走到桌边，问他是不是要点菜。亨利·福特点头说是，只见服务生不耐烦地将菜单粗鲁地丢到他的桌上。亨利·福特刚打开菜单，看了几行，服务生用轻蔑的语气说道:“菜单不用看得太详细，你只适合看右边的部分（意指价格），左边的部分（意指菜色）你就不必费神去看了!”

亨利·福特很疑惑地抬起头来，目光正好迎接到服务生满是不屑的表情，这一下亨利·福特更加生气。恼怒之余，不由自主地便想点最贵的大餐。但转念之间，又想起口袋中那一点点可怜微薄的薪水，不得已，咬了咬牙，亨利·福特只点了一个汉堡。

服务生从鼻孔中“哼”了一声，傲慢地收回亨利·福特手中的菜单。口中虽然没有再说话，但脸上的表情却很清楚地让亨利·福特明白:“我就知道，你这穷小子，也只不过吃得起汉堡罢了!”

吃完了汉堡之后，亨利·福特的气并没有消，他很恨这个服务员的市侩。不过，在喝了几口水之后，亨利，福特反倒冷静下来，仔细思考，为什么自己总是只能点自己吃得起的食物，而不能点自己真正想吃的大餐？

亨利·福特当下立志，要成为社会中顶尖的人物。从此之后，他开始朝梦想前进，由一个平凡的修车工人，逐步成为叱咤风云的汽车大王。

面对厄运你怎么愤怒、消沉、自暴自弃都是无济于事的；相反，如果你能化愤怒为力量，那么你就能成就大事，借厄运之机磨炼意志，扭转不利的局面，成为生活的强者。一个人遭遇到别人的白眼，只有愤怒光生气是没有用的，关键是我们要学会争气，把愤怒转化为奋斗的力量。

希尔顿从小是个孤儿，四处流浪，乞讨为生，备受屈辱。

一天半夜，他在睡梦中被饭店的门童抬起来，扔到雪地上。从睡梦中惊醒的希尔顿，大怒质问门童："为什么把我丢到雪堆里？"

门童趾高气扬地说："这是饭店经理交代的。"

希尔顿咬着牙，握紧拳头道："你们给我听着，总有一天我一定要开一家比你们饭店更大、更豪华的酒店，记住我现在所说的话！"

希尔顿从此以后，不断地努力工作，存下他所赚的每一分钱，终于创立了第一家"希尔顿大饭店"，并发展成为全世界最大的饭店集团之一——"希尔顿饭店集团"。

希尔顿遭受屈辱，没有生气，没有报复，反而以此来激励自己，化生气为争气，化屈辱为力量，才取得了辉煌的成就。

愚蠢的人只会生气，聪明的人懂得去争气。弱者只会生气，强者却会把生气化作锻打自己成材的炉火，锤炼自己成器的铁砧，砥砺自己坚忍性格的磨刀石。

第二节 只有不断争气，人生才有希望

要有耐烦不生气的本事

要做好一件事，解决一个问题，最需要的是智慧和经验。有智慧、有经验的人固然能做好事，也能解决问题，但若无“耐烦”的本事，则无法做好磨人磨得发狂的事，也无法解决复杂多变、不知从何下手的问题。所以，不能“耐烦”，徒有智慧和经验还不能成就大事。

比如公司调整人事，好的位子人人想要，施压的施压，钻营的钻营，这就是打了千百个结的绳子；商人要争取大生意，几年前就开始打通人脉、收集情报、训练人员，每个步骤都是问题，也都需要解决，这也有如打了千百个结的绳子。而要解开这些绳子上的结，要的便是“耐烦”。

做事难，做人更难。难就难在无论多么简单的事，也会被人弄得复杂起来。单纯一件事，只要肯下功夫，要把它做好并不难，但一扯上人为因素，简单的事也会变复杂。而依人的智慧、经验、价值观念以及利益的不同，这事的复杂度也会有所不同，就好比一条绳子打上了千百个结，世上的事多半是如此。

“耐烦”是和客观环境比耐力，也在和竞争对手比耐力，你能“耐烦”，就不会输。若因不耐烦而半途放弃，那么就先输了，很多在人生竞赛中落后的人都是因为不耐烦，而不是因为智慧不如人！

在工作中往往有一些琐碎而无价值的事，通常是一些不重要的任务或工作，而且报偿低。它消磨你的精力和时间，因此让你不能处理更为重要且当务之急的工作。琐碎无价值的工作可能是将文件归档、清理办公桌抽屉、日常文书工作或者没有紧迫任务时任何人都可以做的那种工作。

如果你刚刚踏上工作岗位，每天面对这些琐碎而无价值的事，是不是会感到厌烦？尤其是在社会中的人，很有干一番事业的雄心，对这些鸡毛蒜皮的小事往往会不屑一顾。人生一世，谁都不甘平庸，都想成就一番大业，不虚此生。可是这世界上能干事的人不少，成大业的却不多，究其原因，方方面面，主客观因素都有。比如，要有良好的社会背景，有千载难逢的机遇，也要有智商，有文化，有修养等等。但“耐不得烦”却是一个常常被人忽略的重要因素。

“要能耐得住烦”就是要站得高，看得远，不为眼前的得失而影响大目标、大事业。“耐烦”就是不要急功近利，不因小失大。能耐一次烦，便能耐二次烦，这种本事一变成习惯，将是成就大事业的基础。

这种“耐烦”的本事，年轻人尤其要学到，不要说你年轻气盛而“做不到”，那是托辞，这里能告诉你的只是越早学到，越早获益。如何培养“耐烦”的本事，并无捷径，要靠个人意志。你只要在碰到“很烦”的事时，告诉自己“要耐烦”，然后仔细地、耐心地、不动气地分析该如何做这些事，解决这些问题。那么慢慢地你便有了“耐烦”的本事。有了“耐烦”的本事，不管遇到多大的困难，多大的挫折，都可以平心静心的去面对，跌上一跤也不抱怨，从容地掸掉尘土继续前进。

再苦也要笑一笑

不管遇到什么困难，总要学会微笑面对生活。人在顺境之中，可以乐观、愉快地生活；人在逆境中，也能乐观愉快地生活。宋代有位高僧，法号叫靓禅师。一次，靓禅师去施主家做佛事，路过一小溪，因前夜天降暴雨，溪水顿涨，加之靓禅师身体胖重，因而陷于溪流之中。他的徒弟连拖带拽，将其背到岸上。靓禅师坐在乱石间，垂头如雨中鹤。不一会儿，他忽然大笑，指溪作诗曰：春天一夜雨滂沱，添得溪流意气多；刚把山僧推倒却，不知到海后如何。

靓禅师在如此倒霉、尴尬的情况下，尚能开怀吟诗，真是糊涂到家了。但这种糊涂，又何尝不是一种超脱、一种自由、一种大欢喜？

要想在逆境中达观、愉快，除了钝化对外界的负面感知之外，一个重要的方法就是换一个角度，站在另一个立场去看待自己所遇到的不幸，设法从中得到快乐。靓禅师陷于溪流之中，一般人认为他应该垂头丧气，自认倒霉而恨恨不已。而靓禅师偏不这样，而是以一种藐视的态度与溪水对话，在对话的过程中，宽释了心怀，得到了乐趣，变烦恼为大笑，这是何等宽亮的胸怀。

我们要能像靓禅师那样乐观地对待生活，转变一下观念，记住：我们改变不了环境，但我们可以改变自己；我们改变不了事实，但我们可以改变态度；我们改变不了过去，但我们可以改变现实；我们不能控制他人，但我们可以掌握自己；我们不能预知明天，但我们可以把握今天；我们不能样样顺利，但我们可以事事尽心；我们不能左右天气，但我们可以改变心情；我们不能选择容貌，但我们可以展现笑容；我们不能决定生死，但我们可以提高生命质量。

一个人坐在轮船的甲板上看报纸，突然一阵大风把他新买的帽子刮落大海中，只见他用手摸了一下头，看看正在飘落的帽子，又继续看起报纸来。另一个人大惑不解："先生，你的帽子被风刮入大海了!""知道了，谢谢!"他仍然继续读报。"可那帽子值几十美元呢!""是的，我正在考虑怎样省钱再买一顶呢!帽子丢了，我很心疼，可它还能回来吗？"说完那人又继续看起报纸。的确，失去的已经失去，既然已经无法挽回，又何必为之大惊小怪或耿耿于怀呢？

一个老人在高速行驶的火车上不小心使刚买的新鞋从窗口掉下了一只，周围的人备感惋惜。不料那老人又立即把第二只鞋也从窗口扔了下去，这更让人大吃一惊。"是这样！"老人解释道，"这一只鞋无论多么昂贵，对我而言都已经没有用了。如果有谁能捡到一双鞋子，说不定还能穿呢!”

显然，老人的行为已经有了价值判断：与其抱残守缺，不如果断放弃。有时事物的价值不在于谁占有，而是在于如何占有。

许多人都有过丢失某种重要或心爱之物的经历，比如不小心丢失了刚发的工资，最喜爱的手机被盗了，相处了好几年的恋人拂袖而去了等，这些大都会在我们的心理上投下阴影，有时甚至因此而备受折磨。究其原因，就是我们没有调整心态去面对失去，没有从心理上承认失去，仍然沉湎于已不存在的东西，而没有想到去创造新的东西。人们安慰丢东西的人时常会说：“旧的不去，新的不来。”其实事实正是如此，与其为失去的自行车懊悔，不如考虑怎样才能再买一辆新的；与其对恋人向你“拜拜”而痛不欲生，不如振作起来，重新开始，去赢得新的爱情。

有两个朋友曾结伴出门旅游，在即将返回的时候他们发现钱包不见了。其中一个人把自己去过的地方寻了个遍，询问了许多人，还到派出所报了案，结果一无所获。而另一个朋友在发现丢了钱包之后，不是一味地懊悔，而是积极想办法，考虑如何才能挣到回家的路费。他走进一家饭店，向老板讲明了自己的情况后，用给饭店洗菜的办法为自己和同行的朋友挣得回家的路费。直到现在，一提起这件事他也总是说：“旅游的时间那么短，有趣的事那么多，为了丢失钱包而一直烦恼下去很不值得。”人生有许多事情要做，为什么要为一时的失去而一直伤心呢?

普希金的抒情诗《假如生活欺骗了你》最后有两句话是：“一切都如烟云，一切都会消失；让失去的变得可爱。”显然，有时失去不是忧伤，而是一种美丽；失去不一定是损失，也可能是奉献。只要我们有着积极进取的心态，失去也会变得可爱。

每个人都曾有过失去的经历，但对其所持的心态却截然不同。有的人总是向别人反复表明他失去的东西有多么好，有多么珍贵。但是有些人却表现相反，比如，他们在失去了原有的工作之后，从不会一味地伤感，而是主动去寻找新的工作。他们相信，失去并不意味着失败，失去后还可以重新拥有，而这才是成功者应具备的心态。

争气是一种积极的作为

所谓人生态度，指的是一个人对于人生中各种事物的看法。态度虽然存在于心中，却会通过言行表露于外。一个人对于事物的看法，直接决定了他下一步所采取的行动。

人生在世，有很多人们是无法选择的，比如：我们无法选择出生，但我们可以凭借我们的知识和能力，改变我们的未来；我们无法选择我们的外貌，但我们可以提升我们的内涵，提高我们的实力。很多事情是不期而至的，我们无法去选择它何时开始，但是我们可决定它的结果，这完全取决于你自己。

夯足底气，努力创造争气的条件，你才能够成功，才会有所成就。“生气”与“争气”虽然只是一字之差，人生态度却是大不相同：生气是做人上的失败，争气是做事上的成功。

有人说是习惯决定人生的胜负，因为行动很多时候来自于习惯。那么，习惯又是从何而来的呢？也许有人会说是“养成的”。这个回答当然没有错，但还是答得太笼统。习惯是养成的，它植根于态度的土壤。什么样的态度“土壤”，生长出什么样的习惯之树；什么样的习惯之树，结出什么样的果。

一个人若认为工作是为了不挨饿受冻而不得不做的苦差，他是怎么也养不成乐岗敬业的习惯的。因为在他心里根本就没有一片适合这种习惯生长的土壤。而养不成乐岗敬业的习惯，他的职业生涯必定是灰暗无边。要打破他灰暗的职业生涯，只有从心态入手。从习惯人手是没有效果的，因为没有适宜心态的支撑，习惯始终是无根之木。

无论是做人也好，做事也罢，最关键的是态度。童第周的故事我们大家想必都知道，在小学时有一篇可谓叫《一定要争气》，讲的就是他的故事。科学家童第周在 28 岁那年，到比利时去留学，师从一位在欧洲很有名气的生物学教授学习。一起学习的还有别的国家的学生。由于旧中国贫穷落后，在世界上没有地位，外国学生非常瞧不起中国学生，经常讥笑与蔑视童第周。童第周暗暗下了决心：一定要为中国人争气。

几年来，童第周的教授一直在做一项难度很大的实验，但做了几年也没有成功。童第周不声不响地刻苦钻研，反复实践，终于成功了。那位教授兴奋地说:“童第周真行!”这件事震动了欧洲的生物学界，也为中国人争了气。

人人生而平等，为什么你外国人要瞧不起我中国人？童第周要生气还似乎真的有生气的理由。但生气有什么作用？生气仅仅是一种情绪化的表现而已，仅仅停留在口头或拳头之上。但争气是一种实实在在的行动反击。争气不是说有就有的，要靠努力才可以实现。争气值得喝彩，争气值得鼓励，争气值得学习。总之，生气是一种消极的发泄。争气是一种积极的作为。

当你的态度改变后，一切都会发生变化。同样一句话，有的人会因为这句话而受到激励，然后奋发向上，成就一生，这就是争气。这样的例子真是太多了。而有的人却因为这句话受到刺激，怒发冲冠，从而坏了正事。人要争气，不可以生气。人有七情六欲，难免会有喜怒哀乐，忍一时海阔天空；人生起伏高低，难免有高潮低潮，争口气则时运济济。人要争一口气，千万不要生闷气!

我们为什么不想想如果我们自己足够优秀，别人还会对你冷眼嘲讽吗？所以，碰上生气时最好的应对办法就是自己争气，去做得更好，在人格上、在知识上、在智慧上、在实力上使自己加倍成长，变得更加强大。只有我们自己争气了，别人才会真正从心底里尊重我们。